宜昌市政协文史资料第四十八辑

护江答卷

——长江大保护的『宜昌范式』

宜昌市政协文化文史和学习委员会
宜昌市发展和改革委员会 编
宜昌市生态环境局

华中科技大学出版社
http://press.hust.edu.cn
中国·武汉

三峡电子音像出版社

图书在版编目（CIP）数据

护江答卷：长江大保护的"宜昌范式"/宜昌市政协文化文史和学习委员会，宜昌市发展和改革委员会，宜昌市生态环境局编 . —武汉：华中科技大学出版社，2023.8
ISBN 978-7-5680-9899-1

Ⅰ.① 护… Ⅱ.① 宜… ② 宜… ③ 宜… Ⅲ.① 长江流域-生态环境保护-成就-宜昌 Ⅳ.① X321.263.3

中国国家版本馆 CIP 数据核字（2023）第 146616 号

护江答卷——长江大保护的"宜昌范式"　宜昌市政协文化文史和学习委员会
宜昌市发展和改革委员会　编
宜昌市生态环境局

Hujiang Dajuan——Changjiang Da Baohu de "Yichang Fanshi"

策划编辑：靳　强　程宝仪
责任编辑：徐小天
封面设计：沈　静
版式设计：沈　静
责任监印：曾　婷
出版发行：华中科技大学出版社（中国·武汉）　　电话：(027) 81321913
　　　　　武汉市东湖新技术开发区华工科技园　　邮编：430223
录　　排：宜昌广品文化传播
印　　刷：宜昌丰泰印务有限公司
开　　本：710mm×1000mm　1/16
印　　张：24.5　　插页：6
字　　数：450 千字
版　　次：2023 年 8 月第 1 版第 1 次印刷
定　　价：78.00 元

编 委 会

长江是中华民族的母亲河，也是中华民族发展的重要支撑。推动长江经济带发展必须从中华民族长远利益考虑，走生态优先、绿色发展之路。当前和今后相当长一个时期，要把修复长江生态环境摆在压倒性位置，共抓大保护，不搞大开发。沿江省市和国家相关部门要在思想认识上形成一条心，在实际行动中形成一盘棋，共同努力把长江经济带建成生态更优美、交通更顺畅、经济更协调、市场更统一、机制更科学的黄金经济带。

——习近平总书记2016年1月5日在推动长江经济带发展座谈会上的讲话(重庆)

长江经济带建设要共抓大保护、不搞大开发，不是说不要大的发展，而是首先立个规矩，把长江生态修复放在首位，保护好中华民族的母亲河，不能搞破坏性开发。通过立规矩，倒逼产业转型升级，在坚持生态保护的前提下，发展适合的产业，实现科学发展、有序发展、高质量发展。

——习近平总书记2018年4月24日在湖北省宜昌市兴发集团考察时的讲话

新形势下，推动长江经济带发展，关键是要正确把握整体推进和重点突破、生态环境保护和经济发展、总体谋划和久久为功、破除旧动能和培育新动能、自身发展和协同发展等关系，坚持新发展理念，坚持稳中求进工作总基调，加强改革创新、战略统筹、规划引导，使长江经济带成为引领我国经济高质量发展的生力军。

——习近平总书记2018年4月26日在深入推动长江经济带发展座谈会上的讲话(武汉)

坚定不移贯彻新发展理念，推动长江经济带高质量发展，谱写生态优先绿色发展新篇章，打造区域协调发展新样板，构筑高水平对外开放新高地，塑造创新驱动发展新优势，绘就山水人城和谐相融新画卷，使长江经济带成为我国生态优先绿色发展主战场、畅通国内国际双循环主动脉、引领经济高质量发展主力军。

　　——习近平总书记2020年11月14日在全面推动长江经济带发展座谈会上的讲话(南京)

宜昌:一半山水一半城(赵明 摄)

美丽宜昌(张彬 摄)

牢记殷殷嘱托　书写宜昌答卷

渺渺天上云,浩浩长江水。

长江,是我国重要的生物基因宝库和生态安全屏障,也是中华民族生生不息、永续发展的重要支撑。长江,以她的源远流长、磅礴大气和风光万千,为中华儿女构筑了永恒的大江之美。保护长江生态环境,促进长江经济带高质量发展,已成为中华儿女的共识。

2018年4月,习近平总书记考察长江、视察湖北,首站就到宜昌,为长江大保护把脉问诊,为长江经济带高质量发展定向领航。

时光是最忠实的记录者。毫无疑问,有"三峡门户""川鄂咽喉"之称的宜昌,作为长江三峡起始地、三峡工程所在地,面临着长江大保护和高质量发展协调推进的新时代大考。

光阴荏苒,五年过去,时光记住了宜昌人民给出的答案:以壮士断腕的决心、背水一战的勇气、攻城拔寨的拼劲,打响"清零"之战。长江沿江1公里范围内化工企业全部"清零";把保护修复长江生态环境摆在压倒性位置,实行"四水共治",确保一江清水向东流;生态环境变,白鹭翩飞现,江豚水中嬉戏;在发展中保护,在保护中发展,2022年宜昌地区生产总值5502.6亿元,增长5.5%,规模以上工业增加值、固定资产投资、社会消费品零售总额、进出口总额等多项指标,延续了高于全国、好于全省、排位靠前的向好态势,用绿色发展创造高质量发展奇迹,为呵护一江清水东流写下精彩答卷。

五年来,宜昌牢记殷殷嘱托,坚决落实"共抓大保护、不搞大开发"的重要指示，努力在保护修复长江生态环境上站排头，在推动高质量发展上争一流。

　　细节书写历史，瞬间亦是永恒。在波澜壮阔的新时代，许多恢宏的历史往往浓缩于一个个细节之中。正是无数的精彩细节，构成了历史的深沉与壮丽；正是无数经典的瞬间，记录着奋斗的汗水与收获。在一手抓生态保护，一手抓高质量发展的宜昌实践中，有太多值得记忆的细节和瞬间。由宜昌市政协文化文史和学习委员会、宜昌市发展和改革委员会、宜昌市生态环境局联合编纂的《护江答卷——长江大保护的"宜昌范式"》，把这些细节和瞬间串成一线、连成一体，撰写成落实习近平总书记重要指示精神和习近平生态文明思想、护江促发展的宜昌建设史，使之成为宜昌人共同的记忆。

　　这记忆里，有深谋远虑的宜昌决策：宜昌贯彻落实习近平生态文明思想、习近平总书记关于推动长江经济带发展的系列重要讲话和指示批示精神，对标对表省委对宜昌的工作要求，坚决扛牢长江大保护的政治责任和历史责任，坚持生态保护与高质量发展两手抓，结合宜昌实际谋定而后动，科学作出重大决策和顶层设计——全力建设长江大保护典范城市，打造世界级的宜昌。

　　这记忆里，有重任在肩的宜昌关注：广大政协委员用脚步丈量宜昌，用智慧呵护长江，用行动点燃热情，谋睿智之策促转型升级，行监督之责夯发展基石，建务实之言系国计民生，聚各方之力发政协之声，想在前，谋在前，议在前，把修复长江生态摆在压倒性位置，深刻作答长江大保护的时代考题。

　　这记忆里，有雷厉风行的宜昌行动：壮士断腕，化工产业"关改搬转"；多管齐下，推进城市黑臭水体治理、长江及支流非法码头整治、船舶港口污染治理、企业非法排污整治、长江非法采砂治理等；立体保护，推进山水林田湖草生态保护修复试点；呵护生命，强化长江三峡特有珍稀动植物保护；坚持绿色发展，在转型中构建现代产业体系，使绿色低碳成为经济高质量发展的底色。

　　这记忆里，有坚定不移的宜昌信念：国企工作人员、基层执法者、科技工作者、环保工作者、公益人士、市民……这些不同职务、不同身份的人，有着一个共同的信念——守护母亲河，一起向未来。他们以亲历者的视角，讲述了属于自己的长江大保护的故事。千千万万个这样的普通人的故事，以共同的信念凝聚成强大的宜昌力量,抒写壮丽的宜昌诗篇。

这记忆里,有高瞻远瞩的宜昌典范:她是一座城市与绿水青山的约定,在发展中保护,在保护中发展;"宜昌范式",是400万宜昌人与母亲河的约定,用"清澈的GDP",向长江作答。

党的二十大报告提出,必须牢固树立和践行绿水青山就是金山银山的理念,站在人与自然和谐共生的高度谋划发展。

2022年7月,湖北省委赋予宜昌新目标、新定位——建设长江大保护典范城市。宜昌市委迅速部署,明确提出:在论清楚、搞明白、想透彻的前提下,全面提标、系统架构建设长江大保护典范城市的战略战术、策略打法,探索出一个可学、可鉴、可信的山水城市高质量发展模式,努力建设蓝绿交织、城景共融、魅力独特的现代化梦想之城。2023年,湖北省委书记、省人大常委会主任王蒙徽到宜昌调研,对宜昌提出新要求:"全力建设长江大保护典范城市,打造世界级的宜昌。"这既是对长江大保护"宜昌范式"的科学总结,又是对"宜昌范式"的升级强化,宜昌至此迈出崭新步伐!

记录就是力量。《护江答卷——长江大保护的"宜昌范式"》这本书将凝聚磅礴的力量,激励无数的宜昌人,继往开来创造新的"宜昌范式"!

历史是永不停歇的车轮,梦想是照耀未来的明灯。让我们在宜昌市委市政府的领导下,以党的二十大精神为指引,以只争朝夕的劲头、久久为功的韧劲,感恩奋进,勇毅前行,全力建设长江大保护典范城市,打造世界级的宜昌,为湖北加快建设全国构建新发展格局先行区、加快建成中部地区崛起重要战略支点作出宜昌贡献!

编委会

2023年6月

目 录

第五篇　宜昌典范

第一篇
宜昌关注

政协委员呼吁：

守一江碧水　护最美岸线

美丽的长江之城——宜昌(张彬 摄)

　　从唐古拉山出发，澎湃的长江一路向东，奔腾的江水在地球上勾勒出美丽的曲线。在湖北，长江"偏爱"宜昌，其干流流经宜昌232公里，占湖北省长江干流岸线总长的近四分之一，这是大自然的美丽馈赠，这份美丽，既珍贵又脆弱。

　　长江从宜昌流过，流向了东海，那缥缈的烟霞折射出人间的烟火气。岸边，老渔民黎向乾在太阳下晒着旧渔网，已转岗的他对长江有着割舍不下的情感，也曾对"江中精灵"们忧心忡忡："前些年,儿时常见的'江猪子'不见了,中华鲟也变少了,不知现在咋样呢?"

2018年4月24日上午,中共中央总书记、国家主席、中央军委主席习近平从北京直飞湖北宜昌,一下飞机便前往长江沿岸考察调研长江生态环境修复工作。"共抓大保护、不搞大开发。"习近平总书记的话语掷地有声,激荡了浩荡的江水,一场轰轰烈烈的护江行动铺展开来。

牢记嘱托,不辱使命。2018年,宜昌市政协委员以高度的责任感和使命感行动起来,围绕长江大保护积极建言献策,为宜昌这座生态地位重要的城市,带来修复长江生态环境、为人民创造绿色福祉的新希望。

5年来,宜昌坚决有力推动长江大保护工作,治理非法码头,开展岸线清理,推进生态复绿,让长江岸线绿意盎然。同时,综合利用岸线资源,让"黄金岸线"释放"黄金效益"。

委员呼吁:

呵护长江生态　留住最美岸线

长江之美早已铭刻在宜昌市政协委员汪鸿波学生时代的记忆里,昔日江岸,满眼碧波,一泻千里。

1991年从原宜昌师专毕业后,汪鸿波回到家乡远安工作,2015年调任伍家岗区副区长。她无数次站在长江边,一江碧水、江豚鱼跃之景屡屡浮现在脑海,思绪万千。

当时,作为分管农业的副区长,汪鸿波踏遍了伍家岗江段的每一寸土地,长江之痛历历在目,烟波浩渺的江面上码头云集,化工烟囱一度林立在沿江两岸,她记忆中碧水东流、"鱼翔浅底"的景象渐渐模糊。

"母亲河病了,我们该为它做点什么?"因工作原因,汪鸿波格外关注长江生态,经过一段时间的调研,她对伍家岗区江段的岸线情况了如指掌。

2016年,宜昌市境内长江岸线治理行动启动,伍家岗区先后取缔并拆除临江坪9个沿江码头。2017年,继拆除5个非法砂石码头之后,伍家岗区又自我加压,紧密结合伍家岗长江大桥的建设和滨江片区的开发,先后关停4个拟规范提升码头。虽如此,长江岸线治理依然任重而道远。汪鸿波来回行走在辖区14.6公里

整治后的伍家岗柏临河公园(黄翔 摄)

的长江岸线上,一一了解码头现状以及存在的问题。

一次次伫立江边,听惊涛拍岸,望远山如黛,看码头林立,汪鸿波思绪万千。2018年1月,宜昌市"两会"召开在即,作为宜昌市政协委员的她拿起手中的笔,一字一字地写下长江岸线综合整治过程中的痛点、难点以及建议,在"两会"召开前夕将提案提交。

"没想到,这个提案成为当年的优秀提案。"汪鸿波回忆说。2018年,宜昌牢记殷殷嘱托,迅速启动长江岸线生态复绿工程,对长江宜昌段干流两岸需要修复的99.6公里岸线进行绿化美化,构筑结构稳定、功能完备的长江绿色生态廊道。

"记忆里风景秀丽的长江又要回来了!"汪鸿波所呵护的长江,将变回原来美丽的模样。

提案建议:

拆除码头岸线 复绿升级

通过大量的调研走访,汪鸿波深知伍家岗江段的"生态之痛"。长江岸线伍家岗段全部位于长江左岸,从陈家河至兴隆村全长约14.6公里,其中港口已利用岸线5.22公里,其他利用岸线2.5公里。

在提案中,汪鸿波陈述了长江岸线治理过程中的难点——码头整治拆除难度大,码头布点分散,岸线多占少用。根据《宜昌市长江(干流)岸线利用控制性规划》,临江坪作业区远期作为公共绿地,拆除所有码头;近期分期拆除、加快整治:一是拆除散货码头,其功能转移至枝江市白洋作业区;二是适时拆除公益执法工作船码头、船舶柴油机重件码头和水上加油站码头。岸线综合整治工作涉及面广、任务重、资金压力大,以区级财力,无法落实相关补偿政策。

岸线整治不彻底。伍家岗区共联片区紧邻长江,又是宜昌城市"东大门",为保护长江流域生态环境、提升城市形象,亟须将共联滨江片区纳入长江岸线综合整治范畴,实施整体开发利用。当时因城市控制性详细规划暂未出台,共联片区暂未纳入长江岸线综合整治范畴,征迁资金缺口巨大,片区开发一时难以启动,岸线整治不彻底。

岸线绿化整治利用率低。长江岸线绿化整治以简单复绿为主,主要以沿岸4—6米地带作为复绿的重点,绿带单一,与城市规划、开发沿江风景旅游绿化带的要求相差甚远。

在提案中,针对整治中的问题,汪鸿波建议进一步加大岸线码头整治力度。由市政府协调推动相关部门尽快出台相应政策,把伍家岗区长江岸线综合整治纳入市政建设统筹谋划,如结合滨江片区开发、沿江大道延伸段建设整治及长江崩岸治理统筹谋划,尽快实施。

进一步强化岸线绿化整治工作。根据《宜昌市长江岸线绿化美化工程实施方案》,建议市政府尽快出台全市沿江绿化整治具体方案,将滨江公园向伍家岗区长江下游方向至龙盘湖段建设纳入长江岸线绿化整治工作中,建设结构合理、功能完备的长江岸线绿色生态廊道。

进一步加快推进共联滨江片区综合开发。建议由宜昌市新区推进办牵头,制定更为具体的实施意见和措施,进一步加快规划调整,尽快审定共联片区规划方案;协调用地征迁,优先启动滨江国有土地征收程序,优先保障滨江国有土地顺利出让;统筹农村土地流转,进一步研究农村土地流转路径,制定对应实施细则,让农户可直接将经营权进行流转。

宜昌实践:

滨江公园延伸至猇亭古战场

2018年,时任宜昌市委书记周霁督办该提案,宜昌市新区推进办领办该提案。该部门曾组织宜昌市发改委、市财政局、市规划局等单位进行了调研座谈,协商解决办法,研究制定《关于"推进长江岸线综合整治,共建绿色生态廊道的建议"提案办理工作方案》,明确了办理工作的指导思想、目标任务、总体安排、任务分解和工作要求。

为加快长江岸线宜昌段绿化美化,实施长江岸线生态修复,宜昌市打破种树常规,实施"四季挖窝、三季栽树",充分发挥主观能动性,用"绣花功夫"推进复绿工程。

据宜昌市政协委员杨天忠介绍,市林业局联合多部门开展长江岸线生态复绿实地调查,完成了《宜昌市长江岸线绿化美化工程实施方案》的编制。通过实施长江岸线宜昌段绿化美化工程,不断增加森林面积,构筑长江经济带绿色生态

长江岸线修复(猇亭区档案馆 提供)

廊道,形成结构稳定、功能完备、环境优美的长江岸线森林生态系统。

为全力推进《宜昌市长江岸线绿化美化工程实施方案》实施,市林业局、市水利水电局联合发文,将方案落实到宜都、枝江、秭归、夷陵、点军、猇亭等6个县市区的106个地段。

2018年6月21日,周霁提出"要把滨江公园延伸到猇亭古战场",将长江岸线整治修复项目(柏临河入江口—猇亭古战场)纳入政府议事日程并正式启动。该项目包括柏临河入江口—猇亭古战场约10公里岸线范围内的码头整治、滨江公园延伸段建设、沿江大道延伸段建设、长江岸坡防护建设、棚户区改造和片区综合开发。8月1日,周霁就长江岸线整治修复再次指出"要全力做好保护修复长江生态环境工作,深入研究论证,抓紧完善规划方案,确保早日落地落实"。长江岸线整治修复项目(柏临河入江口—猇亭古战场)的深入推进标志着提案得到了真正的落地落实。

据了解,滨江公园从1983年4月开始动工建设,随着宜昌城市的向东拓展而不断延伸。从镇川门到白沙路口,全长已达10.5公里,占地面积0.47平方公里。公园上段平均宽度为50米,公园下段平均宽度为25米。滨江公园延伸至猇亭古战场后总长度将增加约一倍,延长到20公里,成为目前全国最长的滨江公园。柏临河入江口至猇亭古战场段全长约9公里的滨江带上,曾布满了码头、石材加工厂、加油站、餐馆等,一度让"黄金岸线"成为"生态伤疤"。

守护一江碧水,修复长江生态,宜昌闻令而动,投资4亿元对沿线码头、加油站、厂房建筑等进行征收并复绿,形成长江生态绿廊。滨江公园延伸段项目分两期建设,一期项目已于2018年12月底开工;二期项目为滨江公园柏临河入江口到猇亭古战场段,2019年8月开工。项目主要由市政道路、园林景观和岸线护坡三项工程组成。市政道路工程为沿江大道延伸段,起于柏临河路,止于宜昌长江公路大桥,全长约9.13公里,双向6车道,工程总投资为15.13亿元。长江岸线整治修复工程位于伍家岗区至猇亭区临江一侧,起于柏临河入江口,止于猇亭古战场,总长约8公里,面积约1.18平方公里,建设内容主要包括沿江大道延伸段道路绿化、沿线码头及岸坡整治复绿。

如今,漫步江岸,曾经的泰丰石材城加工区已被精心打造的园林景观、滨江步道所取代,移栽的红叶石楠和大叶女贞已是郁郁葱葱。沿江而行,灯塔广场、码头印象、惊涛栈道保留了大量原有建筑,体现宜昌浓浓的码头文化——这里已成为宜昌新晋"网红打卡地"。

委员回应:

滨江澄碧美如画

暮春四月,宜昌江边,江豚宝宝依偎着妈妈,在碧波中嬉戏跳跃,追逐鱼群。江豚观测点,观豚、拍豚的市民接踵而至,从"难得一见"到"每天都见",这幅生态美景来之不易。

和往常一样,汪鸿波漫步滨江,水面恢复开阔,岸边也染上新绿。放眼望去,江南群山连绵,江北郁郁葱葱,跑步的市民从她身旁掠过,孩童的嬉戏声不绝于耳,滨江公园成为市民休闲娱乐首选之地。

"以前走过万达广场这段,滨江公园就断了,往下走到集装箱码头,就没有宽阔的步行道了。"汪鸿波说,曾经的滨江公园断断续续,行走体验特别"不爽"。

从宜昌城区胜利三路至杨岔路的2.8公里江岸,被搬迁后遗存的集装箱码头和一些厂房仓库占据着,成为"滨江画廊"上的一块疮疤。滨江生态复绿,不只是简单的种树、种草工作,拆除集装箱码头和一些厂房仓库后,还植入了年轻人喜闻乐见的清吧、跑酷、轮滑和智慧体育等项目,赋予了滨江公园一些年轻时尚元素。同时,保留一些标志性建筑物,将其融入公园的景观设计之中,展现宜昌

码头文化、开埠文化。

如今滨江公园的漫步体验，让汪鸿波感到前所未有的舒畅，曾经时断时续的滨江公园连成一片，疏林草地、鲜花匝道、景观小品一一呈现，放眼望去，青山碧翠，大江迢迢。顺江而下，昔日的王家河油库码头成了江豚观测点，"打卡"市民接踵而至；白沙路满眼青翠，透过观景长廊，江南风光映入眼帘；在伍家岗长江大桥，从前杂乱的江岸被砌上混凝土，新建的亲水平台成为市民江边休闲的好去处……从曾经的码头林立到如今的风景如画，长江主轴岸线初现城市滨江生态都市画廊景观。

提案办理过程中，主办单位多次与汪鸿波沟通，征求意见，把她的建议落到实处。经过整治码头、岸线复绿、封堵排污口，长江恢复了往日生机。"生病的长江渐渐康复了。"她说。在市委市政府的领导下，宜昌市多个部门齐心协力，全力护江。

"峡尽天开朝日出，山平水阔大城浮"，郭沫若对宜昌的称赞，如今再次成为现实。通过市政协参政议政平台，汪鸿波完成了自己的"护江使命"，她如释重负。卸任伍家岗区副区长、履新伍家岗区人大常委会副主任的她将履好新职，持续关注长江生态。

（撰稿：刘年）

一江碧水入画来（吴延陵 摄）

政协委员呼吁：

"三磷"整治刻不容缓

从宜昌市夷陵区樟村坪镇黑良山发源，一路奔腾入长江，全长162公里；截至目前，流域内累计查明的磷矿资源储量超过30亿吨。这条不寻常的河流，就是宜昌的母亲河——黄柏河。

20世纪90年代，磷矿开采给黄柏河源头的乡村带来了发展机遇，但快速发展的磷化工产业带来的产能过剩和环境问题也日渐显现，特别是以磷矿渣、磷石膏、磷化工为主的"三磷"问题，成为制约生态环境治理和化工产业高质量发展的瓶颈。

2020年6月29日，宜昌市政协六届十八次常委会会议召开，围绕"加快三磷整治，助推绿色发展"协商议政，政协委员们献智献策，为市委市政府提供决策参考，为宜昌加快建设清洁能源之都贡献力量。

集体提案：

"三磷"整治 引起市政协高度重视

夷陵区樟村坪镇黑良山上的一股清泉，行走了162公里后终入长江怀抱。为了守护这股清泉，五届宜昌市政协把黄柏河流域的保护与综合利用列为长期跟踪的重要战略选题。作为课题组成员，宜昌市政协人口资源环境委员会副主任王中友从那时起就开始关注黄柏河，用脚步丈量它的长度，用目光描摹它的容颜。

这些年，一次次行走在黄柏河岸边，他对这条河流了然于心。第一次见到磷石膏堆场，那一座座耸立的"雪山"让他的内心波澜起伏："太触目惊心了！"走遍黄柏河流域的矿山和化工厂后，王中友越发意识到"三磷"问题的严峻。2020年1月，一年一度的市"两会"召开，王中友与时任宜昌市政协人口资源环境委员会主任廖忠民联合,将"三磷"整治问题作为人口资源环境委员会的集体提案提了出来。

政协委员在"两会"上的呼吁引起了宜昌市政协的高度重视,"三磷"整治被纳入当年议政性常委会议题,市政协成立调研组,联合宜都、枝江、当阳、远安、夷陵、猇亭等县市区政协,深入宜昌市化工企业、化工园区,就生态环境治理、磷石膏综合利用、化工产业绿色发展等进行专题调研。

据介绍,当时宜昌市的磷矿开采主要集中在黄柏河东支流域,现有矿区均沿着河流走向分布,企业开采的矿石和尾矿直接沿河堆放,一些矿渣堆场没有采取有效的防护措施,致使下雨期间矿渣直接被雨水携带进入河道,造成河道水体悬浮物、总磷等指标超标。部分选矿企业厂区截污设施不健全,尾矿露天堆放,矿粉及尾矿经过风吹雨淋,发生氧化、分解,部分有害物质在径流携带下进入水体和土壤,甚至渗入地下含水层。再加上矿石运输车辆来往于各矿山之间,尾气、扬尘、矿粉等污染物最终都进入了沿途水体。

通过调研,委员们发现当时宜昌市磷石膏存量近1亿吨,每年新增1000多万吨,2019年全年利用量仅约330万吨,综合利用率31.2%,当年还有接近70%的产量要继续转化为存量,综合利用任务十分艰巨,压力越来越大。随着磷石膏产量的增加,磷石膏堆存难度越来越大。

宜昌市磷化工产业布局分散、产品档次偏低、发展方式相对粗放,严重制约产业升级发展。全市的化工产业分布于10个县市区,大部分企业相互之间缺乏上下游产业链条,呈现各自为政、"单打独斗"的局面。企业生产工艺、设备和技术水平参差不齐,大多数企业科技投入不足,发展多靠规模扩张,拼资源消耗,拼要素投入。

全市两个专业化工园区,缺乏多渠道的市场投入机制,公用基础设施建设滞后,园区企业进入门槛不高,不利于园区的持续良性发展。

委员建议:

建绿色矿山 提高磷石膏利用率

宜昌市政协人口资源环境委员会建议综合治理"三磷",必须以实现宜昌生态文明和高质量发展为目标,坚持总量控制、源头减量为根本,高标准规划、建设、营运专业化工园区为抓手,实现宜昌市化工产业转型升级。

多措并举推进磷石膏综合利用,组建产业联盟,争取在磷石膏大宗利用产品上取得突破。区域统筹推进绿色矿山建设。在磷矿开采领域通过政策激励和倒逼机制,大力推广三宁矿业有限公司挑水河磷矿采、选、充填一体的采矿新技术、新工艺。加快数字化矿山建设。逐步推广机械化、自动化、信息化和智能化开采技术和装备,淘汰资源消耗大、环境负面影响大的开采工艺及设备,提高矿山开采水平。持续推动转型升级,做到磷肥减量化、磷化工高端化,实现强链、补链、延链。引导差异化发展。

宜都市政协建议:大力培育新兴产业,努力打造新增长极;推进创新驱动,促进传统产业技改升级,优化提升磷化工产业链,着力有序发展;加快循环经济建设,推进固废综合利用;全力推进园区基础设施建设,助推化工企业发展;全力推进化工企业搬迁入园,实现新旧动能转换。

枝江市政协建议:坚持科学规划和建设,不断优化园区空间布局;坚持培育和引进并重,不断延伸园区产业链条;坚持政府和市场共同推动,不断强化园区要素保障。

当阳市政协建议:提升原料品质,强化企业责任,组建研发机构;培育骨干企业,强化磷石膏产品在宜昌市场的推广应用,争取上级支持。

远安县政协建议:将磷矿坑口或井下新建、扩建物理选矿项目纳入审批范围;坚持科技创新,提高智能化开采水平;开展产学研深度合作;出台优惠政策,支持磷矿企业发展。

夷陵区政协建议:加大科技创新和支撑力度,提升产品核心竞争力;加大规范和监测力度,拓宽产品应用领域;加大引领和政策支持力度,助推矿业经济绿色发展。

猇亭区政协建议:统筹优化磷化工产业布局,明确转型发展方向;鼓励磷化工科技创新,引导支持强强联合;加大人才引进力度,创新人才培养模式;完善转型发展配套政策,加强科研投入支持。

关于磷石膏综合利用,宜昌市政协委员王大真建议加强政策支持,加强市场推广,加强招商引资。关于磷矿绿色开采,王大真建议加强磷矿资源整合,加快数字化矿山、生态矿山建设。关于磷化工产业转型升级,王大真建议推动淘汰落后产能,引导做好转型升级,支持做好技术创新,引导差异化发展。

宜昌市政协委员李万清建议:坚持规范整治,淘汰落后产能;加大磷化工专业园区的建设力度,推进宜昌磷化工企业"关改搬转";推进园区"产业集聚、用地集约、布局合理、物流便捷、安全环保、一体化管理",将园区内企业之间的相互影响降到最低;通过提高环保标准倒逼产业转型升级,迫使"三磷企业"从基础型、高污染逐步向清洁型、高技术含量转变;通过严格的法律法规手段保障"三磷产业"健康运行。

宜昌实践:

"吃进"磷石膏 "吐出"新材料

为积极推进化工产业转型升级的重要战略部署,宜昌市从政策引领、技术攻关和示范引领方面,积极做好磷石膏综合利用工作。

2020年,宜昌市住建局联合宜昌市经信局等5部门印发《关于在建设领域推广应用磷石膏综合利用产品的通知》,明确了总体目标任务、工作责任和应用范围。研究制定了《市人民政府办公室关于加强磷石膏建材推广应用工作的通知》,拟限制使用水泥砂浆,"强制推广"较成熟的磷石膏砂浆、磷石膏板、磷石膏预制成品等。积极推进"三磷"整治成果转化工作。全市积极推动湖北楚星化工与武汉工程大学合作,转化该校成果,并依托成果申报"磷石膏渗滤液中和膜一体化处理及水梯级利用工艺开发"项目,获得省科技创新专项重大项目支持,获得资金200万元;推动湖北益通建设股份有限公司与三峡大学合作"磷石膏基稳定碎石材料开发及研究"项目;推动中国化学工程第十六建设有限公司转化武汉工程大学成果,开发"磷石膏路基材料关键技术开发与应用示范"项目。

2022年7月22日,宜昌市夷陵区龙泉小微创业园,湖北昌耀新材料股份有限公司的工人们正在加工制作磷石膏新型建筑材料。该公司通过科技创新,找到了消化处理磷石膏这一工业废渣的新方法。2015年,该公司开始研发磷石膏综合利用新技术,斥资与武汉理工大学组建磷石膏研究团队,为磷石膏工业废渣再利用找到了新的出路。2018年以来,该公司以磷石膏为原料,陆续开发出了透水砖、路缘石、磷石膏路基材料和生态护坡产品四大新型建筑施工材料,每年可"吃进"2万多吨磷石膏,"吐出"近亿元的经济效益。

目前,宜昌市已建成一批磷石膏建材试点应用项目:碧桂园凤凰城、万豪中心、保利山海大观、宜昌市中心医院等房建项目应用了石膏抹灰砂浆、磷石膏砌块,西陵二路快速路、江南二路等市政项目应用了磷石膏路缘石、生态护坡等磷石膏水泥混凝土制品,柏临河路、点军路等多个市政项目试点应用了磷石膏水稳层。

5G赋能 建设智慧矿山

昔日矿渣堆荒山,今朝林草绿满眼,如今的夷陵区樟村坪镇的矿渣堆放点早已实现"华丽变身",有的成为高山蔬菜基地,有的重披"绿衣",有的变身游客"打卡"的旅游景点。

据了解,为了加快治理"三磷"问题,规范矿渣堆场,达标排放矿井水,宜昌市自然资源和规划局将磷矿开采总量与流域水质紧密挂钩,从严分配开采量,全市磷矿开采总量控制在1000万吨。加快绿色矿山建设,2019年全市23家矿山被推荐进入全国绿色矿山名录。加强对矿山废渣堆场的监管。经排查整治,目前全市磷矿均建有污水处理设施,对厂区和堆场雨水进行收集处理,实现达标排放,部分矿井排水能稳定达到地表水Ⅲ类标准。磷矿集中的黄柏河流域水质得到明显改善且持续向好,18个生态补偿断面2019年水质Ⅲ类水质达标率为99.4%,Ⅱ类水质达标率为96%。

2021年8月20日,在夷陵区华西矿业下属的浴华坪磷矿绿色共享示范矿山项目施工工地,马达轰鸣,工程车往来穿梭。这个投资7.65亿元、年产量达150万吨的5G智能化矿山建成后,不仅可极大减少磷矿开采成本,还可有效提升资源利用率。

同时,在樟村坪镇西部的董家河村昌达化工黑良山磷矿,智慧矿山建设也进行得如火如荼。这个投资2.2亿元的智慧矿山项目除了建设远程智能调度中心外,还将对安全避险六大系统和机械自动化控制系统进行升级。

走在樟村坪镇的各个矿区,不难发现以5G应用为主的数字化信息管理在几家主要矿企得到迅速推广和应用。井下生产污水处理系统实行了智能监控,一旦某项指标超标,智能调度中心大厅的"新型数字矿山综合信息化平台"马上就会示警。在生产中应用的微比重差重介质精准分级技术使磷矿石P_2O_5品位在

12%~20%区间的无工业价值的低品级矿石得以入选,使资源利用率由传统采矿工艺的57%左右提高至89%以上。

为践行绿色发展理念,矿山建设过程中,樟村坪镇严格按照绿色智慧矿山标准,从矿山环境生态化、开采方式科学化、资源利用高效化、管理信息数字化和矿区社区和谐化几个方面,引导企业对标创建,加快采选冲一体化光电选矿技术的推广应用。目前已有宝石山、龙洞湾等光电选矿建成并投入运营,三宁矿业等5家企业成功创建高新技术企业。

此外,宜昌市"三磷"排查整治专项行动与化工产业转型升级有效融合。2019年底,全市对湖北当阳星光磷化有限公司、当阳市展兴化工有限责任公司两家磷化工企业实施了关停。纳入全市沿江化工企业关改搬转的134家企业中,累计关停磷化工3家,计划搬迁入园36家,计划实施就地改造57家。

委员回应:

化工转型　让宜昌焕发生机

如今的黄柏河,微波荡漾,水清岸绿。位于夷陵区蔡家河村的黄柏河生态湿地公园,绿荫掩映,芳草萋萋,野鸭不时光顾,水清岸绿的原生态风景又回到了黄柏河。这样的光景,正是市政协人口资源环境委员会副主任王中友委员所期盼的。

化工产业转型升级让宜昌焕发魅力,漫步宜昌街头,磷石膏制成的花坛里繁花似锦,生机盎然。近年,兴发集团成立磷化工产业技术研究院,与中国科学院联合共建国家地方联合工程研究中心,加大先进二维材料的研发力度,推动化工产业向新能源、光电信息及生命健康领域突破性发展。

宜昌市委六届十五次会议提出,未来宜昌将建成"世界旅游名城、清洁能源之都、长江咽喉枢纽、精细磷化中心、三峡生态屏障、文明典范城市"。

强产兴城,能级跨越是宜昌的战略目标。宜昌磷矿资源富集,是千亿产业磷化工产业集群的源头。一直关注磷化工产业的王中友如释重负,如今,磷矿渣、矿井水的安全处理,磷石膏的综合利用,磷化工产业的转型新机让宜昌"三磷"整治找到了良方。

"随着《宜昌市黄柏河流域保护条例》的施行,流域内的矿产企业逐步规范,黄柏河流域环境日趋向好。"王中友说。逶迤如画的长江干支流沿岸,从化工企业搬迁整治到化工产业转型升级，宜昌以壮士断腕的勇气和腾笼换鸟的智慧，矢志把"长江大保护"的殷殷嘱托变成现实。今日之局面是政协委员们围绕中心、服务大局、积极建言献策的不竭动力。

（撰稿：刘年）

密织"十年禁渔"监督网

——宜昌市政协开展长江十年禁渔民主监督

"江豚吹浪立,沙鸟得鱼闲。"对于不少宜昌市民来说,儿时记忆中的美好画面悄然远去,长江渔民渔网里的"收获"越来越少。

"长江病了,而且病得还不轻。"在2018年4月召开的深入推动长江经济带发展座谈会上,这样的忧虑再次被表达出来,"长江生物完整性指数到了最差的'无鱼'等级"。

"无鱼"二字振聋发聩,引人深思。为全局计,为子孙谋,党中央、国务院作出了实施长江禁捕退捕的重大决策部署。2020年1月1日起,长江流域332个水生生物保护区已实现全面禁捕。2021年1月1日起,长江流域"一江两湖七河"

宜昌市开展中华鲟救治活动(陈维光 提供)

17

等重点水域将实行10年禁捕。

为全面了解全市禁捕退捕工作，推动长江10年禁渔落地落实，根据宜昌市委批转的《宜昌市政协党组2021年工作要点》安排，2021年4月至5月，宜昌市政协围绕"长江禁渔计划实施情况"开展了协商式民主监督，对宜昌市禁捕水域内渔船退捕上岸、渔民安置、监管执法、资金使用、长效机制建设等情况开展深入调研，形成了协商民主监督报告，供市委决策参考。

现状堪忧：

非法捕捞行为屡禁不绝

2020年7月9日凌晨，长阳土家族自治县公安局环保大队和磨市派出所在长江支流清江隔河岩库区花桥段水域联合开展夜间巡查。凌晨5时许，民警在该水域江面上发现有渔民驾驶小船疑似非法捕捞后，立即潜伏在岸边守候。随后，民警迅速合围将两女一男抓获，现场收缴了渔具和刚刚非法捕获的各种鱼类62斤。

近年来，类似这样的非法捕捞行为在长江及其支流屡禁不绝。调查人员发现，在长江大保护相关政策法规的震慑下，许多非捕行为呈现"白天转黑夜、干流进支流、个人变团伙"、流窜作案、隐蔽性强等特点，给渔政执法带来了极大难度。当时，宜昌市专职渔政执法人员近90人，但境内河湖点多面广，人财物保障有限。如何保持部门联动力度不减、违法捕鱼现象不反弹，还需探索部门协同监管，完善执法长效机制。

作为曾经在沮漳河水域以捕鱼为生的退捕渔民，当阳市两河镇农民史三友2018年参加了创业培训班，申领了创业担保贷款，建起标准化生牛养殖基地后收入翻了番，现在日子越过越红火。

然而，还有一部分渔民由于年龄偏大、学历偏低、缺少专业技能，只能选择以打零工、打短工等方式灵活就业，退捕后家庭收入明显减少。调查显示，退捕渔民户际差异也较大，有生产资料的家庭可依托发展柑橘、食用菌、茶叶产业致富，禁渔后对其生活影响较小；无生产资料的专业渔民、库区移民，缺乏增收渠道和稳定收入来源，若不跟踪帮扶、妥善安置，可能成为社会不稳定因素。

一年四季的长江岸边，不乏一人一竿、垂钓寻乐的市民。在《宜昌市垂钓管理办法》出台前，以垂钓为主的零星捕鱼行为没有全面禁止，特别是中华鲟保护区长江宜昌城区段,市民垂钓行为经常发生,渔政执法困难。

调研组建议:

完善联合执法长效机制　加大人工繁殖企业扶持

经过系统调研并收集多位政协委员网络建言,市政协调查组为宜昌禁渔"把脉问诊"开处方,建议提高政治站位,坚决打好十年禁渔持久战;持续加强禁渔政策法规宣传,推动禁渔宣传进乡村社区、进市场餐厅、进校园课堂;继续开展以案释法警示教育,建立有奖举报制度,营造人人参与、共护长江的社会氛围。

巩固禁渔成果,完善长效机制。进一步完善部门联动、定期会商、联合执法等长效工作机制,确保禁渔工作持续稳定有效推进。宜昌市及各县市区按要求配齐执法力量,落实渔政执法人员待遇,实现渔政执法机构全部挂牌办公,提高科技监管能力。探索建立地市、县市交叉水域禁捕联动执法机制,明确县市间空白水域监管职能。加速构建"宜荆荆恩"城市群水生生物资源保护一体化网络。探索网格化禁捕执法机制,下放执法权到网格员,强化基层执法力量。

渔民转产上岸后,高质量就业增收是关键。坚持动态跟踪,掌握退捕渔民就业转失业、就业转退休等情况,做好企业用工、渔民就业需求对接。根据渔民实际需求,有针对性地开展农业科技培训和职业技能培训,增强自主发展新动能,实现"稳得住、能致富"。落实就业兜底政策。对缺乏就业市场竞争力的渔民,提供公益性岗位,确保有就业能力和就业意愿的渔民百分百就业。

加强技术攻关,守护渔业资源和百姓"菜篮子"。相关职能部门要结合当地实际,针对每年三、四月份三峡、葛洲坝、隔河岩等库区因腾库容造成的大量鱼卵挂岸失活现象,筹措资金建设人工鱼巢,为渔业资源自然繁殖创造有利条件。研究出台扶持政策,加大对本土繁育铜鱼、刀鱼等企业合作社扶持力度,引进外地经营主体、科研人才,加速科研攻关,发展规模养殖,丰富百姓"菜篮子"。

加快地方立法,推进垂钓规范管理。鉴于长江宜昌城区段是中华鲟永久保护区,而该区域也是垂钓爱好者聚集区的现状,及时研究出台《宜昌市垂钓管理办法》,进一步规范垂钓行为,为渔政执法提供法律依据。同时,支持发展休闲渔业,为群众提供娱乐好去处。

宜昌实践：

宜昌渔政开出"禁钓"罚单

民主监督报告经市政协六届六十五次主席会议审议，报送市委市政府。2022年5月28日，时任宜昌市委书记王立在市政协专题报告上做出批示，"市政协党组立足宜昌实际，聚焦'长江禁渔'共保联治深入开展调研，协商议政内容很有针对性和参考价值"。

2022年2月11日，宜昌市渔政支队执法人员在中华鲟保护区长江宜昌域区段开展日常巡查。9时45分，巡查至保护区三三〇船厂水域时，发现停靠在该水域的一艘货船上有人垂钓。进一步深入调查发现，该货船工作人员曾某的垂钓行为明显违反《长江水生生物保护管理规定》相关规定，市渔政支队当即对该起违规垂钓行为实施立案调查，并最终对当事人处罚款1000元的处罚。

2022年1月27日，宜昌市人民政府发布关于规范长江流域禁捕水域垂钓管理的通告，《长江水生生物保护管理规定》于2022年2月1日起实施。《长江水生生物保护管理规定》明确规定：禁止在长江流域以水生生物为主要保护对象的自然保护区、水产种质资源保护区核心区和水生生物重要栖息地垂钓。违反该规定在长江流域重点水域进行增殖放流、垂钓或者在禁渔期携带禁用渔具进入禁渔区的，责令改正，并处警告或者一千元以下罚款。

早在2021年10月12日，宜昌市司法局就《宜昌市长江流域禁捕水域垂钓管理办法(试行)》(以下简称《办法》)征求了公众意见，期待对长江母亲河的保护措施能够得到更多人的支持。根据《办法》，禁止垂钓的区域为：长江湖北宜昌中华鲟省级自然保护区，清江长阳段白甲鱼国家级水产种质资源保护区，清江宜都段中华倒刺鲃国家级水产种质资源保护区，沮漳河当阳段特有鱼类国家级水产种质资源保护区，沙滩河当阳、远安段中华刺鳅乌鳢国家级水产种质资源保护区，饮用水源一级保护区，跨江河桥梁所在区域等；法律、法规规定的其他禁止垂钓的区域。

在禁止垂钓期间外，可以进行垂钓的禁捕水域为：长江干流宜昌段、与长江干流相连水域上溯2公里范围内，黄柏河与长江干流相连水域上溯10.8公里范围内，清江和渔洋河宜都段全部水域，与清江、渔洋河干流相连水域上溯2公里范围内，枝江市境内松滋河、兴山县境内香溪河、长阳土家族自治县清江高坝洲库区与宜都中华倒刺鲃保护区为一体的水域。每年3月1日至6月30日，全市长江流域禁捕水域禁止垂钓。

宜昌开展长江"6条鱼"鱼种培育试验

2021年7月21日，宜昌3名水产养殖专家启程前往长三角地区，采购长江刀鱼苗种，这批苗种于3天后运至长阳进行子一代大规格苗种培育及种鱼培育试验工作。

宜昌市为加快渔业品种调优、品质提升、品牌创建和标准化生产的"三品一标"建设进程，发挥渔业在乡村振兴中的产业带动作用，市水产技术推广站联合开展铜鱼(俗称"麻花鱼""尖头儿")、长吻鮠(俗称"长江肥鱼")、大鳍鳠、沙塘鳢等长江"6条鱼"不同模式下子一代大规格苗种培育及种鱼培育试验。

水产专家表示，对长江"6条鱼"的不同模式规格苗种培育试验是为后期规模化、工厂化苗种培育打下基础，并最终实现在本地养殖，以拓宽宜昌渔业产业空间，有效带动渔民增收，同时丰富市民的水产品消费结构。

当日上午，枝江市智渔家庭农场内，数千尾铜鱼苗种正在适应"新家"的环境，与它们同一批来的数千"兄弟姐妹"，正在长阳的好水好鱼水产专业合作社的"新家"生活。水产技术推广专家们将它们分开，是想通过开展池塘圈养模式及工厂化设施渔业养殖模式下铜鱼苗种培育试验，对比两种模式下铜鱼生长速度、成活率，确定最适宜的养殖模式。

长江"十年禁渔"以后，有人担心鱼类供应品种会减少，鱼价也会有波动。实际上近年来宜昌市水产品产量一直稳步上升，2021年上半年水产品产量同比增长8.2%，而2019年全市水产品总产量17.81万吨，其中淡水捕捞产量1.5万吨，仅占总量的8%。全市水产品总产量完全能够满足市民日常所需。进行长江"6条鱼"试验并实现其本土养殖，主要是为了增加鱼类供应品种，丰富宜昌市民水产品消费品种。

委员回应：

禁捕政策知晓率高　保护长江生态成共识

临江而栖的宜都市枝城镇白水港村，有近300年的渔业捕捞史。作为宜都市最大的渔民村,该村有渔民300多人。长江流域全面禁捕后,村民成了当地最早一批上岸的渔民,他们弃网上岸,开启了新生活。

"以前不管吹风下雨,都要守着船。现在村里环境好,住着江景房,推窗就是一江清水、一片蓝天。"刘泽翠从11岁开始跟随父亲在长江打渔,当了50多年的渔民。刘泽翠说,现在虽然挣钱不多,但生活得轻松自在。

2022年7月,长江宜昌段渔政码头,"护豚员"刘其生乘坐巡逻艇一边观测珍稀水生动物活动情况,一边查看是否有非法捕捞行为。

"长江养活我们祖祖辈辈渔民,该是我们回馈她的时候了。"自2018年1月1日起,宜昌中华鲟保护区全面禁捕,刘其生响应政策主动上岸谋求转型,被渔政部门聘请协助巡护员,参与保护水生动物,为长江生态保护贡献力量。

宜昌市一大批渔民转型成为禁捕巡护员,他们利用自己原来捕鱼时的经验,协助渔政部门查处电捕鱼等违法捕捞案件。

"在入户走访中,群众禁捕退捕政策知晓率高,退捕渔民对禁捕政策普遍表示认同和支持。"据宜昌市政协相关负责人介绍,本次协商式民主监督由市政协主席会议成员带队,市政协人口资源环境委员会牵头,专委会功能型党支部指导,

宜昌市中华鲟增殖放流活动(陈维光 摄)

民盟、民建、民进、农工党、无党派及科协、妇联等界别委员参与,宜都等12个县市区政协联动,采取明查、暗访、走访、协商、网络调研等形式,对全市禁捕水域内渔船退捕上岸、渔民安置、监管执法、资金使用、长效机制建设等情况开展深入调研,了解工作进展,宣传禁渔政策,广泛凝聚共识。

2021年1月1日起,长江流域"一江两湖七河"等重点水域实行10年禁捕,宜昌市提前部署实施禁捕。2017年,根据《农业部关于公布率先全面禁捕长江流域水生生物保护区名录的通告》精神,市政府印发《宜昌市长江流域水生生物保护区全面禁捕工作方案的通知》,确定中华鲟保护区和当阳沮漳河种质资源保护区于2018年1月前实施禁捕;长阳清江白甲鱼保护区、清江宜都段中华倒刺鲃保护区和沙滩河乌鳢保护区远安段于2018年8月前实施禁捕。

在对12个县市区现场的监督调研中,市政协调研组没有发现禁捕水域存在渔船捕捞作业,护渔巡查船、水上垃圾打捞船上均有明显规范标识。各地通过渔政、公安、市场监管、交通运输等多部门联动执法机制,联合巡查执法,检察院、法院对违法案件快查、快审、快判,对非法捕捞、非法售卖行为采取高压打击态势。据统计,2020年,全市公安机关累计侦办涉渔刑事案件184起,渔政部门立案查处98起,市场监管部门立案查处15起,市人民检察院提起公诉48人,市中级人民法院判决47人。

（撰稿：刘年）

市政协"委员e家"：

集思广益　为磷石膏"围城"寻出路

秀美长江两岸，宜昌绿色循环经济正呈现蓬勃发展之势，为打造长江大保护典范城市绘就鲜明底色。

化工产业是宜昌的当家产业，生产过程中产生的磷石膏的综合治理是打造长江大保护典范城市必须答好的一道难题。

2022年2月18日，在宜昌市"强产业"领导小组召开的第一次会议上，时任宜昌市委书记王立指出，宜昌位于全国八大磷矿区第二位，丰富的磷矿资源，是宜昌磷化工产业做大做强的源头活水，也是打造精细磷化工中心的底气所在。王立强调要把磷石膏治理作为发展磷化工产业的前置条件，争取主导磷石膏综合利用相关标准的制定。

如何发挥政协平台优势，助力解好宜昌磷石膏综合利用这道必答题？ 2022年6月16日，一场以"磷石膏无害化处理和资源化利用"为主题的市政协"委员e家"协商活动，在宜昌中心城区的一处磷石膏综合利用现场——晴川明月建筑工地举行。

体量大　综合利用率不高
三峡实验室迎战磷石膏世界难题

磷石膏是磷化工业产生的固体废弃物。每制取1吨磷酸，通常会产生约5吨磷石膏。目前，最常见的处理磷石膏的办法是暂时堆放存积，但这会占用大量土地资源，增加企业管理成本。而且渣场一旦出现渗漏，就会导致该水域总磷超标，存在严重的环保隐患。

宜昌磷石膏体量大，磷石膏产品低端化、同质化现象严重。目前，全市磷石膏存量近1亿吨,每年还有1000多万吨的增量,2021年全年利用量约为651万吨,综合利用率为52.3%,当年还有一部分磷石膏产量要继续转化为存量,综合利用任务十分艰巨,压力越来越大。

近几年来,宜昌市加大推进磷石膏综合利用力度,出台奖励政策,建立倒逼机制,全市磷石膏副产企业和社会资本相继投资建设了一批磷石膏综合利用项目,但产品同质化现象严重。

随着磷石膏产量的增加,磷石膏库存越来越多。全市现有10家磷石膏库,大都已经达到设计服务年限,在企业关停、搬迁、转产后,磷石膏渣场渗滤液收集后无法回收到原有的生产系统再利用。这部分渗滤液由于浓度高、处理难度大,不能进入市政污水管网系统,成为新的环境污染隐患。

宜昌市持续深入推进长江大保护,坚持生态优先、绿色发展,推动磷化工产业跨越式提升、蝶变式发展,按照前端减量、中端提级、末端应用、全程治理的总体要求,通过实行"以销定产"和配套奖励措施,持续推进磷石膏综合利用。

2021年12月揭牌的湖北三峡实验室,正在自主创新,寻求一条解决磷石膏综合利用的科技路径。当前,多个围绕磷石膏的重点科研项目正在湖北三峡实验室展开,据研发人员介绍,对磷石膏制硫酸联产低碳钙基材料的研究是其中之一。湖北省年产水泥8000万吨,需要氧化钙4000万吨,而全省每年磷石膏产量约3000万吨,全部转化为氧化钙的只有2500万吨,一旦攻克工程技术难关,有望实现磷石膏全消纳。

在建筑工地上达共识
企业期盼打通"最后一公里"

"大家看,这栋楼的建筑内墙、外墙内侧和顶棚抹灰,用的都是磷石膏。不仅施工便捷,造价还相对低了不少。"在晴川明月建筑工地现场,施工人员向参加"委员e家"的嘉宾推介磷石膏制品。

工地内的空地上,宜昌多家企业现场展示自家的磷石膏产品。加气保温板、自流平……除了以磷石膏为原材料的各式建筑材料,企业还展示了象棋、生肖摆件等由磷石膏制成的各式产品。

在市政协七届一次全会期间,委员们提交了七件关于磷石膏综合利用的提案,针对宜昌市磷石膏综合利用存在的突出困难提出了多条有针对性的建议。

市政协委员王青、蒋小丹、黄毅从磷石膏前端减量、中端突破、末端治理、技术攻关、政策支持、和化工与水泥企业合作等方面提出有针对性的建议,与委员们的建议不谋而合的还有宜化集团与华新水泥两家大企业。2022年3月30日,宜化集团与华新水泥签订战略合作协议,市政协副主席、宜化集团董事长王大真和华新水泥总裁李叶青出席签约仪式,双方将在推动磷石膏综合利用开发方面取得深层次突破上,在磷石膏资源循环利用上携手共同发展。

磷石膏综合利用大有可为,但目前仍存在不少"卡脖子"的难题。"磷石膏应用广泛,但目前市场实际应用规模很小,'最后一公里'末端应用难题始终未得到真正解决。市场层面上,许多消费者对磷石膏产品应用仍有疑虑,推动从国家层面制定磷石膏无害化处理的规范和标准标识,从而打消市场担忧,将更有利于磷石膏综合利用企业的规模发展,促进磷石膏产品得到市场认可。""委员e家"协商现场,湖北宜化磷石膏科技开发有限公司董事长虞云峰、湖北力达环保科技有限公司董事长柴波、昌耀新材料有限公司董事长吴赤球等磷石膏生产企业、利用企业负责人纷纷建言。

委员专家现场"开药方"
2022年磷石膏综合利用率将达80%

在宜昌高新区白洋园区,湖北远固新型建材科技股份有限公司车间里,在自动化的生产线上,磷石膏原料被传送到密封罐体,经过水洗中和、搅拌、过滤,抹墙石膏砂浆逐渐成形。

湖北远固公司李国刚博士长期致力于磷石膏综合利用技术研究及开发,在市政协"委员e家"协商活动现场,李国刚介绍了远固公司磷石膏的综合利用情况。

"宜昌磷石膏放射性物质、重金属含量远低于相关标准。高含量免烧磷石膏利用技术是可行的,实际应用中只要坚持遇到问题集中攻关,很快就能攻破。"同样关注磷石膏综合利用技术研究的还有三峡大学磷石膏研究院副院长黄绪泉,他建议政府在技术研发上继续强力支持。

"我们将制定推进磷石膏综合利用产品在市政建设、建筑工程、道路建设、水利、乡村振兴等领域的推广应用方案、政策措施,明确年度推广应用计划并组织实施；建立与长江中下游地区的联络渠道，以资源、市场为纽带，互帮互助，推动合作。"听取了企业困难、专家建议后，宜昌市住建局、科技局等八个部门——回应。

宜昌市副市长杨卫华现场表示，宜昌将进一步压实责任，强化措施，全力完成2022年磷石膏综合利用率达到80%的目标任务。

"这次活动把服务企业摆在最突出的位置，协商活动变成企业产品的现场展销会和委员的线上'带货'，是实实在在的'下基层、察民情、解民忧、暖民心'实践活动的政协版本。"宜昌市政协主席王均成总结协商活动时说。这次活动必将助推凝聚共识，加快形成政府、企业和全社会共解"必答之题"的"一条心"，必将助推完善机制，加快形成前端减量、中端提级、末端应用、全程治理的"一条链"，必将助推科技创新，加快形成技术进步、科学高效利用的"一套标准"。

宜昌市下发任务清单
五年内消化全部结存磷石膏

2022年7月25日，市委办公室、市政府办公室印发《关于加强磷石膏综合治理促进磷化工产业高质量发展的实施方案》的通知，提出确保三年之内实现当年产生的磷石膏当年全部综合利用，力争五年内消化全部历年结存的磷石膏。

围绕"前端减量、中端提级、末端应用、全程治理"目标，近年来，全市将磷石膏综合治理纳入磷化工全产业链高质量发展、中央生态环境保护督察整改任务统筹推进，以提高资源利用效率为核心，加快打造精细磷化中心，推动磷化工跨越式提升、蝶变式发展。

宜昌市持续推动磷石膏综合治理"前端减量"，鼓励引导磷矿开采企业与磷化工企业联合，坚持以磷矿开采减量化，促进磷石膏减产和磷矿资源利用效率提升，实现磷石膏综合利用"产消平衡"，推动磷化工实现绿色可持续发展。

在探索提高磷石膏综合利用和无害化处理中，宜昌成立了湖北三峡实验室，实验室首席科学家池汝安教授透露，将加大联合科研攻关力度，力争两年内将湖北磷石膏综合利用率大幅提高，最终实现零排放。

为推广应用磷石膏建材，宜昌市财政连续3年安排8500万元磷石膏专项补助资金，每年在全市磷矿开采总量控制计划中预留50万吨，作为磷石膏综合利用奖励指标。2021年投入4500万元，对磷石膏综合利用企业、新建投入的生产线、

长江大保护艺术展上的磷石膏艺术品(黄翔 摄)

终端产品及创新平台给予奖补,并设立首批专项基金1000万元用于磷石膏资源利用技术攻关,推动相关科技成果加速转化。

末端应用是磷石膏产业升级发展的重要动力。水泥缓凝剂、建筑石膏粉、路基材料……宜昌磷石膏产品应用领域持续扩大,应用的路子越走越宽。据市住建部门统计,目前全市已有20多条市政道路应用磷石膏道路材料,主要包括集料和粉料两种体系,集料体系磷石膏掺量在40%以内,技术比较稳定,每公里消耗磷石膏6000—8000吨。

技术创新　点"渣"成金
企业创新蹚出产业新路

走进湖北磷隆新材料公司生产车间,机器轰鸣,原料磷石膏在此开启变废为宝之旅,通过改性、搅拌、造粒、养护、打磨,变成了磷石膏轻集料。磷石膏轻集料可代替普通碎石,应用于混凝土或混凝土制品的生产。

磷隆新材料公司的母公司昌耀新材料公司建设了国内首条磷石膏轻集料

生产线,2021年11月投产,达产后每年可消耗磷石膏100万吨。该生产线生产1吨轻集料可消耗0.9—1.1吨磷石膏,轻集料在道路稳定层中的掺量可达到70％—90％。除此之外,磷石膏轻集料具有微膨胀性和抗折、抗劈裂的优点,将其应用于路基水稳层,可减少道路的收缩、开裂。

在创新中实现绿色崛起,湖北力达环保科技公司也是典型代表。该公司2019年新投产的两条全自动生产线年产能为20万吨,每年可使28万吨磷石膏变身为轻质抹灰石膏,年产值达1.6亿元。轻质抹灰石膏可代替传统水泥砂浆,不仅施工简单,还可以减少建筑垃圾的产生。目前,产品销往上海、江苏、江西、湖南、武汉等省市,订单“爆棚”。2020年,力达环保科技公司利用磷石膏达43.15万吨。

技术创新,点“渣”成金。宜昌依托昌耀新材料公司成立了全市磷石膏综合利用创新中心。田鑫建材公司与武汉理工大学、远固建材公司与华南理工大学联合建设磷石膏资源综合开发利用企校联合创新中心。力达环保与三峡大学成立磷石膏研究院。宜昌获批国家工业资源(磷石膏)综合利用基地。

在磷石膏应用方面,由武汉理工大学、宜昌市建筑节能推广中心等单位编制的《道路过硫磷石膏胶凝材料稳定基层技术规程》,经组织审查并批准发布,自2022年9月1日起施行。这是磷石膏道路基层材料应用的首个全国标准,填补了国内磷石膏道路水稳层应用标准的空白。

宜昌通过政策引导、企业创新和产业推动等措施初步建立了磷石膏综合利用产业链,实现了工业经济绿色崛起。

经过努力,宜昌市磷石膏综合利用率从2018年的20.4%提升至56.5%,为实现“2024年动态平衡、2028年存量清零”的总目标打下了坚实的基础,也为全国磷化工产业高质量发展提供了生动的“宜昌样板”。

(撰稿:刘年)

把城市建在花园中
——市政协六届三次全会建议案提出打造花园城市

　　推窗见绿、移步换景的宜昌，用繁花锦绣弹奏出绿的协奏曲。

　　花园，是城市立足于大地最美的表达。偎依长江，宜昌生态备受关注，为了让一江清水东流、一城绿意相随，2018年6月至8月，宜昌市政协组织委员多次对长江岸线生态修复和城区绿化美化开展专题调研，提出生态复绿要坚持因地制宜，宜林则林、宜花则花、宜草则草、宜景则景，体现物种多样性的建议。

　　谁不向往花团锦簇的城市？谁不期盼花香扑鼻的家园？在市政协六届三次

阳光明媚，宜昌街头鲜花盛开，身穿汉服的女子正在拍照留影（黄翔 摄）

会议上,政协委员们对宜昌建设花园城市给予高度关注,纷纷为宜昌建设花园城市建言献策,市政协六届十二次常委会会议通过《宜昌建设花园城市的建议案》,为未来的宜昌城市建设描绘缤纷的色彩。

公园虽多却美中不足
委员建议引起市政协关注

宜昌是一座山水园林城,山在城中,城在山中,每一处风景都那么可人。从东山之巅到长江之滨,东山公园、儿童公园、滨江公园绿意层层叠叠,这些历史悠久的城市公园奠定了宜昌城市公园的发展底色。

随着城市不断拓展,一座座新公园逐步建成,滨江公园向猇亭延伸,运河公园、城东公园、求雨台公园、磨基山公园、柏临河湿地公园等相继建成。截至2019年,中心城区绿地总面积达64.1547平方公里,绿化覆盖率为42.06%,人均公园绿地面积14.32平方米。

城市在改变,市民也在不断刷新对美好生活的追求。在宜昌城市建设品位不断提升的基础上,政协委员们一致认为,宜昌已经具备建设花园城市的基础。

政协委员韩红说,尽管宜昌已建成很多城市公园,但存在同质化、特色不鲜明、精细度不高的遗憾。

政协委员艾长征说,近年来宜昌公园数量大幅提升,但细节设计存在不足。他以天然塔一公里半径内的公园为例,包括滨江公园、王家河公园、宝塔河游园和合益园,涵盖市级、组团级、小区游园和街头绿地四种不同类型的公园。一是配置不健全,缺少供老人、儿童使用的安全游乐设施和遮阳避雨的亭廊;二是设置不科学,比如金龙路至中南路段约一公里,座椅偏少,舒适度不够;三是缺少对特殊人群的关怀,无障碍设施不到位;四是缺少艺术性,除滨江公园有部分历史人文元素外,其他公园大多缺乏文化特色。

委员的呼声代表群众的心声,市政协铭记于心。

2018年6月至8月,市政协领导多次对长江岸线生态修复和城区绿化美化开展专题调研,提出生态复绿要坚持因地制宜,宜林则林、宜花则花、宜草则草、宜景则景,体现物种多样性。

市政协人口资源环境委员会在市政协六届三次会议上提交了《宜昌建设花

园城市的建议案》。市政协六届十四次常委会会议上，与会政协委员、行业专家和群众代表围绕"建设花园城市，提升城市品质"这一议题协商建言。

委员代表赴外地"取经"
他山之石为宜昌"锦上添花"

一份有温度的建议案诞生，是市政协集体智慧的结晶，更融入了每个市民对家园满满的期待。

"有调研，有征询，有外地经验借鉴。"时任市政协人口资源环境委员会主任廖忠民介绍，为了让市民生活在百花丛中，提出有质量的建议，市政协人资环委部分委员代表还和市园林中心代表一起前往"国际花园城市"杭州、"城市森林"北京、"世界春城花都"昆明和"公园城市"成都等地学习经验。

"杭州的绿化工作很注重细节，把每一处微小景观都当成艺术品来打造；北京是我国的首都，城市地位特殊，花园城市建设规格和质量都很高；昆明依托其四季如画的气候优势，带动了当地花卉产业发展；成都以天府绿道串联起境内的生态区、公园、小游园、微绿地，将整个成都变为一座巨大的'公园'……"

通过实地调研和外地学习，大家对各地建设花园城市的特色了然于胸，对宜昌该如何提档升级也有了一些想法。基于前期调研和这次外出学习的成果，调研组拍摄完成了《建设花园城市 提升城市品质——调研汇报》电视专题片，建议从细化目标任务、打造多彩的城市空间、发展花卉经济、加快人才培育、丰富花事活动等方面着手，推动宜昌花园城市建设再上一层楼。

"生态复绿要坚持因地制宜，宜林则林、宜花则花、宜草则草、宜景则景，花园城市建设亦是如此。"这是委员们在调研中达成的共识。

"五色"提案为花园城市建设把脉

2018年下半年开始，市政协人资环委联合民盟、民进界别进行专题调研，并多次到市园林绿化管护中心和项目工地了解花园城市建设情况。在此基础上又广泛征求相关职能部门、园林专家及政协委员意见，最终形成建议案。

2019年1月8日，《关于建设花园城市的建议案》在市政协第六届十二次常委会上顺利通过。建议案从花园城市建设中的"特色、景色、底色、绿色、亮色"

徜徉花海（黄翔 摄）

方面提出了建议，被提案主办部门称为"五色提案"，具体有以下几点。

分步实施，打造城市景色。根据城市功能属性，按照"一年建示范、两年出效果、三年成景观"的目标，分阶段、分区域建设。重点对城市门户景观进行提升改造的同时，对城市街道、桥梁、隧道、公共建筑及办公楼、居民住宅的阳台、楼顶进行绿化和美化，构筑宜昌中心城区点、线、面、带相结合的花园城市建设格局。在花卉树种的选择上，要突出本地特色，多选用迎春、月季、杜鹃、紫薇等适合本地气候土壤条件的花卉和树种，做到一次栽植多年受益，既节省前期投入，又便于后期管护。

多元融入，厚植城市底色。在城市门户景观、公园绿地等部分地段（如高速公路和快速路的边坡或挡墙），恰到好处地植入历史文化元素和彰显宜昌城市特色的人文景观，用花卉园林这种自然景观展现宜昌城市的过去、现在和将来，进一步营造城市的可读性、可记忆性，延续城市历史文化，提升城市旅游形象，让花

"我的城市,我的园"(黄翔 摄)

园城市更具品位和魅力。

产城融合,促进城市绿色。要将花园城市建设与产业发展、城市品牌紧密结合,引进市场主体、技术人才,积极培植园林花卉产业,充分展示本地特色,打造农旅结合的城市品牌。要通过花园城市建设带动园林花卉产业发展和农民增收,带动乡村旅游和旅游经济发展。

凝心聚力,共添城市亮色。通过开展形式多样的家庭养花、园艺审美等知识培训教育及"最美阳台""花园之家"创评活动,引导广大市民绿化美化家园,打造更多的临街阳台园艺精品。通过创建"花园小区""花园单位"等活动,组织动员机关、企事业单位、街道、社区和广大市民投身花园城市建设。

人人都是"城市花匠"
从"花园城市"迈向"公园城市"

市委、市政府高度重视来自市政协的呼声,2019年正式将花园城市建设写入政府工作报告,要求助推生态提质,加快建设花园城市。为了更好地办理建设花园城市的建议案,2019年9月12日,经市人民政府第61次常务会讨论通过,市政府办公室出台《市人民政府办公室关于印发宜昌花园城市建设工作方案的通知》,方案吸收、采纳了市政协调研报告中提出的意见和建议。

方案提出了推进花园城市建设三年工作目标,到2021年,健全花园城市建设指标体系、工作体系、政策体系和评价体系,基本建成花园之城。市政府已编制完成《宜昌市花园城市建设规划》,宜昌花园城市建设根植于宜昌山、水、城特色,传承宜昌本土文化,体现宜昌城市特色;根据宜昌市中心城区现有绿化情况,按照"彩化、香化、亮化、美化"的要求,对全市机场火车站、高速互通、城市快速路、生活型道路及公园绿地等重要景观区域进行全盘规划,按照"高起点规划、高标准建设、高效能管理"的原则,构筑宜昌中心城区点、线、面、带相结合的完善的花园城市建设路线。同时制定了"三年实施计划",即《宜昌花园城市建设2018—2020木本花卉应用方案》,细化量化落实。

按照"一年建示范、两年出效果、三年成景观"的目标,分阶段、分区域建设。宜昌市2018—2019年首批花园城市建设项目共计15个,总面积127.92公顷。完工项目14个,剩下的滨江公园(白沙路至柏临河入江口段)项目,2019年春节前基本具备开放条件。在对建成项目高质量高水平管理的同时,认真谋划了2019—2020年项目,形成了花园城市建设2019—2020年工作任务清单。

水清、岸绿、景美,新建的沙河湿地公园、灯塔广场已成为新晋"网红打卡地"。同时,宜昌市利用城市"金角银边"新建、改造的"口袋公园"也不断涌现,让市民真正感受到"推窗见绿、开门进园"。

看今日宜昌,红橙黄绿青蓝紫,姹紫嫣红总是春。西陵二路快速路,最长月季带花团锦簇;胜利四路,海棠花艳丽多姿;走进公园,一团团、一簇簇鲜花开放在阳光下,婆娑光影中,一丛丛杂树生花,一寸寸花田错落,将城市勾勒成一个综合式花园体。移步换景,一座城市对"花"的匠心培植和独到运用尽收眼底,"花

园城市"发生质的飞跃,朝"公园城市"迈进。

风起长江岸,山水画卷新。宜昌市第七次党代会报告提出"为人民筑城,建设具有国际范、山水韵、三峡情的滨江公园城市",回答了今后一个时期宜昌城市建设的方向,开启"公园城市"新实践、匠造理想人居新图景。这是宜昌新的使命,更是宜昌对长江更细致的呵护。在这里,一幅更加璀璨多姿的长江新画卷即将铺展开来。

(撰稿:刘年)

长江大保护中的"政协力量"
——宜昌市政协围绕长江大保护履职纪实

如果时光有记忆，一定不会忘记前进路上的铿锵步履。

2018年4月24日上午，中共中央总书记、国家主席、中央军委主席习近平从北京直飞湖北宜昌，一下飞机便前往长江沿岸考察调研长江生态环境修复工作，把脉长江经济带建设。

5年来，宜昌市委市政府不忘总书记的殷殷嘱托，积极践行"共抓大保护、不搞大开发"的生态理念，呵护母亲河。如今，一幅秀美的山水画卷正在长江之滨徐徐展开。

这一切，离不开宜昌市政协的助力。5年来，宜昌市政协紧盯绿色发展，围绕长江大保护，充分发挥专门协商机构作用，在建言资政和凝聚共识上双向发力，通过政协例会、专题协商会、民主监督、两会提案、社情民意、"委员e家"等多种形式，为全力推动牢记习近平总书记殷殷嘱托，认真落实党中央决策和要求作出了积极的贡献。

如果岁月有痕迹，一定会镌刻下广大政协委员们的串串脚印。他们用脚步丈量宜昌，用智慧呵护长江，用行动点燃热情，为宜昌打造长江大保护典范城市献计献策。

谋睿智之策　促转型升级

2022年9月7日，秋阳高照，信步宜昌市猇亭江滩，极目远眺，一排排桂花树、银杏树沐浴在阳光下。在老宜昌人的记忆里，这片绿意所在之处，曾是湖北兴发化工集团新材料产业园的一排临江厂房和排污口。

宜昌壮士断腕，破解"化工围江"，关停沿江化工企业，腾退江岸线，实施生

态复绿,悄然之间,长江岸线变清爽了。临江而建的一片片厂房、码头如今变成养眼的滨江绿带。

转型的背后,离不开宜昌市政协的深切关注与智力支持。2017年,宜昌市发出化工产业转型升级号令后,市政协连续5年跟踪调研"关改搬转"。委员们深入企业基层,在实地调研间探寻转型发展之路,历届市政协主席会议成员带领委员们多次深入企业,了解发展困境。宜昌化工产业生存空间面临着环境容量、市场容量和成本控制的多重挤压,转型升级面临诸多困难和问题,如何突围?宜昌市政协组织委员和各县市区政协课题组深入矿山企业调研,并将目光投向同类地方开展网络调研,取经求教。

"大力培育新兴产业,努力打造新增长极。"

"鼓励磷化工科技创新,引导支持强强联合。"

"推动淘汰落后的产能,引导做好转型升级,引导差异化发展。"

2020年6月29日,市政协六届十八次常委会召开,围绕"加快三磷整治,助

兴发集团宜昌新材料产业园沿江腾退一公里(王雷摄)

推绿色发展"协商议政，委员们纷纷建言献策，句句箴言透露着委员们对加快产业转型升级、实现高质量发展的热切期盼。

"坚持规范整治，淘汰落后产能，加大磷化工专业园区的建设力度，推进宜昌磷化工企业'关改搬转'，推进园区'产业集聚、用地集约、布局合理、物流便捷、安全环保、一体化管理'，通过提高环保标准倒逼产业转型升级，通过严格的法律法规手段保障'三磷产业'健康运行。"市政协委员李万清提出建议。

来自政协的呼声得到市委、市政府的高度重视，特别是市政协报告中关于加强磷石膏综合利用方面的意见和建议，市政府办、市住建局、市经信局等部门高度重视，先后出台了《关于在建设领域推广应用磷石膏综合利用产品的通知》《市人民政府办公室关于加强磷石膏建材推广应用工作的通知》《磷石膏及其综合利用产品质量标准》等文件和工程应用技术规范，并在全市多个房建项目中应用磷石膏抹灰砂浆、磷石膏砌块，西陵二路快速路、江南二路等市政项目应用了磷石膏路缘石、生态护坡等磷石膏水泥混凝土制品，柏临河路、点军路等市政项目试点应用了磷石膏水稳层。

议政性常委会会议是政协常委会最重要的协商会议。2018年以来，六届、七届政协围绕绿色发展这一主题，多次开展议政性常委会会议，许多"高含金量"的资政建言直接助推了市委市政府相关政策措施的落实。

政协建言，党委决策，政府行动。在宜昌，一场人民政协协商民主的生动实践持续发力。

行监督之责　夯发展基石

2022年7月19日，宜昌摄影爱好者杨河拍摄到江豚宝宝与妈妈在长江江面嬉戏的身影。两名专家比对照片判断，这只小江豚与上半年所拍摄的小江豚不是同一只，这也意味着，2022年，长江宜昌段已经观察到2只新出生的江豚。

如今，生态环保理念已深入人心，长江生态持续向好，频频现身的江豚是这片水域环境变优的最好证明。

与此同时，根据市委批转的工作要点安排，一场围绕长江"十年禁渔"开展的民主监督活动于2021年4至5月走进全市涉及禁捕水域的12个县市区。市、县(区)两级政协委员及党委、政府相关部门一道走访渔民、禁渔区群众、市场和

长江中戏水的江豚(杨河 摄)

餐馆经营人员,进行政策宣传,发现问题,提出建议。

55岁的刘卫东是长阳土家族自治县鸭子口村的一位渔民,2019年退捕上岸后,虽然收入暂时性地明显减少,还面临重新就业的问题,但他发自内心地支持禁渔:"这几年明显网不到多少鱼了,如果再不保护,可能很多鱼都要灭种了。"

"老百姓对禁渔工作的认可度、支持度很高,但我们在走访过程中也发现在禁渔工作长效机制建设上存在短板。"市政协调研组从完善长效机制、确保渔民转产就业增收、加快地方立法等几个方面提出了具体意见和建议,得到市委书记的充分肯定,"市政协党组立足宜昌实际,聚焦长江禁渔共保联治深入开展调研,协商议政内容很有针对性和参考价值",为党委、政府更好落实"十年禁渔"提供决策依据。

要实现可持续发展,在取得绿色发展全面胜利后,还需持续不断地跟踪研究,将市委、市政府各项工作安排落实到位。市政协整合各民主党派、无党派人士、政协各专委会和政协委员的力量，开创了由专委会牵头、市级民主党派为主体、联合开展民主监督的"宜昌模式"，将履职足迹遍布农村安全饮水工程、小煤矿、沿江化工企业、长江岸线、长江主要支流……

5年来，市政协共向市委市政府报送专项监督报告30多份，参与委员和民主党派成员达1500多人次。一组组数据传递的是履职尽责的力度，更是共谋发展的决心。其中，围绕"农村安全饮水工程推进落实情况"和"市小煤矿和沿江化工企业关停淘汰情况"开展了两项民主监督。"长江岸线生态复绿工程""河湖长制"落实情况等民主监督报告，得到市委市政府主要领导高度评价，相关职能部门针对报告反映的问题认真整改落实。

开展"宜昌实施情况民主监督"民主监督。民主监督报告报送市委市政府后，市委主要领导批示，分管副市长对市河长办提出整改落实具体要求。

既"挑剔"，又"出招"，宜昌绿色发展在市政协的民主监督下释放出蓬勃的活力。

建务实之言　系国计民生

大江向东，这里是长江中下游的接合部，232公里长的江岸线为未来三峡生态新城勾勒出优美的曲线。

呵护长江、治理长江、美化长江，5年来，宜昌市第六届、七届政协委员们深入化工企业，走进田间地头，实地调研，为"生病"的长江寻找药方。

"建议加快推进长江宜昌段生态修复与治理。"

"建议做好库区漂浮物清理和管控工作。"

"建议治理长江船舶污染，着力推进绿色航运。"

一件提案，一份真情。5年来，一件件承载着广大群众意愿和呼声的提案，凝结着政协委员的智慧、心血和汗水，架起了党委、政府与人民群众之间的一座座"连心桥"，促进绿色发展，惠及民生福祉。

土壤污染防治是污染防治三大战役中起步最晚、基础最薄弱、治理和修复难度最大但又必须按时完成的艰巨任务。2019年，宜昌市政协人口资源环境委员会、猇亭区政协委员联合针对宜昌长江岸线长、沿江化工企业众多的实际，以猇亭为主要调研点，对宜昌沿江化工企业土壤污染防治和修复面临的形势进行了深入调研,建议尽快编制土壤污染防治和修复规划,迅速启动沿江化工企业土壤环境质量详查和风险评估,选择代表性地块开展土壤污染修复试点。全面加强土壤污染防治和修复能力建设。

为确保化工企业整治和转型升级过程中环境风险可控、遗留工业场地土壤环境安全,市生态环境部门规范企业拆除活动,加强拆除过程环境监管,扎实做好关闭、搬迁化工企业遗留工业场地风险管控。开展化工产业专项整治及转型升级遗留场地土壤污染状况调查。加强污染地块再开发利用准入管理,确保建设用地环境安全。

如今,在点军区田田化工搬迁场地,栾树迎风招展,昔日化工厂区变身沿江风景带。2018年3月,宜昌田田化工关停后,为杜绝二次污染,给土地"去毒疗伤",宜昌修复污染区域面积15550平方米,让一方净土护卫长江。

打开六届宜昌市政协优秀提案目录,《关于加强磷石膏综合利用的建议》《关于推进宜昌化工园区转型升级及绿色化改造的建议》《关于综合利用宜昌沿江"化工遗址"的建议》等与化工产业相关的提案不胜枚举。其中,《加快推进长江宜昌段生态修复与治理的建议》提案被确定为当年市委书记亲自领办的重点提案。市政府高度重视《关于治理长江船舶污染、着力推进绿色航运的建议》,在财力十分紧张的情况下,决定从2020年11月4日起,对宜昌市待闸船舶生活垃圾和生活污水实行免费接收转运处置,并要求加强执法监管,及时推进,迅速落实。

涓涓细流,可以汇成壮阔的大海。委员们持续以提案、反映社情民意的信息等方式针对问题提出建议,一些困难问题得到市委市政府的重点研究和推动解决。

事事皆为谋发展,条条建议总关情。新时代人民政协的新模样在建真言、谋良策、出实招中逐渐清晰。

聚各方之力　发政协之声

宜昌是长江流域最大的磷矿基地,磷矿资源储量占全国15%、全省50%以上。据统计,每制取1吨磷酸,通常会产生约5吨磷石膏。

磷石膏利用是一项世界性难题,全球对磷石膏的综合利用率不到8%。目前,堆存仍是大量化处置的主要方式。由于我国磷化工企业主要集中在长江沿岸,磷石膏对长江生态造成了一定影响。磷石膏的综合治理,事关长江生态保护和宜昌磷化工产业的高质量发展。

近年来,宜昌全域发力,不断攻克磷石膏在技术领域内的关键难题,并取得了一系列应用标准上的突破。宜昌磷石膏综合利用率从2018年的20.4%逐年提升,2021年全市磷石膏综合利用量651万吨,综合利用率52.3%,年均提升10.6个百分点。

2022年6月16日,一场以"磷石膏无害化处理和资源化利用"为主题的宜昌市"委员e家"协商活动,在宜昌中心城区的一处磷石膏综合利用现场——晴川明月建筑工地上举行。

听取了企业困难和专家建议后,宜昌市住建局、科技局等八个部门一一回应。宜昌市人民政府副市长杨卫华现场表示,宜昌将进一步压实责任,强化措施,全力完成2022年磷石膏综合利用率达到80%的目标任务。

协商现场全过程采用视频连线、现场直播,吸引了两万余人次参与互动。

自2017年以来,宜昌市就探索搭建集建言、协商、监督于一体的"委员e家"界别协商平台,不拘场地,不限时间,围绕群众普遍关心的热点、难点问题,邀请政府分管领导、部门负责人、政协委员、专家学者和群众代表面对面沟通,共同寻求解决方案。市政协将28个界别分成10个界别联组,397名委员全部"进组"。各界别联组不定期组织委员开展学习交流、调研视察、网上热议、协商座谈等,并适时通过"委员e家"集中开展"头脑风暴"。

为让一江清水绵延后世、惠泽千秋,2016年1月5日,推动长江经济带发展座谈会在重庆召开。会议全面深刻阐述了推动长江经济带发展的重大战略思想,强调要把修复长江生态环境摆在压倒性位置,共抓大保护,不搞大开发。2018年4月26日,深入推动长江经济带发展座谈会在武汉召开。

厚望如山,催人奋进。5年来,宜昌市历届政协牢记殷殷嘱托,发挥政协智力密集、人才荟萃的优势,想在前、谋在前、议在前,把修复长江生态摆在压倒性位置,深刻作答长江经济带高质量发展的时代考题。围绕长江大保护,市政协统筹推进,利用议政性常委会、"委员e家"、提案、建议案等各种形式,发挥委员们的主观能动作用积极履职,一项项工作积极推进,一份份情况全力梳理,一串串数据不断汇集……每一次有情况、有分析、有解决办法的专报,都是对政协履职的

最佳注脚。

5年来,长江生态环境发生了巨大变化,中华民族母亲河生机盎然,一幅山水人城和谐发展的新时代长江经济带新画卷在宜昌徐徐展开!

（撰稿：刘年）

第二篇

宜昌决策

高瞻远瞩　逐梦绿水青山

　　长波逐若泻，连山凿如劈。从"世界屋脊"奔下，一泻千里，滚滚东逝的长江水，欢快地流过宜昌，涵养着沿江生态，养育着数百万三峡儿女。

　　宜昌因水而变，从葛洲坝到三峡大坝，一条黄金水道助力宜昌实现两次腾飞，一座滨江小城迅速崛起，屹立于长江之滨。但进入新时代的宜昌，经受着新的考验，面临着新的挑战。多年的高速发展，令这片黄金水域面临诸多亟待解决的难题，"化工围江"、过度捕捞、非法采砂、污水排放……长江生态环境严重透支，生物多样性持续下降。

2018年的春风,一如既往地和煦。

深入推动长江经济带发展座谈会在武汉召开,会议强调:"推动长江经济带发展,前提是坚持生态优先,把修复长江生态环境摆在压倒性位置,逐步解决长江生态环境透支问题。"党中央高瞻远瞩,为长江经济带奠定了绿色发展的总基调。

宜昌历届市委市政府牢记谆谆教诲,把修复长江生态摆在压倒性位置,坚持一张蓝图绘到底,一茬接着一茬干,确保一江清水绵延后世、惠泽人民。

思想破冰
宜昌拿当家产业开刀

宜昌矿产资源丰富,已探明的矿产有88种,占全国已发现矿种的51.2%、湖北省已发现矿种的62%。宜昌磷矿储量丰富,为全国八大磷矿区第2位,占湖北省磷矿保有储量的46.5%。依托丰富的资源和长江水运优势,磷化工业在宜昌勃然而兴,列岸成阵。

化工是宜昌第一个产值过千亿元的当家产业,曾贡献全市近三分之一的工

宜昌江景(王恒 摄)

业产值，占全省化工产值近三分之一，创造了大量的税收和就业机会。

然而，"村村点火、处处冒烟"的无序发展，让宜昌一度陷入"化工围江"的困局。2016年最高峰时，长江宜昌段200多公里岸线上，分布着化工企业130多家、化工管道1020公里以上，距离长江最近的化工企业离江不足100米，污水粗放排江……

宜昌是长江流域生态敏感区，肩负"确保一江清水向东流"的重任。"如果抓不好长江宜昌段的生态治理，这种污染环境的GDP再多又有什么用呢？这是否决性的指标。"2016年12月，时任宜昌市委书记周霁提出，生态文明建设不仅是经济问题，更是重大的政治问题，抓生态环保是必答题不是选择题，是机遇不是包袱，发展与保护是有机统一体，不是割裂的对立面。

为了一江清水永续东流，宜昌痛下决心向"吃饭产业"开刀，许多人心痛不已，各种声音纷至沓来。

"关闭搬迁化工企业，新兴产业一时又难以顶上，数万职工的生计怎么办？企业转型升级的钱哪里来？经济增速掉下来怎么办？这一块的财税收入拿什么去补？"

面对质疑，第六届宜昌市委、市政府斩钉截铁。

"本届市委就任于决胜全面小康的关键时期，推进绿色发展、促进转型跨越是我们义不容辞的历史责任。"2016年底，时任宜昌市委书记周霁开门见山。

对一些干部抓生态环保主动性不足，创造性不够，思想上的结还没有真正解开的问题，周霁在一次干部大会上直问："宜昌的老百姓现在最关心什么？是好山好水好空气，还是经济指标的全省排位？"

答案不辩自明。2016年，宜昌居民投诉最多的就是空气、水等环境问题。

"老百姓最关心什么，我们就应该着力解决什么！"周霁的话掷地有声。

"宜昌化工产值约占全省化工总产值的三分之一，也占了宜昌工业总产值的三分之一，这两个'三分之一'，决定了宜昌化工产业在转型升级中必然会伴随巨大'阵痛'。"时任宜昌市委副书记、市长张家胜说，该关停的一定要坚决关停，必须痛下决心、壮士断腕，发展绿色环保产业，确保一江清水向东流，2020年实现全市长江沿线1公里内的化工企业全部"清零"。

统一思想后，宜昌坚定信心，大刀阔斧改革，市委市政府下达"军令状"：坚持"铁心、铁面、铁腕、铁纪、铁痕",建立严密、严厉、严格的责任体系,保护长江生态安全。

这是一次釜底抽薪的变革,宜昌统一思想,不惧挑战,全市上下一条心,誓要扮绿长江两岸,在长江大保护上写下精彩的注脚。

刀刃向内
立下绿色规矩 守护母亲河

唯有刮骨疗毒的硬决心,釜底抽薪的硬举措,才能补生态环境上的欠账。

宜昌坚决落实画红线、立规矩的重要精神,切实增强保护长江母亲河的答题意识,从政策、规划和制度入手立规定向,倒逼绿色发展,统筹长江大保护工作。

规矩就是红线,宜昌刀刃向内,建立绿色发展和生态文明指标考评体系;划定生态管控"三线",其中生态功能红线区占全市面积49%、大气环境红线区占16%、水环境红线区占33%。

一江碧水向东流(王恒 摄)

宜昌市把绿色发展作为"富万代"工程来抓,确定"推进绿色发展、促进转型跨越"战略目标,编制《宜昌长江生态保护与绿色发展战略规划》,推进化工产业专项整治及转型升级三年行动计划。宜昌扎实推进"多规合一",初步形成了以总体规划为统领,专项规划和控制性详规为支撑的规划体系。宜昌先后发布实施了《宜昌市磷产业发展总体规划(2017—2025年)》和《长江大保护宜昌行动方案》,组织编制了《宜昌市化工产业绿色发展规划》《长江宜昌段生态环境修复及绿色发展规划》《工业转型升级规划研究》,指导全市转变经济发展模式,修复生态环境,推动全市走循环经济型、资源节约型和环境友好型发展道路。

宜昌出台"三线一单"生态环境分区管控实施方案,全市划定环境管控单元109个,其中优先保护单元56个,重点管控单元29个,一般管控单元24个,实施分类管控。"三线一单"指生态保护红线、环境质量底线、资源利用上线和生态环境准入清单,在一张图上落实生态保护、环境质量目标管理、资源利用管控要求,构建生态环境分区管控体系。

为了持续推进长江大保护,宜昌用好绿色政绩考核指挥棒,推行既看"面子"又看"里子"的考核指标、立体化近距离的考核方式、激励约束并重的管理体系。2018年,宜昌市取消对5个山区(县)的GDP考核,进一步提升绿色发展的含金量,新增第三产业和高新技术产业增加值占GDP比重等结构性指标,新增"厕所革命""乡镇生活污水治理"等内容、资源环境约束性指标15项。

"市委铁了心搞绿色发展,我们有了'定盘星',生态环保这道考题不仅必答,而且要答好!"远安县相关负责人说。

班子和干部能否在绿色发展上担当作为,最终要靠实践来检验。为了考准考实绿色政绩,宜昌市坚持全方位、多角度、近距离,既考班子集体的完成率,也考察干部个人的贡献率。

宜昌做好顶层设计,规划引导,铁拳出击,为发展定航。

建章立制
生态修复新探索浮出水面

"既要绿水青山,也要金山银山""绿水青山就是金山银山"……近年来,宜昌在生态修复探索上屡出奇招,在环保执法中掷地有声,通过大胆创新,设立环保警察支队、黄柏河流域综合执法局、环境资源审判庭等,在生态文明建设中建立长效机制,共建生态文明。

2018年1月26日,夷陵区通过多警种联合行动,端掉了位于夷陵区邓村边远山乡的一处非法采砂窝点,刑拘一名主要犯罪嫌疑人,并对多人传唤调查。

从接到群众举报到固定证据结案,仅花费了10多天时间。办案如此之快,得益于"环保+公安"的创新环保执法模式。

2017年6月20日,夷陵区在全市率先成立环境保护警察大队,宜昌"环保+公安"执法模式正式形成。环境保护警察支队成员由在一线工作过的刑警组成,主要负责侦办辖区范围内环境保护领域的犯罪案件,参与环境保护部门集中专项整治行动等。

内外要联动,执法检查的方式也在不断创新。2017年,市生态环境局成立了14个检查组,在全市范围内推行"双护双促"交叉执法。这一方式较好地解决了

夷陵区梅子垭水库(张彬 摄)

各地执法力度不够、力量不强的问题，同时也打破了以往常规检查中的人情观念，严厉打击了各类环境违法行为。

建立长效机制，共建生态文明。宜昌扎实推进生态文明建设示范创建。2018年12月，市人大常委会审议批准了《宜昌市生态文明建设示范市规划（2018—2024年）》，同步印发实施方案和奖励办法，统筹推进生态文明创建工作。宜昌印发《长江宜昌段共抓大保护实施意见》，建立长江大保护联动执法机制，统筹市直和中省在宜涉江生态监管部门的执法力量开展巡查，信息共享、手段互补，实现巡查全面覆盖、执法快速响应。

强化立法保障，护绿复绿增绿。《宜昌市城区重点绿地保护条例》颁布5年来，全市持续抓好宣贯实施，为宜昌高质量发展厚植绿色基底。宜昌狠抓重点绿地建设，建成了一批环境优美、生态便民的公园绿地，切实做到禁挖山、慎填湖、不砍树。加快实施城区保留山体生态修复，统筹推进工程项目建设、"山长制"复绿管护、市政边坡修复工作。

为全力打赢污染防治攻坚战，宜昌以"山水林田湖草"一体治理为统领，全面系统治水、治土、治气，守住山头、管住斧头、护好源头。宜昌实施《长江宜昌段生态环境修复和综合治理总体方案》，深入推进化工转型升级、水污染防治、大气污染防治、港口船舶绿色排放、岸线生态修复、城区生态修复6个专项方案。

宜昌以黄柏河等入江支流、城市河流等为重点，进行船舶污染防治、库区清漂、无序码头集并、农村垃圾治理、园区乡镇污水处置等全域流域治理，推进"山水林田湖草"一体化治理。

壮士断腕
破"化工围江" 治长江之痛

化工是宜昌重要支柱产业，2016年底全市有化工企业134家，"化工围江"问题突出。针对这一问题，宜昌市委市政府主动担当，积极作为，痛下决心开展化工产业专项整治。制定"三年行动方案"，下大力调减存量、严控增量、优化结构，重点抓好全市化工企业的"关改搬转"。力争通过3年努力，基本建成产业布局合理、技术管理先进、竞争优势明显的现代化工产业转型发展示范基地，打造长江流域绿色发展样板。

针对化工产业带来的环境污染，宜昌市为促进化工产业绿色转型，严格管控产业空间布局。对现有化工园区实行分类整治，枝江循环化工园区、宜都循环化工园区为"优化提升区"，猇亭化工园、当阳坝陵化工园、远安万里化工园、兴山白沙河及刘草坡化工园为"控制发展区"，枝江开元、当阳岩屋庙、远安荷花化工园及西化、夷陵区鸦鹊岭等化工产业聚集区为"整治关停区"，其他地区一律为"禁止发展区"。

严格产业政策，沿江1公里内禁止新建化工项目和化工园区，沿江15公里内禁止在园区外新建化工项目；制定《化工企业搬迁入园配套政策》，支持企业搬迁入园；从2018年开始，市级财政每年设立2000万元专项补助资金推进磷石膏综合利用，2020年增加到4500万元；设立1亿元工业技术改造专项补助资金，优先支持化工企业技术改造升级。

严格落实生态环保要求。以生态保护红线、环境质量底线、资源利用上线和环境准入负面清单为手段，开展现有园区环境影响跟踪评价，确保发展不超载、底线不突破、质量不下降。针对废水处理问题也有明确规定，企业生产废水必须自行处理达标后排入园区集中污水处理设施，一个化工园区原则上只保留一个废水总排口。

严格规范磷矿开采管理。加大绿色矿山和生态矿区建设力度，严格控制磷矿开采总量，以磷矿开采减量促进化工产业减能和资源利用效率提升。

严格防范磷石膏环境污染。加强磷化工业环境污染全产业链治理。强化对现有磷石膏堆场的管控，安全环保不达标的一律停产整改，整改仍不达标的一律停止使用，已达到设计库容的堆场一律闭库，不准扩建或延长使用年限。

支持化工产业提档升级。坚持一手抓淘汰落后产能和化解过剩产能，一手抓传统化工转型升级和精细化工产能培育，引导化工产业向高端发展。

全民教育
全方位营造生态育人环境

2018年9月3日，开学第一天，全国首套生态环保学生读本——宜昌《生态小公民》在宜昌校园免费发放，全市中小学及幼儿园的40.8万名学生，都上了一堂"生态小公民"课。孩子们了解书中的身边人、身边事,学习生态知识,培养环保理念。

"宜昌市的生态文明教育,由来已久。"宜昌市教育局相关负责人介绍,宜昌长期坚持开设"长在宜昌"地方课程,为中小学生介绍生态文明知识。2015年起,夷陵区、西陵区分别编写《生态小公民》《生态好市民》读本,开展教育试点。2018年,宜昌市教育局联合环保、规划等16个部门编撰《生态小公民》系列读本,并邀请人教社、北师大知名专家指导,系列读本最终分幼儿园、小学和中学3个学段定稿出版。

翻开《生态小公民》读本,宜昌近年来生态治理的重要实践跃然纸上:"沿江化工企业主体装置拆除行动""清江库区养殖网箱拆除行动""黄柏河的污染治理之路""'三峡蚁工'保护母亲河"……

近年来,宜昌坚持生态环保从娃娃抓起,建立培养教育机制,开展生态小公民教育活动,被教育部推选为全国基础教育改革优秀案例。除了免费配发《生态小公民》系列读本,还在三峡大坝、中华鲟研究所等单位挂牌生态环保教育实践

宜昌市开展生态小公民教育(宜昌市生态环境局 提供)

基地50余家，参与活动学生达40万余人次。

宜昌着眼未来，坚持生态文明建设从娃娃抓起，让生态环保知识进课程、进校园、进家庭，通过丰富多彩的课堂教学和实践活动，全方位营造生态育人环境，把生态环保的种子种在孩子们心里。

如今，宜昌市各学校明确兼职教师，并设立一名首席教师，负责生态文明课程的教研培训；市教育局还联合环保、规划、园林、农业等部门，分级组建专家宣讲团，开展生态环保专家进校园、进课堂活动。

此外，宜昌市教育部门还结合"世界水日""植树节"等时间节点，开展生态文明主题实践活动；整合科研院所、厂矿企业及自然保护区等，建设实践基地，引导学生、老师、家长和社会公众积极参与生态文明建设。

（撰稿：刘年）

牢记嘱托 书写精彩护江答卷

青山为盟,绿水为誓。宜昌以岁月为笔,书写对青山绿水的不懈追求。

有些历史性的时刻,需要将时光的镜头拉得很远方能看清起伏的波澜。从2018年至2022年,宜昌经受住历史的考验,在化工"关改搬转"的浪潮里几经沉浮,破茧重生,从经济增速陡降至2.4%,在湖北13个市州中排名垫底,到2018年经济增速回升至7.7%,阵痛过后的宜昌,活力满满向未来。

长江大保护在重庆破题,在宜昌"立规"。

5年来,宜昌市干部群众牢记殷殷嘱托,作好生态修复、环境保护、绿色发展三篇文章,加快推进质量变革、效率变革、动力变革,努力在保护修复长江生态环境上站排头,在高质量发展的轨道上行稳致远。

偎依在长江的臂弯里,未来的三峡生态名城呼之欲出;一场时代大考,在绿色发展的旋律中缓缓落笔。

一抓到底 久久为功
沿江化工实现全面转型

2018年至2022年,历史的车轮在烟尘中滚滚向前,接过第六届宜昌市委的接力棒,第七届宜昌市委在长江大保护的大道上砥砺前行。

从田田化工"首拆"到投资30亿元的宜化煤气化改造项目因选址距离长江只有1公里被否决,历届市委持之以恒"共抓大保护、不搞大开发",为中华母亲河保驾护航。春风又绿长江岸,一江碧水入眼帘。

破解"化工围江",宜昌134家沿江化工企业纳入"关改搬转"。至2022年3月底,全市关停化工企业38家,改造化工企业60家,搬迁化工企业19家,转产化

天蓝水碧宜昌城（赵明 摄）

工企业7家，完成第一阶段安全环保改造10家，并高标准规划建设宜都、枝江两个化工园区。对76家已搬迁关闭的化工企业，全部开展土壤污染状况调查。

从2018年开始，宜昌市财政3年安排5亿元专项资金支持化工企业"关改搬转"，每年设立2000万元的磷石膏综合利用专项补助资金，2020年增加到4500万元，设立1亿元工业技改专项补助资金，优先支持化工企业技术改造。

2018年11月，国务院通报表彰宜昌破解"化工围江"典型经验。2019年，宜昌破解"化工围江"的典型经验在沿江11个省市推广。2018年至2020年，省政府连续三年在宜昌召开长江大保护现场推进会。

2021年7月23日，顺毅宜昌化工有限公司举行一期项目投产仪式，这是宜昌高新区姚家港化工园田家河化工片区首个投产的重点项目。这家工厂实现全自动、全封闭、全智能化生产，将建设成为国内最先进的、国际一流的现代化工厂。该企业将重点发展医药中间体、农药中间体及原药、化工新材料、精细磷化工、高端煤化工等精细化工细分领域。

从新发展理念出发，宜昌人清醒地认识到，绿色发展不在于要不要发展化工，而在于要发展什么样的化工。

2021年12月5日，宁德时代邦普一体化新能源产业项目开工仪式在宜昌高新区白洋工业园正式举行，一个年产36万吨磷酸铁、22万吨磷酸铁锂、18万吨三元前驱体及材料、4万吨钴酸锂、4万吨再生石墨和30万吨电池循环利用的超大规模生产基地茁壮成长。

目前，宜昌化工产业成功实现"V型反转"，精细化工占化工产业比重从18.6%提高到40%以上。"宜荆荆磷化工产业集群"入围工信部2020年先进制造业绿色化工标段决赛，成为全省唯一入围的绿色化工项目，枝江姚家港化工园、宜都化工园荣膺工信部"绿色工业园区"称号，枝江姚家港化工园进入"国家智慧园区试点示范（创建）单位"行列。

沿江化工企业"离江而去"，宁德时代、山东海科、广州天赐等一批行业巨头"重仓"，一条涵盖正负极材料、电解液、隔膜的产业链闭环正加速形成，推动传

沿江化工公司田田化工拆除后土壤及岸线修复（黄翔 摄）

统化工产业向新能源、新材料产业转型升级。

一抓到底、久久为功,在历届市委的有力领导下,宜昌长江大保护工作在融入"建设长江大保护典范城市"的新目标后,必将助推宜昌长江大保护与高质量发展齐头并进,书写更多动人的宜昌故事,创造更多令人瞩目的宜昌佳话。

筑牢"绿色"之基
构建长江岸线生态廊道

2022年9月7日,一条重达6吨的卡通江豚塑像"爬"上滨江公园19米高的龙门吊车塔架,与地面上儿童游戏区"游动"的江豚塑像遥相呼应,"江豚跃龙门"塑像成为宜昌滨江公园"网红打卡点"。

据了解,宜昌在滨江公园改造中,将原宜港集装箱码头龙门吊车架按照"修旧如旧、承旧创新"的原则提档升级为城市人文景观,加装长江标志性生物江豚的卡通塑像。

宜昌长江美景何止滨江公园?从上游的秭归木鱼岛到下游的枝江金湖,一个个脱胎换骨的"网红景点"脱颖而出。"减负"之后,宜昌实施生态修复,应绿尽绿,为伤痕累累的长江岸线"疗伤"。

还绿于民,还生态空间于民,是宜昌的不变追求。

2018年,在对岸线进行清理整顿的基础上,宜昌出台《宜昌市全域生态复绿总体规划(2018—2020年)》,实施长江干支流岸线复绿、绿色通道提升、精准灭荒、关停废弃矿山和工程临时占地复绿等六大工程,要求将两年内关停取缔的码头砂场、化工企业搬离后的区域全部复绿。

褪去酷暑的燥热,轻柔的江风捎来秋的问候,滨江颜值每天都在刷新。2022年1月,滨江绿道建设项目开始施工,栽植绿植、铺设草坪、镶嵌地砖、浆砌护岸、架设桥梁……9月,长江沿线上至西陵一路镇江阁下至白沙路昭君广场的11公里绿道建设初步建成。

镇江阁至白沙路段年底竣工后,与刚竣工的柏临河至猇亭古战场8公里沿江绿道连接,全线贯通,形成畅通无阻的美岸长堤,居民散步、跑步、骑行、休闲将享受更舒适、更连续的岸线景观。

将宽阔的视野投向广袤的宜昌大地,绿色行动比比皆是。在伍家岗,曾经的

宜昌滨江公园新修的江豚乐园(杨静 摄)

砂石装卸码头、石材加工厂房等,被精心打造的园林景观、滨江步道取代,滨江公园身姿更加舒展。

在猇亭424公园,听涛声拍岸,望大江奔流,曾经的煤场通过回填、种植草木,打造成园林与工业旧址相互映衬、融为一体的生态公园。

在枝江,取缔非法船坞、码头,关停砂石厂,进行生态复绿。昔日荒芜的岸坡,正在蝶变成一条既可见碧水浩荡东流,又可见飞鸟嬉戏滩涂的滨江生态廊道。

在点军,曾经占据江岸的11家码头、砂场全部清理完毕,或成为公园绿地,或成为"网红"沙滩,吸引着无数市民前往"打卡"。

两岸绿意葱茏,一江清水东流,曾经"到此一游"的江豚安家宜昌,宜昌江段长江江豚种群从两三头增长到了17头以上,成群的中华秋沙鸭现身沮河国家湿地公园,500多万尾中华鲟从宜昌放归……长江孕育过的亿万生灵,再度回到熟悉的居所。

过去5年来,宜昌统筹"山水林田湖草"系统治理,大力实施长江两岸造林绿化专项战役、全域生态复绿、长江清江生态廊道建设行动,在黄金水道竖起了一道绿色生态屏障,为市民创建了一条美丽多姿的滨江绿廊,护航一江清水永续东流。

持续开展污染防治
宜昌打出综合治理"组合拳"

汇集一江碧水,守护一片蓝天,留下一方净土,宜昌大打综合治理"组合拳",让碧水、蓝天、净土永驻宜昌。

放眼宜昌版图,纵横交错的河流构筑宜昌山水底色,集水面积在30平方公里以上的河流有183条,境内总长5070公里。其中长江在宜昌境内干流全长232公里,清江在宜昌境内干流全长148公里。

但另一方面,宜昌遍布长江、清江流域的入河排污口达1973个,全省最多。

在流域治理上,宜昌在全省首创流域综合执法改革,黄柏河、玛瑙河、柏临河先后建立生态补偿机制。宜昌在全国率先实行河湖长制,设置市、县、乡、村四级河流长2131名。2021年,206名市、县级河湖长及其联系单位巡查河流5000余次,河湖长出征率和全线巡查率均为100%。宜昌探索民间河湖长制,聘请民间河长64名、企业河长66名、家庭河长100名,壮大河湖管护的社会力量。宜昌在全省率先构建"河湖长+检察长"协同机制,15条市级河长领衔的河流分别增设市级检察长和专项检察官,发挥检察公益诉讼职能,精准打击涉水违法犯罪行为。

在长江治污上,宜昌对长江、清江1973个入河排污口全面实施监测、溯源,"一口一策"推进整治。截至2022年底,已整治完成1800个,计划2023年年底前全面完成宜昌市长江、清江共1973个入河排污口的整治任务,创建入河排污口整治示范城市。

治水要治渔,就是要让养鱼的收网,捕鱼的上岸。

靠山吃山、靠水吃水,临水而居的宜都市枝城镇白水港村村民世代以捕鱼为生。2018年,宜都启动渔民上岸、渔船退捕工作,全村360名渔民弃船上岸,实现再就业。

为确保一江清水永续东流、一库净水北送,全市实施全面禁捕的水域包括长江干流宜昌段232公里、5个水生物保护区、兴山香溪河水域、长阳高坝洲库区与宜都中华倒刺鲃保护区一体水域,涉及12个县市区,退捕渔船1878艘,渔民3678人。同时,长江、清江库区网箱养殖全部清零。

监测数据显示，宜昌纳入国家"水十条"考核的16个断面水质优良率100%，长江干流宜昌段水质稳定达到Ⅱ类标准，宜昌出境断面总磷浓度较2017年下降57%。

宜昌还引入市场力量，与三峡集团签署《共抓长江大保护 共建绿色发展示范区合作框架协议》，合作推进"四水共治"，启动投资103.8亿元的宜昌城区污水厂网与生态水网项目。

随着化工产业转型升级，飘散苍穹的浓烟厚尘渐渐消失，蓝天下孕育的，是新的生机。

近年来，宜昌实施《宜昌市扬尘污染防治条例》，积极推进产业调整，持续优化能源结构，2022年，宜昌市PM2.5平均浓度为38微克/立方米，较2021年前进3位，是全省仅有的PM2.5平均浓度、空气质量优良天数比例同比改善的两个城市之一，PM2.5平均浓度下降比例为30.9%；空气质量优良天数比例为85.2%，同比改善幅度全省第2，达到近10年以来最优。

为保护脚下这片赖以生存的土地，宜昌开展重点行业企业及区域、化工企业"关改搬转"遗留场地的土壤污染调查，对重点行业企业用地信息进行采集和采样分析，完成70家沿江关停、搬迁、转产化工企业遗留场地土壤污染状况初步调查，完成涉镉等重金属行业企业排查整治，推广有机肥替代化肥，实行农药化肥减量，土壤环境风险得到基本管控。

治岸、治绿、治污，宜昌用壮士断腕的决心，打好碧水攻坚战、蓝天保卫战、净土持久战，筑牢长江中游生态屏障，一场长江生态变革持续上演，今日宜昌，正以一抓到底、久久为功的韧劲，让232公里长江岸线焕发出勃勃生机，一个"水清、岸绿、滩净、景美"的新宜昌款款而来。

大江流日夜，慷慨歌未央。新时代的宜昌，扛起时代赋予的重担，朝着新的目标再出发。

（撰稿：刘年）

锚定目标 建设长江大保护典范城市

　　岁月向前，脚步不歇，2022年7月20日，时代赋予宜昌新的使命。在全市上下喜迎党的二十大胜利召开、深入学习贯彻省第十二次党代会精神之际，湖北省委专题听取宜昌工作汇报，要求宜昌建设长江大保护典范城市，这是落实习近平总书记殷殷嘱托、站位全国全省大局、着眼宜昌实际的高点定位，充分体现了省委对宜昌的重视。

市民和游客在长江之畔的宜昌滨江公园游玩（王恒 摄）

锚定目标，奋楫扬帆启新程。时任宜昌市委书记王立提出，宜昌坚持谋定后动、谋定快动，认真思考，系统研究，在论清楚、搞明白、想透彻的前提下，全面提标、系统架构打造长江大保护典范城市的战略战术、策略打法，探索出一种可学、可鉴、可信的山水城市高质量发展模式，努力建设蓝绿交织、城景共融、魅力独特的现代化梦想之城。

在长期以来的高速发展进程中，宜昌城市建设较好地尊崇了自然基底和山形水势，"一半山水一半城"的城市风貌保存较好，给了宜昌打造长江大保护典范城市的最大底气。

风雷激荡立潮头，勇毅笃行写华章。站在新起点上，澎湃的长江奏响宜昌新时代的激情乐章。

宜昌被点名作答时代考题 建设长江大保护典范城市

宜昌是2018年习近平总书记考察长江、视察湖北的首站之地、立规之地，肩负着一江清流永续东流的政治责任。

2018年11月，党中央、国务院明确要求，充分发挥长江经济带横跨东中西三大板块的区位优势，以共抓大保护、不搞大开发为导向，以生态优先、绿色发展为引领，依托长江黄金水道，推动长江上中下游地区协调发展和沿江地区高质量发展。当前，在国家构建新发展格局的背景下，长江经济带已成为我国生态优先绿色发展的主战场，畅通国内国际双循环的主动脉，引领经济高质量发展的主力军。宜昌作为习近平总书记的长江大保护"立规之地"，必须牢记殷殷嘱托，坚决扛起政治责任，主动融入国家发展大局，将长江大保护的道路越走越宽。

新起点育新机，新变局开新局。

2021年12月6日，宜昌市召开第七次党代会，提出今后五年的奋斗目标：加快建设世界旅游名城、清洁能源之都、长江咽喉枢纽、精细磷化中心、三峡生态屏障、文明典范城市，全面提升区域科创中心、金融中心、物流中心、消费中心、活力中心功能。

宜昌系统架构的"六城五中心"发展思路，与建设长江大保护典范城市的要求高度一致，宜昌脚踏实地地绘制蓝图。

2022年6月18日，湖北省第十二次党代会作出了"建设全国构建新发展格局先行区"的重大决策，明确提出：大力发展宜荆荆都市圈，支持宜昌打造联结长江中上游、辐射江汉平原的省域副中心城市。

7月20日，省委专题听取宜昌贯彻落实省第十二次党代会精神情况汇报，进一步为各地发展把脉定向。很快，宜昌顺利拿到了建设长江大保护典范城市的考题。

宜昌被点名作答时代考题，努力建设长江大保护典范城市，这是契合宜昌发展实际、助推宜昌发展的第三次跃升的重大机遇。

宜昌素有"三峡门户""川鄂咽喉"之称，是长江三峡咽喉枢纽，作为联结长江中游城市群和成渝地区双城经济圈的重要节点，战略区位十分重要。

近年来，宜昌坚定不移走生态优先、绿色发展之路，持续深化长江大保护，把握时代发展趋势，推进产业发展渐入佳境，2021年全市经济总量历史性突破5000亿元，增速居全国首位，跻身长江沿线同等城市第3位、全国百强城市第53位、全国创新型城市第53位，为建设长江大保护典范城市奠定了较好的基础。建设长江大保护典范城市是宜昌继葛洲坝工程、三峡工程之后的第三次重大历史机遇，为宜昌建设宜荆荆都市圈核心城市赋予了丰富内涵，彰显了宜昌在全国构建新发展格局先行区中的特殊战略地位，必将有力推动宜昌实现第三次跨越式发展。

一半山水一半城
山形水势奠定建设基础

"宜昌山水就是一幅壮美的三峡画卷，游西陵峡胜似游漓江，这是独特的城市风貌。"有领导在宜昌调研时给予高度评价、寄予厚望，宜昌最有条件成为长江大保护典范城市，是世人眼中的理想之城。

市委七届三次全会文件中，宜昌"一半山水一半城"的独特风貌屡被提及，宜昌的自然基底与山形水势是建设长江大保护典范城市的基础。

宜昌因江而生、因江而盛、因江而兴，素有"三峡门户"之称，具有"上控巴蜀，下引荆襄"的区域优势。摊开宜昌版图，长江三峡摆脱群山的束缚，在南津关挺直身躯一泻千里，奔向广袤的江汉平原，江面至此宽阔无比。

公元724年左右，诗人李白仗剑走天涯，轻舟东下过荆门山，留下"山随平野尽，江入大荒流"的千古绝唱。

300多年后，北宋大文豪欧阳修辞亲远游，望见下牢溪群山耸立、怪石嶙峋、亭台楼榭，作下《峡州至喜亭记》。

900多年后，一代文学巨匠郭沫若再游西陵峡，宜昌"峡尽天开朝日出，山平水阔大城浮"的美誉从此远扬。

穿越历史的烟云，宜昌独特的山水资源在一首首名篇巨作中享誉中华大地。这么多年来，宜昌城市建设一直较好地保留了自然基底。对比100多年前的老照片，长江南面的岸际线、山际线没有太大变化，磨基山也大致保持着原来的形态。

一江两岸，山水相依，宜昌固守绝佳的山水资源，塑造美丽的滨江岸线。长江流经宜昌232公里，是三峡生态屏障。把守长江流域可持续发展和生态安全的重要关口，守住流域安全底线是建设长江大保护典范城市的重要任务，是确保江河安澜、社会安宁、人民安康的基本前提。宜昌市以长江干流、清江干流为主脉，境内河流多、密度大、覆盖广，如何守住全市流域安全底线，统筹抓好发展和安全两件大事，成为建设长江大保护典范城市必须解决的首要问题，是一江清水永续东流的根本保障。

长江沿岸有相当多的城市，都不缺山水，然而风景这边独好。宜昌不仅拥有良好的山水资源，而且注重生态保护，25公里滨江绿道串起葛洲坝公园、镇江阁、屈原广场、世界和平公园、天然塔、灯塔广场、三国古战场等山、水、城、景，成为宜昌新地标，市民和游客可从"万里长江第一坝"葛洲坝出发，一路游至猇亭区三国古战场。

近年来，宜昌市委、市政府将保护长江生态放在压倒性位置，腾退化工企业，取缔清理码头，复绿岸坡生态，提升景观节点，一系列"组合拳"，使长江岸线有了脱胎换骨式的改观。如今，沿江绿色廊道已成为串联滨江丰富自然景观和深厚人文历史的城市"客厅"，不管是骑车、跑步、游泳、露营、球场竞技，还是"打卡""网红"建筑、品茗聚友，在这里都可以实现。

良好的自然基础加上铁拳护江，使宜昌城掩映在山水之中，构筑了建设长江大保护典范城市的基础。对标国际内河一流发达城市，宜昌任重而道远，市委要求，我们要坚持国际视野、世界一流、中国气派，努力建设"山水辉映、蓝绿交织、人城相融"的长江大保护典范城市。

护江行动成效显著
高质量发展驶入新赛道

湖北省委要求宜昌建设长江大保护典范城市，让目标更聚焦、路径更清晰、选择更精准。建设长江大保护典范城市是一个系统性、全方位的综合目标，就是要在保护好生态的前提下，努力追求绿色可持续的高质量发展。

为解决"化工围江"，从2016年起，宜昌大刀阔斧进行改革，刀刃向内朝化工产业开刀，从"两三头"到"23头以上"，江豚种群数量的增加，佐证了宜昌长江大保护工作的成效。

建立长效机制，"宜昌样本"格外精彩。2020年5月5日，国务院办公厅印发通报，宜昌市因河长制湖长制工作推进力度大、河湖管理保护成效明显，获中央财政奖励资金4000万元。

创新绿色发展新模式，迈出绿色生态共建步伐。宜昌以壮士断腕的决心，在全国率先打响破解"化工围江"第一枪。2017年以来，沿江134家化工企业实行"关改搬转"，探索生态治理"宜昌实验"，宜昌经验全国推广。2018年11月，国务院通报表彰宜昌破解"化工围江"典型经验的做法。2019年7月，国家推动长江经济带发展领导小组办公室印发专题调研报告，再次在沿江11个省推广宜昌经验。2018年至2020年，省政府连续三年在宜昌召开长江大保护现场推进会。

休克式转型发展让宜昌迎来转机，2021年GDP突破5000亿大关，达到5022亿元；另一方面生态环境也发生了转折性变化。2022年长江出境断面总磷浓度较2017年下降57.1%，空气质量优良天数比2017年的258天净增53天，增加20.54%。

宜都贵子湖，曾经的一潭死水变身水上花园；枝江金湖，曾经的黑臭水体变身候鸟天堂，被评为"长江经济带美丽湖泊"并获批国家湿地公园……蓝天、碧水、净土又回到宜昌怀抱，在更优环境之下，各路投资纷至沓来。

宁德时代、山东海科、广州天赐等行业头部企业纷纷落户宜昌，一条涵盖正

2022年10月，正在紧张施工的宁德时代邦普一体化新能源产业园(黄翔 摄)

负极材料、电解液、隔膜的产业链闭环加速形成，化工产业向新能源电池、动力总成、储能新材料、医药中间体持续攀升，未来五年产值将超3000亿元。

清洁能源项目正在强势崛起。2022年3月29日，国内首个大型绿色零碳数据中心——以绿色电能为支撑的三峡东岳庙数据中心建设项目一期全面竣工投产。该项目是三峡集团总部回迁湖北后首个交付的重大新基建项目，全部投产后将成为华中地区最大的绿色零碳数据中心集群。

以供给侧结构性改革为主线，宜昌着力加快新旧动能转换，引导化工产业向高端发展，经济发展呈现新面貌，为未来建设长江大保护典范城市奠定产业基础。宜昌是长江中上游绿色转型发展先行区，建设沿江城市新旧动能转换的头排样板，在努力建设长江大保护典范城市的征程中，以生态环境为保障，追求绿色可持续的高质量发展的新模式正在形成。

宜昌是长江咽喉枢纽
承担上下通达的重大使命

"上控巴蜀，下引荆襄。"宜昌地处长江上游与中游的接合部，素有"三峡门户""川鄂咽喉"之称，在长江黄金水道上承担着上下通达的重要任务，有着建设长江大保护典范城市的交通区位优势。

区域发展，交通先行。市委六届十五次全会明确提出，要加快建设"一江两岸、主城引领、产业兴旺、功能强大、人气鼎盛"的滨江宜业宜居宜游之城，奋力实现六大目标定位。其中，建设长江咽喉枢纽成为第三大目标，以完善三峡综合交通运输体系、翻坝转运体系、内畅外联网络体系为重点，建设"铁、水、公、空"综合交通枢纽，把对外开放的通道全部打开，加快形成南北突破、东西共进、通江达海的交通新格局。

围绕这一目标，宜昌全力建强铁路主动脉、拓展公路主骨架、升级水运新优势、架构航空大走廊，做优做强三峡综合立体交通骨架。国内首条穿越三峡库区的高速铁路郑渝高铁襄阳至万州段正式开通，结束了三峡库区多地不通铁路的历史，三峡库区一步跨入"高铁时代"；襄宜、十宜、宜来以及当枝松等高速公路项目落地，实现了跨区域"硬联通"；围绕焦柳铁路打造的联运项目，拉开了宜都、松滋联手打造千亿绿色化工产业聚集区的序幕；宜昌水铁联运，宜昌港一跃成为我国内河少有的亿吨大港……

省十二次党代会提出，支持宜昌打造联结长江中上游、辐射江汉平原的省域副中心城市，建设长江综合立体交通枢纽，辐射带动"宜荆荆恩"城市群发展。宜昌将主动链接成渝和武汉都市圈、联动渝东湘西、抢抓三峡新通道建设及葛洲坝航运扩能机遇，加快升级水运新优势、建强铁路主动脉、架构航空大走廊，高质量建设国家物流枢纽城市。

"三峡咽喉"的地理优势、区位优势正在转化为发展优势、竞争优势。

"宜昌通则长江通，中部活则全盘活。"三峡船闸已于2011年达到1亿吨的设计通过能力，2021年三峡枢纽航运通过量已达1.5058亿吨，预计2030年达2.3亿吨。

衡量一座城市实力的指标有很多，但机场规模和量级绝对是"硬核"指标之

一。对当前的宜昌而言，没有高铁，就会在竞争中出局；没有国际化的机场，就会远离世界中心。

2022年6月23日9时18分，AQ1270宜昌–广州航班搭载149名旅客从三峡机场平稳起飞，标志着宜昌正式迈入新航空时代，加快架起"覆盖全国、通达全球"的空中开放大通道。宜昌在加快强产兴城、推动能级跨越中迈出坚实的一步。

眼下的宜昌，"铁、水、公、空"建设齐头并进，快马加鞭：三峡机场T2航站楼

至喜长江大桥(赵明 摄)

启用,郑渝高铁全线贯通,市内公路微循环优化提速,长江黄金水道效益凸显……宜昌正加快建设南北通、东西畅的综合交通运输体系,促进城市能级跨越。立足长江咽喉枢纽的交通区位,宜昌在长江大保护典范城市建设上有了更强大的全国性综合交通枢纽城市地位优势,其更强大的发展势头,将在通江达海的交通快车上涌现。

(撰稿:刘年)

以梦为马 奔向现代化梦想之城

云蒸霞蔚宜昌城（张彬 摄）

风起云涌正当时，蓄势扬帆破浪行。

"到2035年，长江大保护典范城市基本建成，在长江生态保护修复、城与山水和谐相融、产业绿色发展、美好环境与幸福生活共同缔造四个方面成为全国典范，建设'山水辉映、蓝绿交织、人城相融'的长江大保护典范城市……"2022年9月16日，中共宜昌市委七届三次全体会议上，时任宜昌市委书记王立这样描绘长江大保护典范城市未来前景。

市委副书记、市长马泽江在研究推进长江大保护典范城市建设专题会上指出，要持续用力、久久为功，一以贯之全面推进落实，努力打造可学可鉴可信的山水城市高质量发展宜昌模式。

这是一幅高瞻远瞩的宏伟蓝图，这是一首催人奋进的时代凯歌，引领宜昌向高质量发展不断迈进。

《中共宜昌市委、宜昌市人民政府关于建设长江大保护典范城市的意见》（以下简称《意见》）指明做优主城、做美滨江、做绿产业的方向路径，要争当长江生态保护修复的典范，争当城与山水和谐相融的典范，争当产业绿色发展的典范，要争当美好环境与幸福生活共同缔造的典范。这是开启宜昌建设长江大保护典范城市的行动方案，也是当前和今后一个时期宜昌高质量发展的目标牵引，鼓舞人心，催人奋进。

风雷激荡立潮头，勇毅笃行写华章。站在新起点上，宜昌蓄积力量，满弓待发，在长江大保护典范城市建设上继续前行，书写万里长江经济带上的"宜昌担当"。

做优主城　做美滨江　做绿产业
2035 年基本建成长江大保护典范城市

建设长江大保护典范城市有利于贡献长江大保护实践经验，探索绿色低碳高质量发展的"宜昌模式"；有利于畅通长江咽喉，助力打通国内国际双循环主动脉，展现长江黄金水道的"宜昌作为"；有利于在武汉都市圈和成渝地区双城经济圈之间形成新的增长极，服务全国构建新发展格局，贡献长江经济带发展的"宜昌力量"；有利于探索山水城市协调发展新路径，打造城市现代化治理的"宜昌样板"。宜昌将坚定不移做优主城、做美滨江、做绿产业，努力建设"山水辉映、蓝绿交织、人城相融"的长江大保护典范城市，为湖北建设全国构建新发展格局先行区作出应有贡献。

建设长江大保护典范城市分三个阶段：

到 2025 年，生态环境治理、产业绿色转型、城市空间拓展等方面取得重大进展，长江大保护典范城市建设取得阶段性成效；

到 2030 年，三峡生态屏障更加安全稳固，城市空间格局更加科学合理，城市

功能品质全面优化提升,生产生活方式全面绿色转型,长江大保护典范城市建设取得一批具有示范引领作用的标志性成果;

到2035年,长江大保护典范城市基本建成,在长江生态保护修复、城与山水和谐相融、产业绿色发展、美好环境与幸福生活共同缔造四个方面成为全国典范。

呵护"两脉青山、两江四水"
打造长江生态保护修复样板

根据《意见》,未来,宜昌将实施流域综合治理。全面贯彻落实《长江保护法》,编制流域综合治理规划,细化流域治理底图单元,扎实推进水环境、水生态、水资源、水安全"四水共治",坚决守好全国淡水资源"储备库"、国家濒危物种"避难所"、珍稀动植物"基因库",锚固"两脉青山、两江四水"生态格局。

完善生态治理体系。在待闸船舶管理、消落带生态修复、水污染应急处置、流域综合执法等方面探索新模式,争取有更多经验在长江流域复制推广。

推动生态产品价值实现。探索建立具有长江三峡特色的生态产品目录清单。推广黄柏河、玛瑙河生态补偿做法。大力发展生态旅游、户外体验、高山避暑、田园养生等产业。探索林业碳汇计量、核算、交易机制,争取成为国家林业碳汇试点城市。

近年来,全市上下把长江生态保护修复摆在压倒性位置,长江干流水质稳定保持Ⅱ类,勇夺全省长江大保护十大标志性战役考核"三连冠"。2022年,长江出境断面总磷浓度下降至0.064 mg/L,较2017年下降 57.1%。被誉为长江流域生态环境"指标生物"的江豚长期安居宜昌,已由2015年的5头增长到23头,昔日的"化工围江"蜕变为今朝的"江豚逐浪"。下一步,宜昌各部门将协同推进减污降碳。今后,宜昌将坚持生态优先、系统治理,协同推进降碳、减污、扩绿、增长,统筹"山水林田湖库岸"系统治理,建立水岸统筹、流域同步、城乡协调的生态环境综合治理新机制,锚固"两脉青山、两江四水"生态格局。

强化源头防控。坚持精准治污、科学治污、依法治污,高标准打好蓝天、碧水、净土保卫战。坚决做到"污水不达标不排,废气无组织不放,土地不安全不用,固废不处置不赦,资源不批准不采"。扎实开展长江入河排污口排查整治、岸线生态修复、十年禁渔等十大攻坚提升行动,打造长江大保护"升级版",确保长江干流及一级支流达到Ⅱ类水体标准。深度聚焦PM2.5和O_3污染协同控制、VOCs(挥发性有机物)和氮氧化物协同减排，大力实施工业源大气污染深度治理，全面提升扬尘源精细化管控水平，着力打好柴油货车污染治理攻坚战、臭氧污染防治攻坚战、重污染天气消除攻坚战。以国家"无废城市"试点、"地下水污染防治试验区"建设为抓手，大力推动工业固体废物源头减量和地下水污染防治工作，全面加强土壤风险管控，确保建设用地和农用地安全。

强化协同增效。坚持系统观念，统筹碳达峰碳中和与生态环境保护相关工作，增强生态环境政策与能源产业政策协同性，以碳达峰行动进一步深化环境治理。严格落实"三线一单"生态环境分区管控制度，推进建设项目环境影响评价与国土空间规划衔接，严控矿产资源无序开发和"两高"项目盲目发展。编制实施碳达峰行动"1+N"方案，统筹工业、交通、建筑等重点领域减污降碳行动，抓好低碳试点示范创建。探索开展碳汇交易试点，开发具有市场竞争力的林业碳汇、湿地碳汇、光伏碳减排、沼气碳减排产品。加快"风光水储"一体化，推进"电化长江""氢化长江"示范应用和配套产业发展。

强化机制创新。深入贯彻实施《长江保护法》《湖北省磷石膏污染防治条例》，加快推进磷石膏污染防治实施细则、生物多样性保护等立法，继续实施好长江"十年禁渔"，用更高的标准、更严的举措，一体推进"山水林田湖草沙"系统治理；坚持问题导向、目标导向、效果导向，实打实、硬碰硬推动中央生态环保督察反馈问题整改，切实解决人民群众身边急难愁盼环境信访问题；以环百里荒试验区为重点，拓宽"两山"转化路径，积极争创国家"绿水青山就是金山银山"实践创新基地；主动争取中央生态环境资金项目、绿色金融支持项目，积极推动长江宜昌段生态环境治理及产业融合绿色发展EOD(Ecology-Oriented Development，生态环境导向的开发模式)项目，建好守牢三峡生态屏障，力争在2022年创成国家生态文明建设示范市，引导全社会共同缔造滨江、做美滨江，让长江母亲河永葆生机活力。

打造万里长江最美滨江
绘就城市与山水相融新画卷

《意见》提出，拓展优化中心城市空间布局。坚持"生产空间集约高效、生活空间宜居适度、生态空间山清水秀",以"繁荣在主城、实力在新城"的思路科学划定城市功能布局。坚持"西部生态、中部生活、东部生产"功能侧重。在主城下游20—30公里布局东部未来城,形成1个主城、1个新城(东部未来城)、3个副城(宜都、枝江、当阳)的空间格局。着力建好"三城两岛一湾区"(东部未来城、高铁新城、宜昌科教城、西坝岛、平湖半岛、平湖港湾)等重点功能区。

提升完善中心城市功能品质。坚持"依山就势、高低起伏、疏密有致、照纹劈柴",让好山好水好风光融入城市,将城市轻轻安放在山水之间。以"串园连山"搭建城市生态脉络,以"增花添彩"提升城市颜值气质,以"水系连通"活化城市碧水蓝网,构建"显山、见水、透绿"的蓝绿空间。坚持以水润城,实施清江引水工程,完善"引江补汉"配套工程。依托自然山体水系建设一批城市公园、郊野公园、社区公园、口袋公园,实现"推窗见绿、出门见园、四季见彩"。

打造"万里长江最美滨江"。以长江为主轴,按照"品位高、品质好、品相美"的原则,保护"一半山水一半城"的城市风貌,建设世界一流、独具魅力的滨江公共空间,塑造"山水一幅画"的国际滨江山水城市意象。推进长江岸线和重要河段景观化改造,串联沿线自然人文景点,形成"秭归—市区—宜都—枝江"最美风景道,高品质建成"五百里滨江画廊"。

加快县域城镇化。加快推进以县城为重要载体的就地城镇化和以县域为单位的城乡统筹发展,形成繁华都市、秀美县城、特色小镇、美丽乡村相得益彰的城乡融合新格局。

根据《意见》,今后,宜昌市坚持因地制宜、顺应自然,在城与山水和谐相融上作典范、树标杆。统筹"三生空间",推进治山、理水、营城,全景呈现"一半山水一半城"的城市风貌,努力营造错落有致、显山隐城的城市韵律,充分彰显长江风光、巴楚风情、时尚风范的城市魅力,建设世界旅游名城。

关于北岸控密度,要建设显城透绿的繁荣都市。充分利用北岸城区山形水势,在建好柏临河绿廊、运河绿廊等的基础上,沿江每隔1.5—2千米增设连通山水的垂江绿廊,增强滨江节奏感和感知度,提升市民通江可达性。

关于南岸控高度,要建设显山隐城的山水画卷。借鉴杭州西湖的建设管控经验,采取多层低密度的建设方式,尊重地形,不挖山填湖,不破坏水系。

关于滨江控宽度,要建设高品质亲水绿岸。借鉴上海黄浦江建设经验,坚持

宜昌滨江地标之一——天然塔(吴延陵 摄)

还水于民、还岸于民、还绿于民,分段管控滨江宽度。在预控充足的滨江绿化空间的基础上,依托现有滨江道路,通过局部打通、拓宽等措施,形成"秭归—市区—宜都—枝江"最美风景道,激发滨江公共活力。

宜昌市还将重点从山水融城、功能完善和品质提升三个方面持续发力,以新发展理念引领高标准修复、高质量发展、高品质生活。

推进山水融城,建设滨江公园城市。高标准建设滨江公园城市,实施全域生态复绿工程,推进环城森林圈、长江岸线生态修复、"一廊两环十带"绿道系统建设,持续推进柏临河、沙河、运河等水系景观改造。

优化功能布局,建设滨江活力城市。以适度超前的基础设施建设引领城市骨架拓展,加快完善"四纵六横"快速路网,推动城市"组团式"发展。推动"三城两岛一湾区"等重点功能区建设,吸引优质产业、优质资源、优质人才向宜昌集聚,持续巩固和扩大宜昌在宜荆荆都市圈的城市首位度优势。

提升品质内涵,打造滨江魅力城市。大力推进绿色出行。构建"轨道交通+快速公交+慢行系统"的绿色低碳出行体系,持续提升绿色出行比例。优化50里滨江50景,推进建设100公里滨江廊道,打造"慢步道、跑步道、骑行道+主题场景"的滨江亲水活动场景。

加快建设数字经济高地
激发产业绿色发展新动能

根据《意见》，加快建设全国精细磷化中心。加快精细化工产业裂变升级，着力打造智能、清洁、绿色的全国精细磷化中心。抢占产业裂变全新赛道，打造世界级动力电池产业集群和核心基地。

加快建设数字经济高地。用足用好绿电资源，大力实施数字新基建，培育数字新产业，推动数字新融合，加强工业互联网、人工智能、大数据、平台经济等领域应用场景建设。全力争取第九个全国一体化算力网络国家枢纽节点落户宜昌。加快推进元宇宙小镇，争创城市数字公共基础设施建设试点。建设制造业数字化研发平台，推动制造业数字化、智能化改造。

加快建设大健康产业基地。加快建设全国一流仿制药生产基地、国家原料药集中生产基地、湖北省创新药前沿基地、鄂西南医疗应急物资生产基地，力争打造长江中上游流域乃至全国生物医药创新与制造产业地标。加快培育定制健康管理、康复健身、健康养老、健康教育、医疗旅游等业态，提升健康服务供给水平，推动康养产业与特色农业、乡村旅游、食品饮料产业等互促发展。加快建设世界旅游目的地。依托"两坝一峡"山水旅游资源和屈原、王昭君等人文资源，建设世界级旅游景区和世界级旅游度假区，打造长江国际黄金旅游带核心城市。重塑"两坝一峡"等核心旅游产品。高水平办好中国长江三峡国际旅游节、屈原故里端午文化节、昭君文化旅游节、长江钢琴音乐节等节庆活动。完善机场、火车站直达市区、景区的路线，优化"水上旅游走廊""公路观光廊道"等精品旅游线路，构建"快旅慢游"立体交通体系。

大力发展其他优势特色产业。围绕主导产业建立全链条科技创新体系，赋能产业链再造、价值链提升，建成长江流域有影响力的科技创新中心。大力实施"十百千万"工程，推动八大产业链全链条发展。

宜昌市以科技创新、绿色低碳为引领，提出"554"的工作思路。即聚焦绿色化工、生物医药、新一代信息技术、装备制造、清洁能源5个产业，实施科技创新引领、重点产业裂变升级、绿色低碳转型、区域产业联动发展、优质企业培育等5

大行动,建设产业裂变升级示范区、"电化长江"先行区、工业资源综合利用引领区、"东数西算"样板区等4个产业发展典范区,力争到2026年工业规模突破1万亿,形成1个3000亿级、4个1000亿级的优势产业集群,为宜昌建设长江大保护典范城市提供坚强的产业支撑。

实施科技创新引领行动。搭建高水平创新平台,建设三峡实验室等一批产业技术研究院、重点实验室,培育科技创新人才,提升企业创新能力,加快关键核心技术攻关。

实施重点产业裂变升级行动。聚焦化工转型升级,打造具有全球影响力的精细磷化中心;聚焦生物医药裂变,打造中国"微生物第一城"长江流域乃至全国具有活力和持久创新力的生物医药产业地标;聚焦大数据、电子器件和材料,打造新一代信息技术产业快速裂变增长极、"东数西算"样板区;聚焦汽车及零部件、电力装备及器材、专用装备和电动船舶,建设"电化长江"先行区,打造新能源船舶和车辆、航天和海洋装备、电力成套装备等高端装备制造基地;围绕清洁能源推广应用,建设中国清洁能源第一市、中国最具韧性的清洁能源之都。

实施绿色低碳转型行动。以实现"双碳"目标为引领,落实工业碳达峰行动方案,推进能源绿色低碳、资源高效利用、价值高端跃升。

实施区域产业联动发展行动。加强宜荆荆都市圈产业联动,建立区域产业协作机制,辐射带动长江中下游城市产业发展,打造世界级化工产业集群、新能源电池产业集聚区。

实施优质企业培育行动。构建小进规、专精特新小巨人、单项冠军、领航企业的优势企业梯度培育体系,推动企业高质量发展。

打造全省共同缔造标杆
建设美好环境与幸福生活

争创全国文明典范城市。坚持"为民惠民靠民"理念,巩固全国文明城市、全国综治"长安杯"等创建成果,打造信仰之城、文化之城、好人之城、志愿之城,争创全国文明典范城市。积极推动县市建设全国文明城市,全力打造全省首个"全国文明城市群"。

大力弘扬长江文化,讲好三峡故事,全面增强城市文化软实力。推动长江国家文化公园(宜昌段)建设。高标准建好屈原文化研究院,持续推进屈原文化研究国际论坛永久会址建设。深入挖掘和传承嫘祖文化、昭君文化、巴楚文化、三国文化等优秀传统文化。大力实施城市品牌塑造与传播工程,推进媒体深度融合发展,构建海外宣传融媒体矩阵,提升城市国际影响力。

加快建设城市大脑。建设城市信息模型平台(CIM)和城市运行管理服务平台,完善城市数据资源管理体系,加快建设"城市大脑全、行业小脑强、神经末梢灵"的智慧城市。以数字化赋能基层社会治理和城市安全发展,推动"靠经验"决策向"靠数据"治理转变,努力实现"一屏观全域、一网管全城"。

建设宜昌长江大保护典范城市数字化综合平台,上线智慧交通、智慧医疗、智慧旅游、智慧就业、智慧社区、智慧场馆等一批惠民利民场景,建设"无证明城市",让城市管理更智慧、百姓生活更便捷。

打造全省共同缔造标杆。践行以人民为中心的发展思想,践行全过程人民民主,深入开展美好环境与幸福生活共同缔造活动。

大力实施"筑堡工程",以党建引领基层治理为主线,加快实现组织聚合化、队伍专业化、响应高效化、服务场景化、应用数字化,推深做实"吹哨报到、事项准入、以下评上"机制,最大限度把资源、服务和平台下放到基层,筑牢基层战斗堡垒。

(撰稿:刘年)

强产兴城　打造"世界级宜昌"

2023年4月11日至12日,湖北省委书记、省人大常委会主任王蒙徽到宜昌市的当阳市、枝江市、宜都市、伍家岗区,深入村湾、小区、企业调查研究,并主持召开县(市、区)委书记座谈会。王蒙徽强调,宜昌市要进一步明确目标、狠抓落实,全力建设长江大保护典范城市,打造世界级的宜昌,为湖北加快建设全国构建新发展格局先行区、加快建成中部地区崛起重要战略支点作出宜昌贡献。

从长江大保护典范城市到世界级的宜昌,省委赋予宜昌的"时代考题"逐步深化,宜昌市委书记熊征宇提出,要切实从党和国家事业发展全局的高度谋划推动长江大保护典范城市建设,找准打造"世界级宜昌"的路径举措,以实际行动答好省委赋予的"新考题"。

手执考卷,宜昌重新出发。我市将坚定不移做优主城、做美滨江、做绿产业,

宜昌新风貌(张彬 摄)

保护好"一半山水一半城"的独特城市风貌，打造宜居宜业的品质生活家园，努力建设具有"国际范、山水韵、三峡情"的滨江公园城市。以流域综合治理明确并守住流域安全和生态安全底线，高水平保护修复长江生态环境。

找准打造"世界级宜昌"路径
以实际行动答好"新考题"

2023年4月14日，市委书记熊征宇主持召开市委常委会(扩大)会议，传达学习省委书记、省人大常委会主任王蒙徽在宜昌调研座谈时的重要讲话精神。王蒙徽书记深入宜昌市调研，主持召开座谈会，听取宜昌及各县(市、区)经济社会发展情况汇报，对宜昌工作给予充分肯定，并提出了"打造世界级宜昌"的殷切期望。宜昌将切实从党和国家事业发展全局的高度谋划推动长江大保护典范城市建设，找准打造"世界级宜昌"的路径举措，以实际行动答好省委赋予的"新考题"。

宜昌将抢抓国家重大工程建设的机遇，全面梳理三峡地区绿色低碳发展面临的新形势、新任务、新挑战，找准国家发展和自身需求的结合点，携手三峡集团开展系统谋划，争取国家更大政策支持。

宜昌将坚定不移做优主城、做美滨江、做绿产业，保护好"一半山水一半城"的独特城市风貌，打造宜居宜业的品质生活家园，努力建设具有"国际范、山水韵、三峡情"的滨江公园城市。要以流域综合治理明确并守住流域安全和生态安全底线，高水平保护修复长江生态环境。要把宜昌产业置于全国、全球格局中定位，加快区域性科技创新中心建设，突破性发展绿色化工、生物医药、装备制造、新一代信息技术和清洁能源等优势产业，加快产业向高端化、智能化、绿色化攀升。要打好三峡牌、文化牌、生态牌，用好世界级三峡、世界级工程、世界级文化，持续开展城市品牌营销，让宜昌旅游重启繁荣、再放光芒，加快让宜昌形成世界级的影响。要深入对接长三角、粤港澳大湾区、成渝地区双城经济圈，充分发挥湖北自贸区宜昌片区先行先试优势，整合各开放平台功能，深化要素流动型开放和制度型开放，打造内陆开放"桥头堡"。要大力实施强县工程，深入推进"优化功能强县、绿色产业富民、共同缔造兴村"三项行动，扎实开展美好环境与幸福生活共同缔造，更好促进共同富裕。

深化与三峡集团合作
合力打造央地合作新典范

三峡东岳庙数据中心一期项目2022年3月竣工，截至2022年底，已有近20家知名企业入驻。目前，该中心机柜租用数量近3000架，整体机柜租用率接近70%。

据宜昌市发改委相关负责人介绍，三峡东岳庙数据中心二期项目总投资15亿元，占地100亩，规划建设6万个标准机柜，计划于2023年10月开工建设，2025年12月竣工。

这是三峡集团与宜昌的一次紧密合作，今后，三峡集团还将继续与宜昌共同发力，争取全国一体化算力网络国家枢纽节点落户湖北，国家大数据中心集群落户宜昌。

在我市加快建设长江大保护典范城市，积极探索建设三峡地区绿色低碳发展示范区之际，2023年2月27日，市委书记熊征宇，市委副书记、市长马泽江率队赴三峡集团对接合作事宜。三峡集团董事长、党组书记雷鸣山表示，三峡集团是从宜昌走出去的央企，三峡集团的"根"在宜昌。与宜昌开展全方位合作，积极参与长江大保护典范城市和三峡地区绿色低碳发展示范区建设，是三峡集团与宜昌携手落实习近平总书记关于长江经济带"共抓大保护、不搞大开发"重要指示精神的具体行动，符合党中央、国务院大政方针政策，符合湖北省委、省政府部署要求。希望双方在服从服务国家重大战略中共同抢抓机遇，谋划实施一批重大工程项目，努力在保护好长江生态环境的前提下，推动水资源综合利用能力和水平提档升级，让长江黄金水道产生更大黄金效益。三峡集团将全方位支持配合宜昌推进"电化长江"、水电高端制造产业园建设等各项工作，为宜昌高质量发展作出新的更大贡献。座谈后，双方签署《宜昌市与三峡集团建立紧密合作联系机制的备忘录》。

据了解，目前，宜昌市与三峡集团聚焦长江大保护、清洁能源等重点领域，突出清洁能源、绿色交通、生态环保、产业园区、大数据、绿色金融、文化旅游、科技创新八个方面谋划项目，建立《宜昌市与三峡集团共建典范城市项目库》，经过双方筛选、对接，项目投入将超过1000亿元，助力宜昌建成清洁能源的高地、"两山"转化的标杆、绿色发展的示范、美丽中国的样板。

随着三峡集团与宜昌市合作领域不断拓宽，合作内容不断丰富，双方将携手打造央地全方位合作的新标杆。

推进流域综合治理
加快建设长江大保护典范城市

2023年4月13日，湖北省市厅级主要领导干部"学习贯彻党的二十大精神 加快建设全国构建新发展格局先行区"专题培训班举行专题交流。宜昌市委书记熊征宇围绕"深入推进流域综合治理和统筹发展 加快建设长江大保护典范城市"作专题交流，分享了对《湖北省流域综合治理和统筹发展规划纲要》的理解和认识，聚焦省委赋予宜昌"建设长江大保护典范城市"的目标，剖析了在区域定位、对标城市、思想认识三个方面存在的差距，介绍了宜昌精准对接《规划纲要》重点抓好的六个方面的工作，提出了宜昌推进流域综合治理和统筹发展的思路举措。

早在3月22日，宜昌市委书记熊征宇在当阳、远安调研流域综合治理和统筹发展时就强调，要深入学习贯彻党的二十大精神，准确把握省委战略意图，深刻理解流域综合治理和统筹发展的概念、内涵及关系，抓好规划实施，强化行动落实，推进综合治理守底线、统筹发展惠民生，确保取得实效。

宜昌将牢固树立"绿水青山就是金山银山"的理念，坚持点线面要素相结合、空间与质量共约束，明确水安全、水环境安全、粮食安全、生态安全底线，科学确定流域综合治理的"底图单元"和安全管控的"负面清单"。坚持"西部生态、中部生活、东部生产"功能侧重，坚定不移"做优主城、做美滨江、做绿产业"，着力构建"两脉青山、两江四水、一带四廊、一主一新三副"理想空间格局，积极探索特色化四化同步发展路径。

针对流域治理，熊征宇指出，要强化系统观念，以《湖北省流域综合治理和统筹发展规划纲要》为"母本"，科学制定其他各类规划，紧扣"统筹""综合""同步"，将规划、目标、项目、考核统一起来，打破部门界限、条块分割，解决好各类规划不衔接、实施不协调的问题，实现"一盘棋"。要强化末端治理，系统抓好农村生活用水保障、生活污水及生活垃圾处理、畜禽养殖污染及面源污染治理等，推动治理措施进村、入户、到人，以支流末梢安全确保流域片区安全。

（撰稿：刘年）

第三篇

宜昌行动

壮士断腕　破解"化工围江"

"6年前，一到秋冬，天就雾蒙蒙的，推开窗户，江边的烟囱高耸，管道纵横，让人感觉不舒服。"宜昌市猇亭区居民陈明回忆说，曾经这"雾蒙蒙"的天让他一直想搬家。

"如今，猇亭长江岸线，2.9公里彩色健身步道犹如一条长丝带，将长江大保护教育基地、424公园、灯塔广场、织布街串珠成链。水里，江豚游清波；岸上，风

兴发集团宜昌新材料产业园沿江腾退一公里(王雷 摄)

筝舞蓝天。"2022年4月24日，距离习近平总书记考察长江、视察湖北首站宜昌，已过去整整4年，带着女儿在猇亭424公园放风筝的蔡艳丽女士脸上写满了幸福。

把时光拨回2016年，从猇亭到宜都，从白洋到枝江，150多公里的长江江岸上挤满了大大小小百余家化工企业，粗放式的发展模式积重难返，长江母亲河不堪重负。长江病了，而且病得不轻。

宜昌人痛定思痛，重新出发，坚定不移走生态优先、绿色发展之路，铁腕实施沿江化工业"关改搬转"，努力破解"化工围江"危机，在"以绿为底"的新征程上，吹响一曲破解"化工围江"的英雄赞歌！绘制一幅修复"长江生态"的新时代画卷！

天时地利人和　宜昌化工业崛起

2022年6月初夏的宜昌，江水碧蓝，晚霞如火。在宜昌城区西坝庙嘴，年近八旬的邹大菊女士一边吹着江风，一边指着老民康制药厂厂址说："1949年以前，这里是利民化工厂，不仅生产肥皂，还生产药品原料单宁酸。这可能是宜昌近代首家化工厂。"

邹奶奶一辈子从事医药行业。"以前，化工医药不分家，后来的民康药厂、宜昌制药厂（人福药业前身）和三峡制药厂都有利民的影子。"回忆起家附近的厂，邹奶奶感慨万千！

"有人说，宜昌化工产业兴旺一是得益于长江黄金水道，二是受益于宜昌有海量的磷矿储备。此话差矣！因为，宜昌化工产业的初盛期，宜昌还没有发现有大量磷矿，而且宜昌化工业的'当家花旦'——化肥厂，用的都是从北方运过来的煤炭。这个也与长江水道无关……"在宜昌化工业摸爬滚打40余年的退休干部李东，对宜昌化工业发展史了然于胸。

他介绍说："以前都是手工作坊，1949年后，在西坝成立了一家磷肥厂，刚开始生产硫酸，后来生产磷肥，算是宜昌现代化化工企业的鼻祖。"

据李东回忆，宜昌化工业"1.0时代"是二十世纪六七十年代。当年，四川发现天然气（可生产化肥），又遇上国家鼓励建"五小"企业——小化肥厂、小水泥厂、小棉纺厂等，当时，宜昌一下子建了6家化肥厂。

"可是，造化弄人，正当宜昌的化肥厂如雨后春笋般建起来时，由于种种原因，四川天然气不具备开采条件。厂子开起来，原材料一下子没有了，好比婴儿断了奶，宜昌市的各家化肥厂步履维艰！"这多年过去了，谈及此，李东脸上仍旧浮现无奈！

"不气馁，不等，不靠，不要，宜昌化工人发扬大庆精神，有条件要上，没有条件创造条件也要上。没有天然气，宜昌化工人萌发创新意识，大胆用煤代气，照样生产出颇具市场竞争力的化肥！"提及那段历史，当时还在化工企业一线工作的李东颇感自豪。

借用不了长江黄金水道，就依靠火车、汽车从北方运煤，凭借这股创新精神和不服输的骨气，宜昌6个化肥厂你追我赶忙发展，争先恐后。李东回忆，当年，在一次全国化肥厂创新会议上，共有42个创新项目得到应用，宜昌就有39项，可谓遥遥领先！另外，当阳化肥厂被评为国家二级企业，是宜昌市唯一的国家二级工业企业，可谓独占鳌头！

李东介绍说，20世纪80年代，全国1059家中小化肥厂排名，前10名中宜昌6家全部在列。当阳化肥厂第一，枝江化肥厂第三，宜昌化肥厂第五，可谓风光无限！

"创新不停步，转型在路上。"李东说，这句话用在宜昌化工人身上恰如其分。

进入20世纪80年代后期，全市化肥厂家开始转型升级，宜昌化肥厂尝试一碳原料产品(甲醇、甲醛)生产，当阳化肥厂生产双氧水之类的产品，兴山化肥厂进军偏磷酸钠等添加剂领域……

也许是长江航运带来的极大便利和三峡工程产生的巨大红利，也许是兴山县、夷陵区发现的超大型磷矿激活了化工企业家的勃勃雄心，也许是宜昌人敢为人先、锐意进取的基因萌发……在多种养料的滋润下，到了新世纪，宜昌化工业像养分饱满的种子，开始在宜昌江岸野蛮发芽，生长，蔓延！

野蛮生长　埋下"化工围江"隐患

回首几十年的发展历程，宜昌化工业各路豪杰群雄并起，跑马圈地。曾几何时，宜昌沿江一带，村村点火，户户冒烟，化工企业渐成"围江之势"。

2016年，宜昌化工业仅规模以上化工企业就有261家，完成年工业总产值1906.3亿元，占全市工业产值的30.6%，占全省石化行业的1/3左右；门类齐全，呈体系化发展,形成了以磷化工为龙头,煤化工、盐化工、硅化工、氟化工相结合的综合体系;分布广,在宜都、枝江、当阳、猇亭、远安、兴山、高新区等7个县(市、区),化工业成为县域经济主要支柱之一。

经过多年的市场竞争,优胜劣汰,逐渐孕育出宜化集团、兴发集团、湖北三宁化工等行业领军企业。

宜化集团发展为全国520家重点企业之一,旗下有2家上市公司(湖北宜化、双环科技),触角伸到贵州、新疆、广西等地,拥有100多种产品,主导产品规模在全国乃至世界占有重要地位。其年产230万吨磷复肥的生产能力,居国内前三;年产6万吨季戊四醇产品的生产能力,位居世界前列。

兴发集团迅速崛起为全国最大的精细磷化工企业,拥有工业级、食品级、医药级主导产品70多个,年生产能力近150万吨;食品级三聚磷酸钠、六偏磷酸钠、次磷酸钠产销量全球第一,二甲基亚砜、黄磷、电子级磷酸、电子级次磷酸钠产销量国内第一。

湖北三宁化工秉承先做强再做大的理念,一路稳打稳扎,伺机发力,与宜化、兴发两强形成品字形矩阵,共同奠定了宜昌化工产业在全省的龙头地位。

另外,华阳、友源、宜昌恒友、金宸生物等一群企业在细分领域独领风骚;南玻光电、汇富纳米、兴勤电子、力佳科技、欧达机电、兴越新材料、奥马电子、升华新能源、苏鹏科技、亚元科技等叱咤业界。

宜昌市经信局党组书记、局长丁庆荣说:"新世纪,化工产业迅速成为宜昌第一个产值过千亿元的产业,也是宜昌不折不扣的'支柱产业''吃饭产业',创造了大量税收和就业机会,为宜昌城市能级跨越铆足了劲儿!"

我们在埋头拉车,却没有抬头看路。几年前,巨量储备的磷矿让众多企业家闻风而动;一时间,万里长江的黄金水道让化工业趋之若鹜。在宜昌城区到枝江段150多公里岸线上,聚集着130多家化工企业,光化工管道就长达1020公里。

"短短的岸线上,聚集这么多化工企业,一旦发生管道爆裂等事故,化学液体将迅速涌入长江,后果不堪设想。"李东说。今天,回忆当年的情景,依然令人不寒而栗。

"村村点火、户户冒烟、'占地为王'"的无序扩张,"上项目,扩产能,抢市场"的粗放式发展,导致环保欠账太多,安全隐患增加、污水排放超标、空气质量受影响……宜昌一度陷入"化工围江"的困局。

2018年4月,中央第三环保督察组向湖北省反馈的意见中,宜昌"化工围江"带来的环境问题被点名:"宜昌等地区磷化工行业无序发展,加重了长江支流及干流总磷污染。"

同时,央视等媒体曝光宜昌一化工企业通过暗道排污长江,黄柏河、沮漳河等河水被污染……

2017年9月17—18日,在接待全国政协来宜昌考察时,时任市委副书记、市长张家胜作情况汇报。他说,为扎实推进长江宜昌段水污染防治工作,市委、市政府提高政治站位,认真履职尽责,注重制度管控,深化改革创新,坚决扛起政治责任。突出问题导向,出台化工产业专项治理及转型发展意见,制定三年行动方案,强力推行"关、停、并、转、搬",积极破解"化工围江"困局;全面推进综合整治,实施流域治理"河湖长"制,进一步强化污染防控治理;坚持靶向发力,狠抓中央环保督察反馈意见整改,并严格环境执法,严肃执纪问责。

"被央视曝光,被国家环保部门点名,被湖北省政府问责……宜昌承担48项中央环保督察反馈意见整改任务,其中44项必须在2017年底前完成。上任一年,我几乎没睡过一个囫囵觉。"2018年,从宜昌市统计局局长调任市生态环境局局长的吴辉庆感到"压力山大"。

警钟长鸣,"化工围江"像一把利剑悬在宜昌干部群众头上,宜昌以壮士断腕的决心,开始对"化工围江"进行刮骨疗伤!

吹响破解"化工围江"危机的号角

当时,从上游到下游,从支脉到主干,长江生态系统不堪重负,警讯频传。沿线长期形成的粗放发展模式,与"共抓大保护、不搞大开发"的绿色发展新要求矛盾突出。

2018年6月,湖北省委、省政府启动实施长江大保护十大标志性战役,将党中央、国务院决策部署具体化、项目化、清单化,为长江大保护的"湖北答卷"翻开新的一页。

2018年9月10日,湖北省人民政府在宜昌市召开湖北省长江大保护十大标志性战役现场推进会。时任湖北省委副书记、省长王晓东出席会议并强调,要深入学习贯彻习近平生态文明思想,认真落实习近平总书记视察湖北重要讲话精神和全国生态环境保护大会部署,按照湖北省委工作要求,坚决打好打赢十大标志性战役,推进长江大保护工作取得实质性进展。

2018年10月,时任宜昌市委书记周霁在接受经济日报记者采访时表示:党的十八大以来,以习近平同志为核心的党中央站在实现中华民族永续发展的高度,擘画长江经济带战略,把生态修复列为长江经济带建设的首要课题,中华民族母亲河永葆生机活力有了路线图、总抓手。推进长江大保护和生态修复治理,宜昌责无旁贷、义不容辞,生态环保是"必答题",不是"选择题"。

牢记习近平总书记的殷殷嘱托,贯彻省委部署,宜昌全力以赴答好生态文明建设"必答题",把修复长江生态环境摆在压倒性位置,举全市之力打好蓝天、碧水、净土保卫战,以雷霆万钧之势、壮士断腕之力,实现化工产业"破茧新生"。

全市先后出台《宜昌市化工产业绿色发展规划》《姚家港化工园总体规划》《宜都化工园总体规划》等20多个规范性文件,以舍我其谁的魄力,以一企一策的智慧,辨证施治,开出"关改搬转治绿"六剂药方。

修复长江生态的六剂药方

2017年的宜昌面临前所未有的困难。因"化工围江"被中央环保督察组点名批评;作为地方财政支柱之一的宜化集团深陷债务危机……

几大冲击叠加的直接后果,是宜昌当年经济增速陡降至2.4%,在湖北13个市州中垫底,几年来,经济总量排名首次掉落到"老三"的位置。

一方面,"无论是从修复长江生态环境的角度,还是从宜昌经济转型升级的角度,都到了彻底解决'化工围江'问题的时候";另一方面,"关闭搬迁化工企业,新兴产业一时又难以顶上,数万职工的生计怎么办?企业转型升级的钱哪里来?经济增速掉下来怎么办?这一块的财税收入拿什么去补"?

在宜昌,面对"化工围江"困局"破"与"不破"的艰难选择,有两种不同的声音:是"观望等待"还是"雷厉风行"?

面对一些干部抓生态环保瞻前顾后、观望等待、办法不多、思想僵化的现象,时任宜昌市委书记周霁在一次干部大会上直问:宜昌的老百姓现在最关心什么?是好山好水好空气,还是经济指标的全省排位?

2018年9月9日，兴发集团化工转型"第一爆"——拆除临江大烟囱(吴延陵 摄)

"老百姓最关心什么，我们就应该着力解决什么！"周霁的话一下子解开了干部们心中的结。"立即办"的思想在宜昌各级干部中达成统一。真刀真枪抓生态、不等不拖谋转型，宜昌毅然向"化工围江"宣战：迅速组织专班，对沿江134家化工企业进行深入调研，逐一科学环评，在科学评估、综合分析的基础上，制定《宜昌区化工产业专项整治及转型升级分类施策方案》，按照"一企一策"对134家化工生产企业对号入座：生产经营不善、环境污染较大、科技含量不高、市场前景不好的企业，坚决关停退出；评估认定通过改造能够达到安全环保标准，且有能力提升科技水平的企业，支持改造升级；安全、环保风险较低，但距离长江岸线太近的企业，毫不犹豫进行易地搬迁，进入枝江、宜都专业化工园。

经科学评估，决定关闭34家污染严重、产品低端、前景暗淡、整改不达标的企业，转产搬迁改造升级100家安全环保风险较低，有发展前景的企业，3年内完成沿江1公里范围内化工企业"清零"。

有统一思想和良好规划还不够，为了做到令行禁止，宜昌设立了环境资源审判庭，市县两级配备了环保警察。宜昌创新"环保+公安"的执法模式，使环保执法监督机制有了"牙齿"，形成了高压态势。"在没有设立环保警察的时候，环保部门工作人员没有强制执法权，去企业检查常常吃'闭门羹'，采集证据非常困难。"枝江环保警察周星颇有感触。

万事俱备，宜昌吹响了化工企业"关改搬转治绿"集结号。

关：彻底"关"停 只为天空留碧蓝

猇亭424广场，昔日遍布的砂厂码头、厂棚已不见踪影，焕然一新的长江岸线与滨江公园自然顺接，形成了绵延50里的城市滨江绿廊，将一江碧水、两岸青山的自然美景与城市生态和市民生活紧密相连，绘就一幅山水人城和谐相融的美丽画卷。

2022年6月24日，带中考结束的孩子回娘家的猇亭居民王女士，与女儿一起在江岸骑车。她说："以前不愿意回娘家，现在，每到周末，姑娘便拉着我回来。宜昌关闭沿江化工企业后，还了市民葱绿的江岸、碧蓝的天空。"

"2017年，宜昌市委、市政府发出关闭沿江1公里化工企业动员令后，各地不是观望等待，而是争先恐后。一时间，'宜昌第一爆''宜昌第一枪''宜昌第一拆'见诸各大媒体……"李东回忆。他说："这次'关'不是'割韭菜'，更不是以往检查式的'歇一歇，风声过后再开张'，而是连根拔起、斩草除根，绝不会有死灰复

猇亭424公园 (宜昌市生态环境局 提供)

燃的可能。关闭后的企业实施'四清'——人员安置清、设备拆除清、厂区垃圾清、土地治理清，不留后患！"

2017年9月17日上午，位于宜都市的湖北香溪化工厂区内，两台大型吊机将刚刚拆卸的数吨重的电石生产设备吊装上车，百名专业工作人员对厂区设备进行有条不紊的拆除。

这家建于2006年、总投资2.5亿元、年产20万吨电石的化工企业，能耗高，存在污染，且位于长江沿线1公里范围内，为保护一江清水，必须关停拆除。看着辛辛苦苦创建的企业被拆除，该厂负责人邓全洲有些依依不舍。但是，为了顾全大局，他选择"第一个吃螃蟹"。

香溪化工的拆除，是宜昌市启动沿江化工产业专项整治和转型升级行动的"第一拆"，拉开了宜昌化工产业转型升级的大幕。

2018年3月27日，在宜昌市生态环境局、市经信局及点军区领导现场见证下，田田化工厂开始拆除，成为宜昌城区化工"第一拆"。拆除当天，尽管现场布置了隔栏，拉了警戒线，但线外还是挤满了围观的职工和市民。

田田化工厂关闭阻力之一是职工安置。该厂历史悠久，地理位置特殊，部分职工一家几代人都在厂里上班，企业原有的498名员工，大部分住在厂区附近，这些年厂子效益不错，眼看全家的"饭碗"要没了，职工心中有说不出的痛。"田二代"毕开云，考进工厂16年，各项技术娴熟，眼睁睁看着熟悉的车间被拆除，即将面临两代人转岗，他泪眼婆娑，哭得像个孩子。

田田化工厂关闭的另一阻力是它经济效益好。2009年11月，经湖北三宁化工公司重组后，公司累计实现销售收入17.43亿元，年平均利税总额达到2790万元，职工待遇普遍较好。

时任总经理李先云算了一笔账，关停企业，包括设备、厂房、停产等损失总计约有3.5亿元。老员工杨师傅说，他每月6000多元工资，上班离家又近，日子过得踏实满足。但现在为了子孙后代，为了长江，他们顾全大局。

"起爆！"2018年9月9日下午2时49分点，随着一声闷响，位于宜昌猇亭区长江沿线的兴瑞第一热电厂60米高的烟囱应声倒下。随着爆破成功进行，该热电厂全部拆除完毕。宜昌践行绿色发展、实施长江大保护又迈出关键一步，实现长江护绿"第一爆"。

本次实施爆破的兴瑞第一热电厂是湖北兴瑞硅材料有限公司的配套设施，烟囱高60米，整个爆破工程用去8公斤炸药，属于B级爆破拆除工程。为确保爆破安全，整个准备工作持续了一个月左右。爆破当天，周边生产区域人员全部临时"清空"。烟囱倒塌过后，警戒区内的洒水车、水雾车等迅速上阵，喷水降尘，几分钟后，现场已看不到烟尘。

兴瑞公司相关负责人表示，长江大保护，企业肩负义不容辞的责任和义务，绿色发展不仅是口号，更要体现在行动中。

2017年9月17日上午9时，随着拆除行动副总指挥姚继烨的一声令下，湖北三新磷酸公司窑法磷酸生产装置开始拆除，此次拆除打响了猇亭区贯彻落实市委、市政府"关、停、并、转、搬"统一部署的"第一枪"。

当天，在猇亭区委、区政府及相关职能部门的见证下，两台25吨、1台50吨的吊车同时启动，80名工人开始对立窑、风箱、起降机、除尘器等进行拆除。

为防止二次污染，当时采取的是整体保护性拆除。包括一台40万吨/年窑法磷酸装置和一台20万吨/年TCP装置的主体装置，整整花了3天才完成拆除。

"经过细致摸排、调研、评估，枝江有三家化工企业必须关闭。由于数量不多，三家企业都没争第一，但又都是第一。2017年8月，枝江市经信局制定了完备的关闭退出方案；2018年11月6日，三友、华泰、华群三家企业同时拆除，同时完成关闭工作，并且一次性通过验收。"枝江市经济信息化和商务局干部彭中川回忆说。

在宜昌高新区三峡农药厂拆除现场，宜昌高新区党工委副书记、管委会副主任张兴亲临现场督导，他指出："我们要拿出'铁心、铁面、铁腕、铁纪、铁痕'的五铁精神，完成对拆除企业的'四清'任务。"

宜昌市广大干部职工以滚石上山的勇气、抓铁有痕的狠劲，克服了重重困难，于2019年底完成了全部38家化工企业的关停工作，啃下了"关改搬转"中最硬的骨头，比计划整整提前一年。

转：华丽"转"身　甘为大地抹葱绿

"我们这些需要'转'的虽是小微化工企业，但一开始这帮兄弟一起打拼，面对激烈的市场竞争，风雨同行，患难与共，现在企业面临关闭，我们不能拍拍屁股，一走了之。对企业负责，对员工负责，不给历史留遗憾，甘为大地抹葱绿！华丽

'转'身，我们责无旁贷。"这是转型化工企业负责人的普遍心声。

枝江全汇宁化工有限公司位于枝江市董市镇，2008年成立，主要从事磷酸一铵的生产、销售。因企业安全环保不达标，离长江又近，是"关改搬转"的对象。

接到"关改搬转"的通知后，企业内部进行了一次讨论：是加大投入、提档升级、搬迁到化工园继续从事化工生产，还是转产或关门散伙？

"在化工行业，全汇宁属于中小企业，技术和资金都不占优势，连厂房都是租赁的。如果在化工园另起炉灶，需要大量资金投入，代价大。如果转做贸易，一是可以留在董市镇，厂里干部职工对董市镇感情深厚，二是做贸易不需要大的投入，资金周转快……"大家坐下来分析利弊，很快达成转型共识。

"心动不如行动，越快越主动，越慢越被动。公司2018年9月召开转型动员大会，仅用了3个月，当年11月便完成了停工停产，将厂房和剩余原材料移交给三宁化工，并办理了新的营业执照。"回忆起这家企业在当年转型行动中的雷厉风行，彭中川赞不绝口。

"当年，公司领导顾大局、识大体、毫不动摇谋转型，公司职工不犹豫、不动摇、与公司休戚与共；如今，各位同仁众志成城、拼市场、迎难而上，公司利润增长，职工待遇增加，工作时间更有弹性……"对当年的果断转型，公司负责人梁伦祝自豪不已。

他说："当年，尽管前途不明，但我不想给自己留遗憾，更不能丢下兄弟们不管，自己拿钱走人。"

走进宜都市大丰收复合肥有限责任公司（以下简称"大丰收"）院内，室内窗明几净，室外绿树成荫，除了偶尔有大货车出入，没有往日的机械轰鸣，也没有各种管道的盘根错节，更见不到烟囱冒出的烟尘。为了一江清水，该公司果断转身，进军化工贸易。

宜都市经济信息化和商务局化转办干部向东介绍说："大丰收公司于2003年注册成立，厂房位于枝城镇，主要从事化肥和复合肥生产，因为环保、安全等设施难以在新标准下达标，也在'关改搬转'之列。"

"公司现成的厂房可以做库房，也可以做仓储。之前，我们既搞生产，也兼做贸易，技术工人转行做贸易，很容易上手！"只怕想不到，不怕办不到，公司法人代表兰方兵分析了公司转型的利弊。

心动不如行动,说干就干。在枝城镇政府的协助下,大丰收迅速完成了生产设施的拆除、场地处理和达标验收。之后,营业执照也变更了经营范围——生产转贸易。"仅仅3个月,大丰收便完成了华丽转身。"谈及当年的果敢,兰方兵颇为自豪。

"借宜都化工园发展之势,成为化工产业技工贸链条的一环,大丰收抓住了稍纵即逝的产业洗牌机遇,果断转型,快速入链,未来可期……"憧憬未来,兰方兵踌躇满志!

"常言说,船小好调头,宜昌市转型的化工企业基本上是小企业,转型做贸易,轻车熟路,近水楼台先得月,容易站稳脚跟,因此,大部分企业转型比较顺利。"宜昌市经信局化工工业科工作人员总结说。

改:改造升级技术 勇为时代写新篇

转型在路上,升级不止步。技术创新、工艺升级、档次提升,不仅仅是企业发展、竞争力增强的内在要求,也是长江大保护、逐绿前行的必然选择。

宜昌化工企业的骨子里流淌着创新的基因,孕育出2个国家技术创新示范企业、2个国家级企业技术中心、8个省级企业技术中心、6个省级工程技术研究中心,涌现一大批优秀企业,其中宜化集团、兴发集团、湖北三宁化工就是佼佼者。

截至2021年,宜化集团先后获得国家专利800多项,获得国家科技进步奖1项,省部级科技进步奖30多项,建有国家级企业技术中心,旗下12家企业拥有国家高新技术企业资格。

兴发集团黄磷清洁生产工艺连续6年被评为全国重点行业能效领跑第一名,主导制定气相二氧化硅国际标准和国家、行业标准49项,草甘膦生产工艺全国领先,草甘膦母液及废盐处理技术国内领先,成为全国首批通过草甘膦环保核查的4家企业之一。

湖北三宁化工于2021年投资100亿元的合成氨原料结构调整及联产60万吨/年乙二醇项目正式全线投产,成为迈向高质量发展之路的又一里程碑。

过去,宜昌市化工业快速成长时,它们是中流砥柱;今天,宜昌化工业"关改搬转",它们身先士卒。为关闭落后产能破题,为改造升级示范,为搬进化工园区带头,为化工转型探路……锁定建设高端化、精细化、循环化、绿色化、国际化工产业新目标,咬定固链、延链、强链不放松,共同开创"十四五"宜昌化工业高质量发展新局面。

牢记嘱托 兴发自动自发谋转型

"群山万壑赴荆门,生长明妃尚有村。"30年前,兴发集团从这里出发,筚路蓝缕;30年后,兴发集团兴山、猇亭、宜都三大产业园盛开三朵"铿锵玫瑰"。既要工业产值,又要绿色颜值,一路走来,兴发既有果断的"关",也有不惜代价的"搬",更有前瞻性的"改"。

早在2016年1月,兴发集团积极行动,果断地"关",以壮士断腕的决心拆除了沿江岸线的草甘膦、热电等32套生产装置,关停了亚磷酸二甲酯生产线。同时,在关停区域的900多米长江岸线全部植树、种草,复绿面积800多亩,打造沿江绿化景观带。

2017年,投资10.7亿元对园区所有环保装置进行扩容升级改造,将生产污水的处理能力提高到1.5倍,确保了工业废水零排放,成为当时宜昌长江134家沿江治理企业中行动最快、效果突出的标杆。

如今,走进兴发猇亭化工园,处理工业废水注满的水池子,蜻蜓点水,麻雀亮翅,荷花绽放,鲫鱼游泳……

宜都兴发绿色生态产业园对工业废水处理系统累计进行了3次全面提档升级改造,最终实现清水、污水分流使用,所有排水沟由暗沟改为明沟,渗透水与雨水全部收集使用不外排,不仅实现了园区综合用水平衡,而且每年减少从长江取水120万立方米。

为了解决磷石膏处理难题,2016年,兴发集团引进了专业化磷石膏利用生产企业入园,投资8570万元建成水泥缓剂、石膏粉、石膏砂浆、石膏砌块四条生产线,每年处理磷石膏固废物60万吨以上。

2018年4月24日,习近平总书记来到兴发集团宜昌新材料产业园现场视察,充分肯定兴发集团为保护长江生态环境所作出的不懈努力,寄语兴发集团:"在科学发展的道路上、在可持续发展的道路上越办越好!"

今天,兴发集团宜昌新材料产业园率先实施"关、搬、转、改、治、绿"六大工程,实现了长江由生产岸线向生态岸线的蝶变。

2019年投资2亿元,新上石膏粉、玻化微珠、轻质石膏砂浆、无机防火保温板等四大产品生产线,实现了对磷石膏固废物的全部利用。

兴发集团一方面狠抓工业废水源头控制,另一方面成功探索出多种工业废水有效成分的提取利用,自主开发的草甘膦绿色高效合成新工艺,在行业内率先解决了副产母液和废盐处理难题,产品收益率提高2%,减少20%废水产生。另外,其甘氨酸合成新工艺不仅减少75%废水排放,而且生产成本下降800元/吨。

历经10年开发和不断提升的黄磷清洁生产水平,目前处于全球领先水平,实现废水零排放,年取水量下降78%,连续8年被评为全国石油和化工行业重点耗能产品能效领跑者。

宜昌新材料产业园集中了有机硅、草甘膦、电子化学品三大产业集群,运用各产业间上、下游生产关系,实现了资源循环化利用、废弃物全部利用,成为循环经济园区的样板。

时任猇亭区科学技术和经济信息化局副局长冯俊峰评价说,这种产业循环发展的模式,不仅大幅度降低了能源消耗,综合能耗年下降11.5%,也提高了综合效益,年增效益3亿元以上,成为全国石化行业中循环经济发展的典范。

宜都市经济信息化和商务局化转办干部向东对宜都兴发绿色生态产业园的建设赞不绝口。他说,园区建立了低品位磷矿利用生产基地,走"采选结合、矿肥结合、磷化工与氟化区结合"之路,将磷产品生产中的废渣用于生产建筑新材料,最终将磷资源"榨干吃尽"。像这样以低品位磷矿综合利用为主导、产业融合发展为特色的园区在国内鲜见。

兴发集团董事长李国璋介绍说,过去,集团以生产工业级传统产品为主,产品附加值低。"十三五"期间,兴发集团将这些工业级产品全部提档升级至食品级、电子级、医药级化工产品,实现了"大路货"到"高精尖"的转变。

2021年12月,湖北三峡实验室在宜昌揭牌。揭牌现场,省科技厅副厅长杜耘对在场的记者介绍说:"这是一家由企业牵头成立的实验室,定位绿色化工,其中磷石膏的生态化处理利用是一个重要方向。"

他说,湖北磷矿资源丰富,磷石膏综合治理和磷化工产业转型升级责任重大。为推动产业绿色发展,实验室委托兴发集团牵头,联合10家单位共建,让绿色崛起成为湖北高质量发展的重要底色。

自我加压 宜化逆势突围谋升级

"按照一企一策,湖北宜化集团部分子公司预计2025年实施搬迁。但是,宜化集团内部一时一刻没有停止转型升级的步伐。"时任猇亭区科学技术和经济信息化局副局长冯俊峰介绍说。

"宜化集团的传统工艺曾经行业领先,但时过境迁,以前先进的东西,已不再适应新的发展趋势,必须逆势突围,进行技术革新、工艺升级。"2017年9月6日,湖北宜化集团党委委员、集团副总经理、猇亭园区党委书记、股份公司董事长张忠华接受三峡日报记者采访时语气坚定。

宜化集团正在推进煤化工、磷化工、盐化工三大传统产业转型升级,重点发展化工新材料、高端专用化学品两大新兴产业。

"目前,我们投资了28亿元,对传统合成氨工艺进行全面升级改造。"张忠华说,这次转型升级,集团早已下定了决心。

合成氨是国家重点基础化工原料之一,项目采用世界领先的多喷嘴对置式水煤浆加压气化技术、等温变换技术、德国林德公司的脱硫脱碳技术、瑞士卡萨利公司的低压合成技术,对传统合成氨工艺及装置进行全面升级换代。

该项目环保技术领先,固体物料采用全程全封闭输送,气体无排放,最终尾气用火炬燃烧处理,废水进入综合污水处理站处理,处理后的水一部分进入水煤浆气化系统循环使用。

时任宜化集团技术研究部副总经理周志江解释说,建成后的装置可使合成氨煤耗从1.63吨/吨下降到1.4吨/吨,电耗从1650度/吨下降到400度/吨,平均每吨合成氨成本下降500元,每年可创收2.9亿元、增加利税2.9亿元。

同时,宜化集团投资3000万元推进磷石膏综合利用制水泥缓凝剂项目,建设磷石膏渣场综合利用二期项目,可利用磷石膏56万吨。

此外,宜化集团还将投资1597万元建设水硬性磷石膏道路基层材料项目,每年可综合利用磷石膏60万吨,进一步实现磷石膏的"减量化、无害化、资源化"。

2022年,宜化集团转型升级再获新动力。4月8日上午,在宜昌高新区白洋工业园,华中地区首个生物可降解新材料项目——宜化集团可降解新材料项目聚合装置楼与综合楼迎来了封顶时刻。

该项目投资7.34亿元,项目设计产能为年产6万吨可降解材料PBAT(聚对苯二甲酸–己二酸丁二醇酯),并可根据市场需要转产PBS(聚丁二酸丁二醇酯)。

宜化集团可降解新材料是购物袋、包装袋、农膜等产品的主要原料。在自然条件下的土壤中,历时5个月左右,利用这种新材料所生产的产品便可降解为二氧化碳和水,从源头上解决普通塑料制品带来的"白色污染"问题。

"预计到2022年10月底,项目开始试产。一期的产能是年产6万吨的可降解新材料,可以实现15亿元的销售收入,三期全部投产后将达到50亿元。"公司工艺负责人李建国介绍说。

"推动新旧动能转换,接续实现高质量发展,既是现实倒逼下的主动作为,也是宜昌'强产兴城、能级跨越、争当龙头'的根本途径。以宜化集团为代表的一批支柱企业,勇于破除传统模式的束缚,敢于承受'刮骨疗伤'的阵痛,依靠'改'闯出了一片大有可为的新天地,蹚出了一条高质量发展的新路子。"针对宜化集团的转型升级,冯俊峰如此评价道。

2022年6月8日,时任宜昌市委书记王立来到他所联系服务的宜化集团走访调研,他强调,宜化集团要切实扛起"宜昌工业长子"的使命担当,把自身战略融入全市战略,尽心竭力谋发展、真抓实干促蝶变,朝着世界一流的综合型化工集团努力奋斗。

三宁化工 蹚出"绿色发展"新路径

几年来,枝江市姚家港化工园内矗立的两个高塔上"建设美丽化工,打造百年三宁"的12个大字总是格外引人注目。

"美丽化工"不仅仅是一个口号。为了化工业"美丽的戎装",几年前,公司主动谋划搬迁,不惜损失3.5亿元,关停子公司田田化工厂;并将年产值过10亿元、生产不到10年的尿素厂搬到沿江1公里范围外。

湖北三宁化工(以下简称"三宁化工")2009年12月收购田田化工厂,仅改造就耗资近2亿元,这笔巨额费用还没回本,田田化工厂说关就关了。公司负责财务的一位领导曾抱怨说:"贷款还没还清,新的利润点没着落,拿什么还本付息?"

这边的窟窿没有补,那边的巨额投入刻不容缓。公司为了向新材料转型,也为了"美丽化工",又要花大本钱。

2018年3月3日,三宁化工总投资100亿元、年产60万吨新材料项目搬迁转型项目在宜昌枝江姚家港化工园开工,为宜昌化工企业3年内在长江1公里范围内"清零"提供示范,极大地推动宜昌化工产业向"高、精、尖"迈进。

据悉,这一项目采用水煤浆加压气化、耐硫变换、低温甲醇洗、低压氨合成等节能环保技术,多项技术指标达国际先进水平,年总能耗下降18.39万吨标煤,减排废水1万吨。

"乙二醇可生产聚酯纤维,在纺织、化妆品等领域应用广泛,是国家鼓励类产业。年产60万吨乙二醇项目是我们落实习近平总书记'共抓大保护、不搞大开发'指示,实施长江大保护、搬迁转型的重大项目,包括年产52万吨合成氨、52万吨缓控释尿素、60万吨乙二醇。项目的建设,将缓解进口依赖。"在新工厂智能指挥大厅里,三宁化工董事长、总经理李万清说。乙二醇项目组合了全世界最先进的工艺和设备,将一次性建成世界一流的新材料生产装置,实现企业产品由传统化肥向精细化工和新材料转变。

没有工业"废料",只有放错地方的"原料"。三宁化工党委书记、副总经理姚定贵介绍说:"我们每个新项目,都以原有产品、中间产品、副产品或'废料'为原材料,既做到了循环利用、变'废'为宝,又促进了产业的转型升级。"

"利用合成氨制造过程中产生的废氨水作为脱硫剂进行锅炉烟气脱硫,副产的硫酸铵作为原材料生产复合肥;分级回收利用废水,将污染物浓度高的磷石膏渗滤液全部回用,作为选矿和磷酸酸性循环水补水,回收磷石膏渗滤液中的磷酸。浓度低的污水处理达标后排放;己内酰胺生产过程中产生的碱灰回用,合成氨原料型煤替代液碱。"姚定贵说,这些技术的使用,很好地解决了公司环保治理与经济发展之间的矛盾,实现了环境保护与经济效益共赢。看来,"美丽化工"不是难事,"绿色发展"也不困难。

行走在姚家港化工园,只见三宁化工4.8公里的输煤栈道飞架空中,如同蜿蜒的巨龙,每小时可将1500吨煤炭从码头直接运抵厂区。煤炭全封闭包裹,运输过程中不洒不漏。枝江市民李宏斌感慨道,这样的闭环运作,是对长江生态大保护最好的承诺。

除了宜化集团、兴发集团和三宁化工在转型中喷发出磅礴之力,还有多年来宜昌市诞生的一大批中小化工企业,它们或在某个细分领域独占鳌头,或是生产某个重点产品的隐形冠军，它们单个的实力或许不强，但一旦集中火力，也能爆发惊人力量。

做历史眷顾的坚定者、奋进者、搏击者，越来越多的化工企业，以时不我待的魄力与担当，在更高水平、更优质效的疆场上谋棋落子。

搬："搬"转并举　涅槃重生谱新篇

2018年6月1日，枝江市姚家港化工园东风劲，战鼓擂，"开工！"随着枝江市委常委、常务副市长李智勇一声铿锵有力的宣布，宜昌聚龙环保科技有限公司（以下简称"聚龙环保"）暨枝江市沿江1公里化工企业搬迁升级首个项目正式落地。

入园后，聚龙环保搬迁升级项目新建厂房占地面积50亩，总投资1.5亿元，拟建年产10万吨液体铁盐絮凝剂生产线1条、年产10万吨液体铝盐絮凝剂生产线1条、年产2万吨固体絮凝剂生产线1条，每年可资源化利用废酸9万吨，项目建成投产后将成为湖北省最大的水处理絮凝剂生产企业。

2019年4月，聚龙环保董事长胡朝晖自豪地介绍，公司从启动搬迁转型到项目建成投产仅用时10个月，产能扩大了七倍，产品种类翻了三番，销售范围从宜昌市扩大到长江流域。

"聚龙环保是宜昌首家搬迁入园企业，为此，政府给予500万元的特别奖励。而聚龙环保的成功搬迁，也为宜昌市中小化工企业转型树立了榜样，让那些还在犹豫观望的企业吃了'定心丸'。"彭中川分析说。

"搬迁企业之所以成功，是因为搬迁转型企业不是简单地'挪个窝'，而是均按照国际、国内一流标准，新上安全环保设施和智能化控制系统，在工艺、设备、产品、管理上实现'四个升级'，这样的搬迁才能实现涅槃重生。"胡朝晖说出了搬迁转型企业的成功奥秘。

搬迁育新机　转型促发展

湖北山水化工公司（以下简称"山水化工"）的前身是位于伍家岗区的宜昌树脂厂。2007年，企业退城入园，从宜昌城区搬到了枝江市姚家港化工园的长江边。

10年后的2017年，宜昌打响了化工产业转型攻坚战，沿江化工企业"关改搬转"纳入议事日程。山水化工虽然在园区,但离长江不到1公里,因此,也接到了"搬离长江1公里,进行转型升级改造"的通知。

二次搬迁,搬还是不搬? 2018年3月,公司董事会上,企业高层分歧很大——一派认为,公司每年盈利2000万元,刚投资建设的基础设施拆了,意味着零收入;另一派认为,共抓长江大保护,破解"化工围江"是大势所趋,搬是必答题不是选择题。

正当董事会高层争论得不可开交时,市场在悄然发生变化。企业很快感受到化工产业优胜劣汰的无情:电石是生产树脂的主要原材料,与西北的化工厂相比,山水化工不具备成本优势,盈利逐渐被蚕食。

不搬就是等死! 企业高层从思想根子上有了紧迫感、危机感,终于从"怨"到"愿",力争"搬"出新天地。

公司负责人曾晓兵介绍说,在搬迁过程中,公司的产品从工业级烧碱升级到食品级烧碱,以前生产化工中间产品糊状树脂,现在延伸产业链,生产医用橡胶手套,实现产品升级;通过引进日本杉野公司自动清釜装置、丹麦尼鲁国际一流干燥系统,实现设备升级;另外,公司采用了密闭进料、自动清洗、高速离心喷雾干燥及零极距离子膜等先进技术,实现工艺升级;建设智能工厂,利用DCS(集散控制系统)实现生产过程精准控制,又实现了管理升级。

2020年7月,在园区的精细化工片区,曾晓兵说,氯气是生产烧碱的副产品,又是生产医药、农药中间体的原材料,通过循环再利用,生产成本进一步降低。项目一期设计产能2万吨,最终设计4万吨,完全建成后,有望成为国内邻氯甲苯、对氯甲苯的最大生产基地。

对于公司的市场前景,曾晓兵十分看好:"随着复工复产全面推进、经济强劲复苏,产品需求和价格正在稳步提高,这正好与公司新项目的投产合拍。公司现阶段主要面向国内市场,未来将进一步开拓国外市场。"

面对山水化工带来的惊喜,市发改委原副主任徐海涛评论说,破解"化工围江",可以倒逼"关改搬转"。搬迁中,该公司实现了工艺升级、产品升级、设备升级和管理升级"四个升级"。山水化工的华丽蜕变是宜昌化工产业转型发展的生动缩影,也是宜昌践行长江大保护的重要见证。

上下游比邻　搬出新境界

宜都华阳化工有限责任公司(以下简称"华阳化工")成立于1998年,是宜都本土企业,位于陆城城郊。24年间,该公司从一家不知名的小化工厂,成长为全球规模最大的紫外线吸收剂生产企业。作为国际知名化妆品牌欧莱雅、雅诗兰黛、香奈儿、兰蔻的供应商,其产品占据欧盟90%以上市场份额。

在宜昌实施化工企业"关改搬转"计划中,华阳化工是位于长江沿江1公里范围内的"搬迁户",需要整体搬迁至化工园区。华阳化工搬迁从"怨"到"愿"经历了一个痛苦的过程。

"搬迁之初,公司面临第三次搬迁,迎来前所未有的压力。为了保护长江生态环境,搬迁势在必行,但搬迁的成本太大。"华阳化工董事长徐明华说。

"公司前两次搬迁,已经耗费巨大的人力和物力,第二次搬迁,搬到新址还不足10年,各项设备还是半新。再次搬迁对企业而言无疑是重大负担,因为化工企业生产设备一旦拆了就无法再装,只能报废。"华阳化工副总经理廖全红介绍。

"搬,是压力,更是机遇。"华阳化工副总经理徐波坦言,企业搬迁入园后,将会对所有产品生产线进行升级改造,部分产品采用绿色环保化工原材料,并上线更加完善的自控设备及在线监测设备,不仅可以提升安全系数,产品质量也更稳定。

"为长江生态搬,再难也要搬!"董事长徐明华的话掷地有声。

2017年7月,华阳化工启动项目搬迁,主动开始转型升级。公司副总经理廖全红介绍,新厂区占地面积200余亩,分两期建设:一期设计产能8300吨,预计年产值4.5亿元;二期将上年产600吨的高端系列产品生产线。

几年来,华阳化工在稳定现有生产经营的同时,积极开展搬迁入园工作,转型脚步不停,积极应对市场变局,研究开发出了高端的新型助燃剂材料。

4年后的2021年7月13日,再次走进华阳化工,公司视频监控中心数据显示,总投资2亿元的生产线已连续平稳生产5天。这标志着宜都化工园首个搬迁入园的企业成功投产。

"搬迁不是简单的物理位移。"华阳化工副总经理王伟介绍,搬迁改造后,公司产能从5000吨增至8300吨,产品种类由8种增至16种,实现规模、工艺、设备、管理4个升级。

时任宜都市枝城镇党委书记阮晓阳评价说,华阳化工一期工程总投资3亿元,其中环保投入6000万元。企业"三废"排放量大幅下降,其中COD(化学需氧量)等关键指标下降80%。华阳化工借搬迁促转型,用绿色添活力让转型升级,带领企业迈向"高精尖"、绿色发展之路。

在宜都化工园,与华阳化工一条马路之隔的是宜都市友源实业有限公司(以下简称"友源实业")。友源实业创建于2009年8月,年产值1.6亿元,年税收800万元,是一家专业从事光引发剂和芳香烃产品氯化及其延伸产品研发、生产、销售的高新技术企业,也是全国同时拥有三氯甲苯、苯甲酰氯、二苯甲酮及其衍生产品生产能力的两大精细化工企业之一。

"搬迁前,友源实业产品质量稳定,安全环保达标,销路可靠,日子过得很滋润!"公司总经理黎孔富介绍说。但是,既要产值,也要绿的颜值,友源实业只能主动迎战。

站在化工园外围制高点,黎孔富挥动着他那双厚实的大手介绍说:"园区中间横向马路那边是华阳化工,友源实业在马路西边,我们两家就像亲家,华阳是我们的下游产业,我们是他们的供应商。现在两家企业比邻而立,减少了双方的运输成本。"

据介绍,经过搬迁改造升级的友源实业占地面积248亩,销售收入将达16亿元,利税预计达8000万,这两项指标是之前的近10倍。同时,产业链延伸到为医药、化妆、油漆、涂料、高档塑料、印刷等行业提供添加剂。

作为化工业资深专家,产业报国一直是黎孔富的梦想,谈及正在加班加点生产的新厂,黎孔富信心满满。他说:"我们这次转型升级是脱胎换骨,利用国内外最先进的工艺和设备,一次性建成世界一流的二苯甲酮系列产品生产线,实现生产绿色化、集聚化、循环化、精细化、高端化的梦想。"

治:标本兼"治" 不为子孙留后患

关闭搬迁化工企业,污染隐患排查是市民最关心的问题。为此,时任宜昌市土壤风险管控专项检查组组长、市生态环境局党组成员、总工程师卢彩容指出,面对以前生产给土壤带来的污染,土壤风险管控要辨证施治,对症下药,做到"六个到位"。一是方案制定到位,"一企一策"确定整治方案;二是物料处置到位,限期完成原料产品、废弃物清理,暂不能清除的集中封闭保管;三是风险标识提示到位,在生产区域、疑似污染地块树立安全警示标牌;四是安全隔离到位,将疑似污染地块、危化品等进行隔离;五是雨水分离到位,修复场地雨水收集系统,减少二次污染;六是土壤监测到位,完成38家关闭化工企业遗留场地土壤污染状况初步调查,为土壤污染防治提供依据。

2017年12月19日,位于点军区艾家镇的田田化工厂被拆除,作为134家化工企业中首批关闭的企业,田田化工厂备受关注。设备、厂房拆除,仅仅是环境整治的开始。田田化工厂拆除之后的遗留地块土壤治理操作,显然对134家化工企业整治转型后的修复治理具有示范性作用。

2018年6月6日,笔者来到艾家镇原田田化工厂旧址。这块紧邻长江的土地,仅比足球场略大,现已腾退收储,由宜昌市城市建设投资开发有限公司组织实施环境治理修复。

早在田田化工厂开拆之前的2017年7月,专业的环境监测公司就对土壤污染程度进行了初步调查"诊断"。监测公司在厂区布了50多个采样点位,几乎是拉网式检测,在每个点上钻孔打洞取土,取土深度最深达5米。

2017年10月16日,田田化工厂场地污染调查评估报告出炉,经专家评审,"诊断"结果显示:"田田化工厂临近长江地块存在部分重金属超标,具有明显的实施土壤治理修复的紧迫性和必要性。"

污染重金属物主要是镍,污染最严重的区域是原材料堆放场。"诊断"结果出来后,如何治理是一个新课题。治理单位专程到武汉考察学习类似项目的治理经验,并邀请全国治理土壤经验丰富的专家座谈讨论,最终确定了技术方向和工艺路线。

治理单位进场后,首先对初步调查的情况进行精确复诊。净土、轻污染土、重污染土,都标示得清清楚楚。

实施分土施策。重金属超标的土壤,经过专业挖掘,全封闭防洒漏运输至宜都的华新水泥厂,通过水泥窑进行协同焚烧处置。污染较轻的土壤则通过化学药剂对污染物进行固化,实现安全再利用。

为了防止水污染,施工现场建有临时的污水处理装置,实现水土分离,分离的污水经预处理由专门的运输罐车拖到污水处理厂进行深度处理。

在市环保部门的监督下，经过半年多的处理，田田化工厂搬迁后的土壤经验收达标。2018年10月12日，《人民日报》头版头条文章聚焦长江大保护，把宜昌田田化工厂遗留工业污染场地修复项目作为典型报道。随后，央视《新闻直播间》也重点推荐了该项目的成功经验。

为确保治理效果，宜昌市有关职能部门强力把关，对出具不实土壤调查、评估报告的企业拉入诚信记录黑名单，五年内不能接相关业务，涉及故意造假的，可追究刑事责任。

根据田田化工厂经验，2018年3月，受楚原化工委托，武汉大学相关部门对场地土壤的污染程度进行评估，在全场生产区域设置土壤采样点52个，检测土壤样品118个，同时设置地下水观测点4个。

风险评估调查报告显示，地下水无人体健康风险，土壤中主要污染物为重金属六价铬，污染面积2100平方米。按人居环境土壤要求，六价铬含量要降至3毫克/千克，需修复治理的土壤方量为3150立方米。

2018年12月，经过招投标，湖北海龙公司作为土壤修复治理单位进驻厂区，下挖1.5米，采取化学还原法，将土壤中的六价铬固定成稳定、环保的三价铬。回填后，该地块通过环评专家评审，修复达到预期目的。

在搬迁场地和土壤处理过程中，涌现出很多感人的故事。丰泉磷肥厂是家产能不过3万吨的"麻雀型"企业，在接到关停通知后，企业出资30万元，完成了氟化水收集池、硫酸罐等设备清理。

"2019年，国家环保部门已建立了污染地块信息管理平台，所有地块污染管理各环节数据在平台上均可查。环保部门通过信息平台可以对所有污染地块的治理情况进行管控。目前，我市正在制定化工产业专项整治转型升级土壤污染防治工作方案，对134家企业遗留地块的修复治理，按一企一策，列出了具体的推进计划。"宜昌市生态环境局党组成员、总工程师郑斌总结说。

绿：应"绿"尽"绿" 甘为大地抹葱翠

"治，对原场地进行无害化处理，包括土地修复、重金属处理等。绿，对核心区的适应性绿化和周边的统一绿化。可以说，'绿'是沿江化工企业'关改搬转治绿'的收官之作！"宜昌一位资深化工专家评价说。

关闭化工企业，停运码头，腾出岸线，精巧复绿……猇亭区"关改搬转治绿"的收官战"一绿到底"。

长江猇亭段岸线持续复绿。当年，猇亭区制定了作战指挥图，计划实施11个项目，复绿岸线9303米。截至2018年6月26日，兴发集团新材料产业园、红溪港城市绿化等8处复绿项目已经完工，复绿岸线7583米。

腾退的岸线，猇亭区运用"海绵城市"理念，打造集生态性、观赏性、教育性于一体的猇亭424公园，全部还绿于民。

走进今天的424公园，景观设计上的别具匠心让人叹为观止："规矩为先、锚定(谋定)而动"的主题雕塑，寓意4月24日习近平总书记为长江大保护立下规矩；五松亭、松下听涛、雨水花园等景观节点，是群众亲近长江、亲近自然的最佳地点。

"曾经，这里'遍布化工'，却失掉了'绿色'生机。如今，这里天蓝水清，产业转型升级、江滩整治、'美丽猇亭'建设，如火如荼，工业重镇的'灰霾'之色被浓郁的生态之绿取代。"4年后，住在424公园、湖北三新磷酸公司附近的居民程敏感慨万千。

2022年6月3日，猇亭区污水处理厂对面，生态湿地公园内美人蕉竞相开放，引来众多游人驻足观赏。让人意想不到的是，美景下面竟是污水处理工程。

时任猇亭区农林水局副局长蒋家柱介绍说，2017年6月，猇亭区结合猇亭产业园区结构现状，投资6000万元，建成5.2万平方米的人工生态湿地，处理猇亭污水处理厂达到一级B标准的中水。今天，这个湿地公园还成为猇亭"网红打卡地"。

田田化工厂关闭后，点军区艾家镇柳林村成了第一批受益者。申报为湖北省美丽乡村试点村后，在上级政府部门的引导和支持下，该村村容村貌整治一新，原本荒废的荆门山、仙人桥、长江古纤道等资源也被挖掘包装，焕发新生。

如今，漫步山清水秀的柳林村，一座座朴素雅致的农家餐馆和民宿掩映其中。"这里春天柳树吐絮，夏天凉风阵阵，秋天金橘飘香，冬天银装素裹……赏美景，吃土菜，周末和节假日，村里商家常常一间包房难求。"村民向虎介绍，尝到了旅游业的甜头，越来越多的村民开始投身其中，不少外出务工的村民也回乡办起农家乐。

应绿尽绿，不留死角。经过近三年的艰苦努力，截至2022年3月底，全市纳入"关改搬转"的134家沿江化工企业已按计划圆满完成任务,其中,关停38家(包括原计划"改"和"搬"的4家)、改造60家、搬迁19家、转产7家,完成第一阶段安全环保改造10家。按照规划,所有涉及绿化的地块,做到一绿到底。

稳:人员就位 资金到位 妥善安置职工

"本届市委就任于决胜全面小康的关键时期,推进绿色发展、促进转型跨越是我们义不容辞的历史责任。"2016年底,刚当选宜昌市委书记的周霁斩钉截铁地表态道。

"青山常在、清水长流、空气常新,是人民群众的共同期盼和追求。"一年后,在市委常委会上,周霁再次强调说,发展是手段、路径,目的是提高和改善人民群众的生活品质,在面临生态环保这个突出短板的严峻考验时,必须把保护放在优先位置。

确保一江清水向东流,是宜昌肩负的历史重任。时任宜昌市委副书记、市长张家胜下了"军令状":坚持"铁心、铁面、铁腕、铁纪、铁痕",建立严密、严厉、严格的责任体系,全力推动沿江134家化工企业"关改搬转治绿"。

接下来的3年,以壮士断腕的决心、背水一战的勇气、攻城拔寨的拼劲,宜昌攻克"清零"之战中人员安排和转型企业资金调度两个重要"山头"。

敲门服务 不让职工安置拖后腿

"几年来,宜昌市发展的基调是:一切为了人民,一切依靠人民,没有过不了的坎、爬不上去的坡!"谈到长江1公里岸线化工企业"关改搬转治绿"硬骨头之一——安置下岗职工时,时任宜昌市劳动就业管理局局长谢天星毫不畏惧。

虽然这件事过去了几年,但谢天星依然记忆犹新。那天,他们到田田化工厂去调研,一下车就被职工们团团围住。职工们脸上的表情告诉他们,很多职工对企业的"关闭"有很深的"敌意"。

"化工企业'关转搬改'最硬的骨头之一是人员安置。这次'关转搬改'涉及134家企业,人员近万,弄不好会留下严重的社会隐患!"面对如此庞大的再就业压力,谢天星感到肩上的担子沉甸甸的。

为了做到再就业不漏一个,各级人社局与经信局通力合作,分工到企,责任到人,实施一企一策。

"田田化工厂非常特殊,该企业效益好,职工待遇优厚,部分职工几代人都在厂里。该企业关闭,影响的不是一个个人,而是一个个大家庭,甚至一个个家族。"面对巨大压力,宜昌市劳动就业管理局失业保险科科长林华寝食难安。

田田化工厂位于点军区艾家镇,相对于市中心,这里是"都市里的世外桃源"。职工在厂里上班,家属楼在工厂附近,上班下班十分方便。当时,伍家岗长江大桥还没通车,艾家镇出门唯一一路公交车是512路,首班发车迟,末班收班早,班次间隔长,平时出门,附近居民等半天才来一辆车,到市里去上班更不便。

"人社局和市、区经信局的同志一道,挨家挨户到职工家去调研,详细了解职工的诉求,然后分类施策。职工提出公交车问题,我们就联系宜昌交运集团,公交公司不仅加密了公交车班次,还专门调整了艾家镇到市区的公共交通,首班车和末班车时间分别提前半小时、延后20分钟;职工提出转行要求,我们就联系国贸和CBD附近服务行业组织招聘,并提供再就业培训;职工打算创业,我们就提供全方位的创业培训、创业指导和资金支持……"林华说,各部门通力合作,服务细致入微,绝大部分职工的心结解开了。

"当时人心惶惶,大家都以为要失业了。不过,市里和公司并没有'一刀切',而是对职工进行技能培训,然后分流到其他企业。"转岗到湖北京山市一家化肥厂重新上岗的原田田化工厂职工陶伟回忆说。如今,陶伟的月薪达7000多元,公司还为他解决了住房问题。

林华表示,田田化工厂关停前后,他们先后联系了28家化工企业,到田田化工厂厂区举行了8次专项招聘会,还进行了多场有针对性的培训。并且,为了解决部分职工的后顾之忧,市劳动就业管理局积极推进援企稳岗"护航行动",发放失业保险金、稳岗补贴等数千万元。

截至2020年底,随着134家化工企业"关改搬转"基本结束,全市完成培训、转岗、再就业1万余人。

广开财源 不让钱成"拦路虎"

"搬迁需要钱,生态修复需要钱,职工安置也要钱。"时任宜昌市副市长王应华算了笔账:田田化工厂一家的搬迁,包括土地收储、职工安置等,相关财政投入就需3亿元。

"因为关停化工企业，2017年宜昌GDP增速跌落到2.4%。各级政府的财政收入下降，而随着'关改搬转治绿'的推动，各个方面都需要钱。一时，钱成为最大'拦路虎'。"王应华说。

加大政府资金支持力度，是化工企业"关改搬转"的重要支撑。2017年以来，宜昌市不断加大政策扶持和争取力度，积极争取省政府专项资金、地方债券、投资基金等政策支持。

据介绍，宜昌设立1亿元传统产业转型升级专项资金、30亿元化工产业股权投资基金，为化工产业转型升级提供资金技术支持。从2018年开始，市级财政每年设立2000万元的磷石膏综合利用专项补助资金，2020年增加到4500万元，大力推进磷石膏综合利用；设立1亿元工业技术改造专项补助资金，优先支持化工企业技术改造升级。

另外，市政府从污染物排放总量指标调剂、强化用地保障、用能权有偿使用、专项资金支持等方面制定扶持政策，从2018年开始，市财政3年安排5亿元专项资金支持化工企业"关改搬转"。

根据《省级沿江化工企业关改搬转专项补助资金使用管理实施细则》（鄂财企发〔2018〕66号）、《关于宜昌市134家化工企业关改搬转专项补助资金方案的通知》（宜市化转办〔2019〕2号）两个文件精神，宜都市在3年内为22家化工企业争取"关改搬转"补助资金6870.25万元，其中省级资金5472万元，宜昌市级资金1398.25万元。

尽管如此，企业还是普遍反映省、市财政资金支持力度、覆盖范围有限，而搬迁改造、项目征地、平整、基建和设备投资资金需求大，企业搬迁后还需投入大量资金对原有厂区进行土壤调查、评估、修复治理，自有资金又严重不足，建设资金筹措难！

为进一步缓解资金压力，宜都市出台《宜都市化工产业专项整治及转型升级三年行动方案》（都政办发〔2017〕86号），规定了关于财政税收、搬迁资金、土地、原厂地上建筑物及设备搬迁补贴、完善基础设施配套等一系列政策，先后落实搬迁企业贷款贴息1000万元，搬迁企业配套场平补贴1.96亿元。另外，对搬迁企业老厂资产进行收储,对企业建筑物及设备进行评估,给予7家搬迁化工企业折旧及搬迁费用补贴1.64亿元。

根据《宜都市化工企业关改搬转专项补助资金分配方案》,兑现23家企业补助资金6870.25万元,其中4家关停企业共627.57万元,11家改造及1家转产企业308.03万元,7家搬迁企业5934.65万元。

值得称道的是,宜都市广开财路,积极开展绿色债券申请发债工作。宜都化工园15亿元绿色债券获国家发改委批准后,围绕政府专项债券支持的9大领域27个专项,园区谋划筛选一批手续完备、建设条件成熟的15个项目,纳入建设项目库,以争取更多新增债券额度支持。

灵活运用各种金融工具,极大地化解了资金困难。宜都市鼓励金融机构对搬迁改造企业给予信贷支持,支持符合条件的搬迁改造企业通过发行企业债、公司债、中期票据和短期融资券等方式募集搬迁改造资金。合理引导金融租赁公司和融资租赁公司依法依规参与化工企业搬迁改造。这些举措,共帮助化工企业协调融资超10亿元。

虽然结果非常亮眼,但过程非常痛苦。关闭搬迁化工企业,新兴产业一时又难以顶上,化工企业职工的生计怎么办?经济增速掉下来怎么办?这一块的财税收入拿什么去补?

从2016年到2018年,宜都化工产业产值从350亿元萎缩到136.4亿元,化工占工业总产值的比重从三分之一降到五分之一。

"地方财政收入下降、支出增多,不是没有压力,但为了还长江一江清水,政府勒紧裤腰带过日子,也要千方百计化解企业资金难!"回忆当年的艰辛,时任宜都市委书记罗联峰记忆犹新。

作为化工产业大市,枝江市为全市化工企业争取到资金1.75亿元,其中省级沿江化工企业"关改搬转"补助资金9282万元,省级传统产业技改补助资金1550万元,宜昌市级化工产业转型升级专项补助资金5000万元,宜昌市级重大专项技改资金900万元,宜昌市磷石膏综合利用补助资金700余万元,缓解了企业转型发展的压力。

除了积极争取省市政策资金支持之外,架起银企桥梁,为企业引活水,是枝江市的"拿手好戏"。枝江市通过积极搭建"银政企"对接平台,协调金融机构,加大资金扶持力度,缓解了企业资金困难。

针对企业融资难、资金周转难的问题,市政府多次组织全市金融机构、企业召开企银政协调会,督促金融机构与企业对接,支持宜昌市化工企业"关改搬转"工作,不断贷、不抽贷。农商行、邮储银行、建行等金融机构非常"给力",仅8个搬迁项目就提供了6.15亿元的贷款支持,三宁化工乙二醇单独一个项目就获得贷款35亿元。

"新厂区计划总投资6亿元,为解决华阳化工流动资金及项目融资问题,各级政府很给力,在宜金融机构很支持,我们通过加强与汉口银行、宜都农商行、武汉农商行等金融机构的合作,基本解决了企业发展面临的资金难题。"华阳化工董事长徐明华接受记者采访时说,企业良好的发展前景和业绩获多家银行支持。

2018年7月20日下午,枝江姚家港化工园建设最紧要关头,中国化学工程集团与枝江市政府签署姚家港化工园产城融合项目合作协议,总投资150亿元,可谓雪中送炭!

军令如山,意志如磐!在宜昌三年化工企业"关改搬转"中,没有一家企业因"钱"拖后腿,大部分企业按时甚至提前完成历史任务!

"宜昌经验" 大力发展绿色化工园

经过艰苦努力,按照"循环化、绿色化、高端化、精细化"要求,坚持高标准设计、全要素配套理念,全力推进环保安全、产业发展、公用工程、物流输送、管理服务"五个一体化"的绿色化工园结出丰硕成果。

2018年11月,国务院通报表彰宜昌破解"化工围江"典型经验做法。2019年7月,国家推动长江经济带发展领导小组办公室印发专题调研报告,再次在沿江11个省推广宜昌市破解"化工围江"典型经验做法。省政府连续三年在宜昌召开长江大保护现场推进会,对宜昌化工企业专项整治及产业转型升级给予充分肯定。

宜昌破除"化工围江"经验办法百花齐放,但"绿色工业园"建设无疑是百花园中最靓的一朵。今天的宜昌化工园,不再是过去的跑马圈地、遍地开花、低端重复,而是有了顶层设计,全市一盘棋,实行错位发展。

"错位"发展　坚持"一园一业一特"

把关入园企业,首先从把关园区建设做起,在实施沿江化工企业"关改搬转"之前,宜昌先关闭化工园。在空间布局上,对全市化工园区分类施策:2个优化提升区、5个控制发展区、5个整治关停区、其他禁止发展化工产业。

在产业定位上,坚持"一园一业一特",实施"强链""补链""延链",园区以龙头企业为依托,谋划"错位"发展。

在宜昌姚家港化工园,以三宁化工为龙头延伸产业链,延伸发展化工新材料、精细化工和高端农用化工等,形成了20条成熟的产业链闭环;在湖北宜都化工园,以宜化、兴发等企业为龙头,培育磷酸梯级利用产品链,发展以氟硅系新材料、无机化工新材料、高端化学品、化工医药为主的生态型产业集群;在猇亭化工园,以兴发集团为龙头,培育发展专用化学品、电子化学品等高端产品;在当阳坝陵工业园,以华强化工为龙头企业,转型发展新型肥料、化工新材料等产业。

"即使5个园区都有兴发集团的引领,但产业侧重点也不一样。"李东说,产业地图就是招商引资的指引图、作战图。宜昌摒弃"捡到篮子里就是菜"的理念,提高准入门槛。

看园区规划,设计理念超前,功能完善,配套设施完备;看厂区建设,物联网与大数据、数字化工厂、虚拟工厂……国际国内最先进的设备与技术、最安全最环保的措施纷纷"上马";看园区产业,高端化,精细化,闭环化。

2017年6月,枝江市姚家港化工园被国家发改委、财政部确定为循环化改造重点支持园区;次年,牵手中国化学工程集团,斥资152亿元,助力搬迁化工企业升级、转型;随后,推广智能工厂模式,加快5G在人员、设备、产品中的运用,进一步推动园区向智能化、绿色化转型。

湖北宜都化工园坚持高端定位,向化工新材料、高端精细化工等企业项目抛出橄榄枝,严把企业入园环评关、安评关,累计"拒绝"了50多个总投资200余亿元的不达标项目。

在猇亭化工园,建成5.2万平方米的人工生态湿地,处理猇亭污水处理厂达到一级B标准的中水,使工业废水排放总量得到控制。

在兴山白沙河化工园,组建攻关小组,研发黄磷电炉淬渣系统,不仅使黄磷尾气全部净化回收，还为燃烧、烘干等工艺提供了原材料。

2020年，湖北宜都化工园、枝江姚家港化工园双双荣膺工信部"绿色工业园区"称号。

入园打分　倒逼企业脱胎换骨

"化工园不再是'护身符'，而是'紧箍咒'，不合格的化工园照样关闭，不合格的企业照样入不了园！"时任宜都市高新区管委会总工程师邓世春说。

"化工企业从园外搬到园内不是一个简单的物理位移，应该是一个转型升级的搬迁，体现在节能、环保、安全等方面。"宜都市常务副市长龙顶泉说，"我们严格地对每个企业进行把关，每一个企业入园前都必须经过入园的评审，还有工艺评审，要保证它目前的工艺水平是目前国内的先进水平。"

在进驻园区的企业中，华昊新材料这家全球最大的氯化钡生产企业是"重量级"企业。华昊整体搬迁入园，难道仅仅只是工艺上的革新吗？显然不是。

"企业入园必须取得入场券，我们在安全、环保等指标上对企业进行硬性考核，75分是合格线。"邓世春介绍，在这75分中，安全环保是一票否决的，在生产工艺上也有更高要求。

宜都化工园定位清晰，入园标准严格，坚持环保第一审批权，严把入园项目环评关、安评关，严格执行"三同时"制度，制定入园项目负面清单。三年来，累计组织23次入园评审，共评审100个项目，通过72个项目，多个项目因环保问题被"一票否决"。

搬迁不是简单的物理位移，而是借助搬迁在设备、管理、产品、工艺上全面升级，"搬"出一个全新的企业。

"虽然入园增加了不少投入，但非常值得。搬迁的过程也是一个企业提质增效的过程，一个产品的升级换代的过程。"华阳化工董事长徐明华说。

入园后的宜昌星兴蓝天科技有限公司煤气化节能技术升级改造项目同样迎来一次"脱胎换骨"。该项目2018年初动工兴建，总投资近24亿元，占地面积380多亩，规模为年产40万吨合成氨装置。

枝江市对搬迁入园的企业着力"四个升级"。不符合规划、区划要求，安全环保风险较低，不宜继续在原地发展，经改造能达到安全环保标准的9家企业，才能搬迁入园。

聚龙环保以"搬"促"转"，产能扩大七倍，产品种类翻了三番，销售范围从宜昌市扩大到长江流域，成为全省最大的水处理剂生产企业、国家高新技术企业。

三宁化工率先垂范，入园前先做减法，淘汰40万吨尿素厂及12万吨合成氨产能；再做加法，投资百亿，启动"合成氨原料调整及年产60万吨乙二醇项目"。

补链强链　园区形成完整产业链

"入驻的企业，必须符合园区的产业定位，要么是上游，要么是下游，在物料和能源的循环上要有关联度。"时任宜都市高新区管委会总工程师邓世春说。

远在猇亭区的华能化工，是华昊新材料科技有限公司的前身。三年前，该公司在搬迁转型中"舍近求远"，横跨36公里，将总投资40亿元的陶瓷电容系列产品深加工项目搬迁至湖北宜都化工园。

"在这里，我们可以把周边企业很多不好处理的盐酸、固废变废为宝。"公司董事长林福平说，这种"隔墙"上下游的关系，能大大降低成本。

企业间仅有一墙之隔，彼此用一根根管道互联，原材料无缝供给。宜都化工园30多家化工企业"隔墙配套"，一条"磷酸梯级利用产品链"铺展延伸，实现了生产要素的资源共享和循环利用，形成园区生态产业网络。

宜都化工园产业以磷化工为主，初步形成磷—化工、化工—建材、化工—医药三条产业链。

"我们以产业链招商为抓手，围绕产业链上下游不断补链、延链、强链，最大限度聚合产业发展资源，坚持产业集群发展战略。"宜都市政府党组成员、宜都高新技术园区管委会主任黄兴发说。

以兴发、楚星、鄂中等磷化工产业企业为基础，不断补链、延链、强链、稳链，着力发展磷精细化工新材料产业，重点发展电子级磷酸，食品级、医药级磷酸盐，氟系、磷系新材料等精细磷制品，推动园区内磷化工产业链配套、互利发展。

"许多化工园区内企业间产品关联度不高、产业链不长，没有鲜明的上下游企业间生产要素的合理分配和有效链接，在这种化工园区的企业只能单打独斗，缺乏长远发展后劲和核心竞争力。"邓世春说。

从始至终，宜都化工园都重点关注产业关联度水平和产业集聚程度，以园区

内骨干企业和龙头项目为核心,引进现有企业的上下游企业,延伸延长产业链;使上游企业的产品甚至"废料",成为下游企业的原料或能源,实现资源的减量投入、集聚利用,大幅降低物耗、能耗、水耗和废水、废气排放。

刮骨疗毒,砥砺奋进,经过四年不懈发力,宜昌打赢了破解"化工围江"战役。

2021年1月14日举行的宜昌市六届人大六次会议上,时任宜昌市委副书记、市长张家胜自豪地说,宜昌市沿江134家化工企业"关改搬转"任务基本完成,"化工围江"困局基本破解。

张家胜介绍,宜昌把化工企业"关改搬转"作为转型升级、跨越发展的机遇,高标准打造宜都、枝江两大化工园,加快新旧动能转换,向化工新材料、高端精细化工、生物医药等产业发力,实现高质量发展。目前,两家化工园入选工信部"绿色工业园区",落户企业69家。

截至2020年,宜昌沿江134家化工企业"关改搬转"任务基本完成,复绿长江干支流岸线293.6公里;城市环境空气质量优良天数提高到308天;国考、省考断面水质优良率稳定达到100%,森林覆盖率达到66%,绿色发展指数居湖北省第一。

与此同时,宜昌市单位GDP能耗、水耗均下降,化工产业占全市工业比重下降到20%以下,食品生物医药、先进装备制造增加值年均增长16%以上。化工、食品饮料和建材等传统产业整体向高端化、绿色化转型。

当家产业 要把"化工碗"端得更稳

转换到产业链延伸的思路,企业家一下开窍了。在枝江姚家港湖公园,锂电新能源产业依托一个化工企业的转型升级和一项产学研成果的转化成功嫁接。

位于城郊的开元化工作为一家具有20多年历史的精细化工企业,一直谋求搬迁入园、转型升级,但进展缓慢。后通过"把脉会诊",发现该公司生产的高纯硫酸锰市场前景好,而且被应用于生产锂电池三元正极材料,市场需求量很大。传统硫酸锰应用于工业级和饲料级,价值仅3000元/吨,而应用到锂电新能源产业,可以卖到7000元/吨。

在充分调研后,园区与公司一起开出转型"处方":将现有精细化工产能从城郊搬迁到姚家港化工园,积极引进中国研究锂离子电池的先驱人物、中南大学教授胡国荣及其团队的三元锂电池正极材料项目,延伸产业链条,实施转型升级。围绕补链强链,又引进了锂电池隔膜、动力型18650锂离子电池、动力电池极耳等上下游项目,加上原有的电解液、负极材料、电池外壳等产能,锂电新能源产业在枝江已初步闭环,形成产业集群。

预计3年后枝江锂电池产业将突破百亿元产值,成为湖北最大锂电新能源生产基地。

2021年12月4日,宁德时代邦普一体化新能源产业项目在宜昌高新区白洋工业园正式开工。

该项目总投资约320亿元,占地面积约5500亩,规划建设年产36万吨磷酸铁、22万吨磷酸铁锂、18万吨三元前驱体及材料、4万吨钴酸锂、4万吨再生石墨和30万吨电池循环利用的超大规模生产基地。

2022年9月30日,一期项目正式投产。

好事连连,邦普落地宜昌不久,在火热的新能源赛道上,2022年8月28日,楚能新能源(宜昌)锂电池产业园项目来宜昌市与邦普"并跑"。

该项目占地面积4500亩,主要生产动力电池、储能电池、消费电子类电池、PACK模组等系列产品,规划锂电池产能。2023年1月,项目基建封顶,一期项目预计6月投产。

楚能新能源项目将与宁德时代邦普一体化电池材料产业园、广州天赐磷酸铁新能源材料项目、海科集团新能源电解液溶剂项目等"串星成链"。

行则将至,做则必成。"腾笼换鸟",聚力前行。如今,在宜昌市化工园,越来越多的企业驶入高质量发展"快车道",成倍提升宜昌化工行业的"含金量""含新量""含绿量"。

做大做强磷化工先进制造业,宜昌还跳出市域,与荆州、荆门联合打造磷化工产业集群,形成以精细磷化工为主,配合煤—氟—硅—钙—盐—石油化工的完整循环产业链。目前,宜昌磷化工业在技术上总体国内领先,部分领域达到世界先进水平,6种产品产销量全球第一。

"十四五"期间,宜昌将继续对标"高档化、精细化、循环化、绿色化、国际化"要求,深度打造长江经济带化工产业绿色转型示范区。

2022年3月6日,在湖北十三届人大五次会议湖北讨论组上,时任宜昌市委

2021年12月21日，湖北三峡实验室挂牌成立，这是省委、省政府加快建设科技强省，推进现代化工产业绿色高效发展的重要举措（猇亭区档案馆 提供）

书记王立指出："绿色化工是宜昌今天和未来的当家产业，我们要把化工碗端得更稳、化工饭吃得更好，就必须拼出一条跨越式提升、蝶变式发展的新路子。"

过去一年，宜昌将绿色化工置于全国、全球格局中定位，依托湖北三峡实验室，加大核心领域技术攻关，致力打造智能、清洁、绿色的精细磷化中心，推动产业由休克式的被动转型向动能充沛式裂变升级，吸引了宁德时代、山东海科、广州天赐等一批行业头部企业落户宜昌，一条涵盖正负极材料、电解液、隔膜的产业链闭环加速形成，化工产业向新能源电池、动力总成、储能新材料、医药中间体持续攀升，未来五年产值将超3000亿元。

（撰稿：陈维光）

宜昌390条河流有了"父母官"

保护绿水青山,营造美好家园(张彬 摄)

暮春时节,行走在长江一级支流玛瑙河流域夷陵区鸦鹊岭段,河边柳枝摇曳,河水静静流淌,河中水鸟嬉戏,惬意清新,宛如身在一幅优美的田园山水画卷中。"以前我们都绕道走。"说起以前的玛瑙河,附近居民陈文平一脸嫌弃。但如今,他和老伴每天都要来这里休闲娱乐。

"柏临河大变样,'脏乱差'终于告别历史舞台!"漫步伍家岗区柏临河湿地公园,市民张光辉也发出感慨。河长制推行以来,宜昌新区将柏临河纳入综合整治范畴,建成柏临河湿地公园,给了市民散步、观景、亲水的好去处。

如今,走近宜昌市大大小小江河溪流,你不需询问它们的名字,因为,每一条河流都有公示牌:河流名称、河湖长、警长……宜昌390条河流和11个湖泊及大小水库都有了"父母官"。

从历届市长兼任的总河湖长,到市级、县市区级、乡镇级、村级河湖长,再到民间河湖长,河湖长们形成网状结构,用脚丈量,用心坚守,用汗水浇灌,绘就一幅"河畅、水清、岸绿、景美"的宜昌生态画卷。

四级河长 成为河流湖泊的"父母官"

宜昌是国家重要的水源涵养区、鄂西生态屏障区、国家生态文明示范区。境内共有河流390条,总长度5089公里,其中集水面积大于30平方公里的河流164条,水面面积1平方公里以上湖泊11个,各类水库455个。

近年来,随着经济社会快速发展,工业废水粗放排放、磷矿开发、畜牧养殖、下游采砂等造成的河流污染日趋严重。

河流生态恢复治理,迫在眉睫!

"水是居民生活的重要保障,是生态发展的血液供给,河道水质、环境问题不解决,'宜居'就不能彻底实现。"时任宜昌市水利水电局防汛办主任万卫平说,"河湖长"不仅是一项制度,更是一份沉甸甸的担当。

如何治理河湖?这对历届河湖管理者来说都是难题。

2015年,宜昌开展实行河湖长制的前期准备工作。2016年,宜昌在全省率先建立以行政首长负责制为核心的河湖长制,并在全市全面实行。目前,宜昌不仅已实现市、县、乡、村四级河湖长全覆盖,而且广泛发动民众参与,每两年聘请一批民间河湖长,签约专业的河湖巡查公司。

宜昌市政府将河湖长制改革纳入全面深化改革重点工作进行谋划,印发《宜昌市河长制管理河流及湖泊名录》,将所有河流和湖泊纳入河湖长制管理范畴,逐一甄别水系和行政区划关系,将任务分解到县市区,作为河湖长制管理和考核的依据。

"河流治理涉及水利、环保、国土、交通等九个部门。'九龙治水',却没能管好一条河。"时任宜昌市河湖长制办公室秘书向清炳坦言。

"建立河湖长制，就是要突破部门间、行政区域间的藩篱。"向清炳认为，让河湖长负总责，各相关单位明晰权责、相互协作、管理到位。河湖长制让宜昌河流迎来了最好的时代！

如今，在宜昌，每条河流、每个湖泊，甚至每条名不见经传的小溪、每个塘堰，都有河湖长。河湖长制刷新了宜昌河流管理的历史，点亮了水生态治理的曙光。不知不觉中，宜昌的河流在悄悄变美……

河湖长不是美差，为管理好河流，他们全力以赴、频出奇招。向清炳告诉笔者，宜昌在全省首创"河湖长+检察长"协同机制，15条市级河湖长领衔的河流分别增设市级河流检察长，充分发挥检察公益诉讼职能，精准打击涉水违法犯罪行为，促进行政机关依法执行公务。

目前，宜昌设置市、县、乡、村级河湖长1869名（全市现有市级河湖长15名，县级河湖长230名，乡镇河湖长490名，村级河湖长1134名）。除市委书记、市长担任第一总河湖长和总河湖长外，宜昌市委常委、市政府副市长等15名市级领导均担任市级河湖长。

当年，时任宜昌市委副书记、市长张家胜既挂帅又出征，重要工作亲自部署，重大问题亲自过问，重点环节亲自协调，多次深入长江干流及清江、黄柏河、沮漳河、香溪河等重点支流现场办公，研究"一河一策""一湖一策"保护与治理。

张家胜精耕总河湖长责任田，牵头抓总，以上率下，任期内多次巡查长江、黄柏河、沮漳河、金湖等河湖，助力河湖长制提质升级。

他接受新华网采访时指出，三峡工程在宜昌，宜昌生态环境建设得好，"共抓大保护"做得到位，确保一江清水向东流，那就为整个长江的生态建设作出了应有的贡献，尽到了应有的责任。反之，可能对整个长江保护带来不利的影响。所以，宜昌主动扛起应该扛起的使命、责任和担当。

3月23日，时任宜昌市委书记王立在巡查沮漳河时指出，要深入落实河湖长制、林长制，强化上下游、干支流、左右岸的协同，系统抓好流域治理，为全市经济社会发展提供坚强的水资源保障。

王立的讲话标志着全市河湖长制进入新一轮提档升级阶段，宜昌将在保护碧水青山的大会战中迈出更加铿锵有力的步伐！

夷陵区乐天溪唐家坝村整治后的山间溪河（黄翔 摄）

村级河长 打通治水"最后一公里"

打通治水"最后一公里"。宜昌市所属各县市区根据实际情况不断细化工作，实施"竖向到底，横向到边"，无所不纳。将河湖长制从三级延伸到四级，直接到村，打通河湖治理的"最后一公里"，直达水系毛细管网，管辖范围扩大到沟渠和塘堰，逐渐形成了河湖沟渠甚至山洪沟无不覆盖的格局。

"同时，宜昌市率先设置小微水体'一长两员'（河湖长、保洁员、监督员），保证河清水畅。"向清炳介绍道。

村级河湖长如何发挥管护最后一公里河段？初夏，笔者一行来到夷陵、长阳、点军、宜都等几个县市区实地调研。

4月中旬，阳光明媚，小河静流，草木葳蕤，墩子河畔的夷陵区鸦鹊岭镇梅林村风光如画。村级河湖长陈贤彬沿河而行，悉心巡查，他说："每天出门我都先到河边走走看看。"

"墩子河虽小，但通向长江，必须守好'责任田'。"自2015年担任村级河湖长以来，陈贤彬一点点摸清门道，"水里气泡多，说明水体含氧量不错。草丛里的排污口要多看多闻。滚水坝、泄洪闸等水利设施要按时'体检'。"

河长上岗，守水有责。"过去污水直排、垃圾乱扔，河水又脏又臭，村民绕道走。"陈贤彬回忆，"从上游水库放水冲污，过不了几天水面又恢复原貌。缺钱又缺人，黑臭淤泥挖不干净，效果不尽如人意。"

有难题，找河湖长。"区、乡、村设立三级河湖长，同抓共管。水利、生态环境、农业农村等部门联手，河湖长办统筹协调，督导考核，'九龙治水'变成合力治水。"夷陵区河湖长制办公室专职副主任商桑介绍说。

目前夷陵区设立36名区级河湖长、54名镇级河湖长、208名村级河湖长。

"有队伍、有资金，治理力度明显加大。"陈贤彬感受深刻。"河道得到彻底清挖整治，厕所改造基本完成，排污沟升级为污水收集管网，九成生活污水得到有效处理。"陈贤彬说，"棘手问题上报后，当天就有回复。"目前，墩子河水质由劣 V 类变为 III 类。

墩子河的变化，梅林村村民田圣举看在眼里："风景变好了，村里人都来河边遛弯、跳广场舞。"

在宜都市，刚刚获得全国"最美河湖卫士"的枝城镇白水港村党总支书记、村委会主任李春梅就是白水港村级河湖长。在白水港村，流传着村民对李春梅的赞美：问渠那得清如许，原是春梅在护河。

担任村级河湖长后，李春梅数年如一日投身河湖保卫工作中，用实际行动诠释着保卫河湖的初心与使命。

李春梅抓住改善白水港村水环境的机遇，从基础的巡查保洁开始，不仅每天到长江、九道河沿线查看，还安排专人每周开展一次河道集中清理，每天两次清收沿线居民的生活垃圾，确保垃圾不落地，让江岸干净整洁。

李春梅回忆，2017年前，村里4家规模生猪养殖场均位于内河边，污染排泄物直接排放到内河中，流入长江；一家养牛专业合作社位于九道河入江口，污染排泄物直接排放到长江之中。

为了关停养殖场，李春梅与镇村干部不厌其烦地入户宣传政策，耐心细致地讲解环保要求，有的户上门数十次直至签订关转协议。

"2018年，长江中华鲟保护区禁捕公告正式发布后，李春梅冲锋在前，领下军令，带领村组干部，仅用两个月时间全部按政策完成签订协议和资金发放工作。186条渔船360个渔民全部转产上岸,无一例因补偿不合理上访,30条'三无'船舶全部无偿拆解。"在村委会广场前,村民刘成志对当年李春梅的作为赞不绝口。

在白水港村,青砖黛瓦的"白水渔村陈列室"格外醒目。讲解员告诉笔者,为传承渔文化,留住渔民乡愁,2020年,李春梅四处奔波,筹资建成了"白水渔村陈列室",让上岸渔民的乡愁有了寄托。走进陈列室,渔民、渔村、渔船、渔具、渔文化五大板块层次分明,生动地还原了白水港村百年渔民生活和渔民退捕上岸后生活翻天覆地的变化。

"之前,这一带是漫天尘土的码头和年久失修的房屋,多亏李春梅四处筹款,带领乡亲在腾出来的岸线上建成了'凤栖广场''朝阳广场'两个生态节点,高标准建成长2000米的健康绿道。漫天尘土的码头变成了生机盎然的绿地,河堤内外成为干净整洁的停车场,两座桥横跨窑湾河,天堑变通途。"村民们对李春梅的作为高度认可。

如今,白水港村环境越来越好,白水港村成为枝城镇最美的城中村。

在点军,村级河湖长责任重重,环保意识浓浓。"河里有鱼有虾,是我记忆中的家乡的样子。"点军区土城乡三涧溪村美不胜收,清明节期间,正在巡河的该村村支书、村级河湖长陈发富感慨不已。

点军区土城乡三涧溪村距离土城集镇13公里,村子四面环山,还有三条河流穿村而过,可谓青山环绕、绿水相依。过去,部分村民环保意识淡薄,造成污水乱排放,河道垃圾成堆。

陈发富回忆,他放弃在外地收入颇丰的工作,回到家乡当"村官"那一年,正值点军区深化河湖长制改革、对辖区长江岸线和江河湖库生态环境进行全面治理的关键时期。

在区、乡两级河长的督办下,陈发富在村民大会上郑重提出"控源截污、内源治理、生态修复"三大治水工作目标。经过一年多的努力,"河畅、水清、岸绿"的三涧溪河愈发美丽清新,吸引了众多城区居民前来游玩。

陈发富深情地说:"童年的我在三涧溪河里游泳、捉虾、搬螃蟹,这就是我想要留住的美丽家乡。"

当年,在长阳,面对拆迁,高家堰镇高家堰村村级河湖长、村党支部书记方秉荣斩钉截铁地说："为了顺利拆除河道障碍物,向我开炮!"

为了清理丹水河两岸违建,方秉荣主动站出来,要求首先拆除他家的。其实,他家的围墙并不违章,但为了起先锋模范作用,他大胆喊出"向我开炮"的豪言壮语。

方秉荣带头拆除后,又积极上门做其他村民的工作。终于,抱有观望态度的违建村民渐渐从不理解到支持,主动配合拆除。

村民朱朝荣说："方书记家是合规的,都拆了,我们还有什么好说的?虽然心疼,但是必须得拆。"

村民李孝勇说："最开始确实想不通,但是方书记多次上门做工作,我们的思想也慢慢通了,拆是为了我们大家将来发展得更好。"

用向自己"开刀"说服人,用真情工作感召人,经过积极努力,在方秉荣的带领下,丹水高家堰村段共9处涉河违建设施提前完成拆除任务。

涉河违建设施拆除之后,为更好地管护丹水河,方秉荣还在村里聘请了8名村民河湖长,每天对丹水河进行巡查管护。"我们要让丹水河清水长流。"方秉荣满怀憧憬。

民间河湖长 点燃河湖治理"星星之火"

为进一步推动河湖长制从"有名"到"有实",完善社会共治共享机制,2019年10月,市河湖长制办公室决定聘任阮赛鹏等64名同志为15条市级河湖长领衔河流的民间河湖长,聘期2年。

"这是宜昌市首批被政府聘任的民间河湖长。其实,在被聘任之前,这些民间人士早已在默默地保护母亲河!"向清炳对这些民间河湖长充满敬意。

"家乡的沮河病了,而且病得不轻。我看在眼里,痛在心里。"被沮河抚育长大的陈光文一直在尝试为远安的河流做些什么。

2016年,远安生态治理工程首推河湖长制,他主动请缨担任民间总河湖长,获准后,他又公开招聘了11位民间河湖长,与官方河湖长一起负责巡查境内33条大小河流。

7个乡镇、102个建制村、33条大小河沟、5000公里的山沟沟,每年,陈光文都要用脚丈量。

河道有没有漂浮物，有没有非法排污口，有没有破坏河堤的现象，水质是否变差，有没有乱砍滥伐、非法采砂……这些都是巡查重点。一旦有情况，就立刻拍照取证，迅速向相关部门反映。

每次巡河，民间河湖长李明都会记下详细的数据：时间、次数、乡镇村组、河流河段、存在的问题、整改的情况等。

每周巡河一次，每月上交台账，每月一次民间河湖长和官方河湖长联合行动。李明说："像小时候温习功课一样，每天睡觉前，我都会在脑海里过一过：哪块儿水质没达标，哪里沉淀过滤池停摆，大雨后哪段河堤塌方……"

为做公益和保护河流生态，陈光文创办了"远安论坛"，在民间宣传河道保护，吸引近10万粉丝。"论坛不仅仅是我们团结粉丝、招募志愿者的有效途径，更是曝光生态环境破坏者最好的平台。"每次巡河发现问题，陈光文都把帖子发在论坛上。

远安民间河湖长携手11家责任单位联合巡河护水，在论坛开设"巡河曝光台账"栏目，进行系列报道。据不完全统计，几年来，他们共发现43个建制村70处河道存在的问题，整理汇总民间河湖长巡河记录资料近1300页，发帖近万条。

为了让更多人理解并且参与河流生态保护，民间河湖长进农村、进社区、进校园、进企业，自费发放宣传单5万余份。

他们建立村级巡河微信群，将全县村级巡河人员邀请进群，不会发帖的巡河人员可将巡河情况实时发布到群里，由专人整理汇总、代为发帖，把巡河护河置于公众监督之下。

在秭归，普通市民陈晓刚积极投身爱河护河公益行动，带动身边更多人参与其中，将民间河湖长做得有声有色。

陈晓刚有三重身份。第一重身份是县第一实验小学安保队队长。每个周末护送最后一批学生离校后，他便回家换上"黄马褂"，拿上工具，步行到茅坪河，化身民间河湖长——他的第二重身份。他说："把河道上的垃圾捡起来，保护环境。"

2020年，陈晓刚主动向水利部门申请担任民间河湖长，负责茅坪河陈家冲段的护河工作。每周要巡查河道，捡拾垃圾，查看河道环境是否整洁、河面有无漂浮物，是否存在污水乱排、垃圾乱倒等现象，对发现的破坏河道生态环境的行为要及时制止或上报，同时还要当好河湖政策宣讲员。

　　几年来,他用脚步丈量河湖,用心呵护河湖水环境:"巡河要仔细认真,水里、岸边、排水口……每个地方都不能放过。申请成为民间河湖长,我希望用行动带动更多的老百姓一起爱护我们的环境。"

　　个人的力量总是有限的。陈晓刚还积极利用自己的第三重身份——县志愿者协会副会长,每逢周末便组织大家开展关爱困难群众、生态环保等志愿服务活动,其中洁河护河始终是活动的重点:"用这样的资源带动更多的人来保护环境,让我们的母亲河水清岸绿。人多力量大,我们坚持每月至少开展一次洁河活动,参加活动的志愿者有机关单位职工、企业高管,还有小朋友。"

　　10岁的周龙雨坚持志愿洁河两年多,被评为"宜昌市新时代好少年"。他说:"一旦有活动,我就带着我的妈妈一起参加。去过江边,去过木鱼岛,去过陈家冲和许多大大小小的河流。"

　　志愿者王群说:"我被晓刚多年来坚持志愿服务活动的精神感动,所以愿意跟他一起来参与我们的洁河活动,我也带动了身边很多的朋友一起来参与志愿服务活动,一起保护母亲河。"

民间河湖长巡河时拾捡垃圾(陈维光 提供)

陈晓刚以自己的行动带动了成百上千的市民参与爱河护河公益行动。在秭归,像陈晓刚这样行走在基层的民间河湖长还有很多。2020年以来,县河湖长制办公室累计聘任了69名有责任心的社会人士担任民间河湖长,织牢生态保护网。

李美峰,兴山县昭君镇小河社区的一名居民,在河边居住了近40年,对河库有着深厚的感情。在自愿申报成为耿家河民间河湖长后,他默默无闻地付出着。耿家河周边常住人口达3000多,由此产生的所有垃圾、生活污水影响着耿家河的水质。每次来到河边,李美峰都一边积极采取措施协助处理问题,一边用手机拍摄视频加强正能量宣传,引导社区居民爱河、护河,赢得了大家的支持和赞誉。

如今行走在耿家河边,看到的是河畅、水清、岸绿的美景。

为进一步推动河湖长制"有名""有实""有能",完善社会共治机制,近年来,兴山采取个人申报、基层推荐、择优选聘的方式,选聘了一批热心环保公益事业、富有志愿服务精神的民间河湖长。

目前,兴山选聘的市级民间河湖长3名,县级民间河湖长13名,他们在全县河库巡查的最前沿,为守护全县的绿水青山而默默地付出着。

"宜昌市有300多条河流和400多个水库,有聘书的民间河湖长数量远远不够。但是,没有聘书的河湖长不计其数。像三峡蚁工、稻草圈圈、长江哨兵、河小青等公益组织,像一张巨大的网,联结几万市民,定期开展巡河巡江活动,保护母亲河……"宜昌市水利和湖泊局副局长、原黄柏河流域管理局局长杨森茂对民间自发组织起来保护宜昌河流湖泊的行为赞叹不已。

提档升级 河湖长制"突破"成常态

锐意进取、开拓创新,是宜昌河湖长制屡获"突破"的第一法宝。

河湖泊流域往往是跨区域的,涉及多个地区,即使在同一区域,也涉及多个管辖部门,在日常管理中,难免产生不便。

"治理河湖,一定要有法律来规范各地行为,也要有一个高效的执法机构来执行。"宜昌市河湖长制办公室主任余建国分析说。

他说,河湖治理要打破传统的利益格局,为了充分发挥地方和企业积极性,调动广大市民参与,也需要不断进行制度创新。同样,河湖治理实践是复杂的系统工程,少不了科技创新。

勇于打破传统，惯用改革创新，宜昌不断探索，多次在全省率先"突破"。

2016年，宜昌在全省率先颁布流域保护条例——《宜昌市黄柏河流域保护条例》，治水、管水、用水从此有法可依。这一条例的颁布，也意味着以地方立法、综合执法、水质约法为核心的河湖治理长效机制正式确立。

打破行政区划、部门分工，经省政府授权，宜昌成立湖北省首个流域综合执法机构——宜昌市黄柏河流域水资源保护综合执法局（以下简称综合执法局），集中行使水利、环保、农业、渔业、海事等6项行政监督检查、96项行政处罚、14项行政强制职能，跳出了"九龙治水，水不治"的怪圈，执法效率大大提升。

黄柏河流域综合执法支队黄柏河大队队长邹良介绍，甩开膀子，综合执法局基层执法人员"守在河边、一线执法、现场管控"，实行"网格化"执法监管，开展磷矿企业普查，设置水质监测断面，在工矿企业相对集中的夷陵区樟村坪镇、远安县嫘祖镇设立执法点，及时发现、处置各类违法违规行为。

深化"环保+公安"执法改革，宜昌河湖长和警长密切配合，综合执法，212名河湖长、警长共破获涉水案件190余起。

机制创新，可以达到事半功倍的效果。

"党政合力、联动协调、机制顺畅，可以解决很多难题，啃下很多硬骨头！"余建国介绍说。

2017年12月，宜昌市委、市政府建立黄柏河流域生态补偿机制，严格实施水质"约法"：以流域稳定达到Ⅱ类水质为目标，市财政安排1000万元补偿资金，县区缴纳1000万元保证金，实行断面水质与资金补偿、磷矿开采指标"双挂钩"，引导地方政府和企业转型升级，倒逼企业排放达标升级。

结果立竿见影，效果一目了然。一年后，夷陵区、远安县的水质达到和优于Ⅱ类水质占比均高于目标值，先前缴纳的1000万元水质保证金不仅得以返还，两地还分获了50万吨磷矿开采奖励计划及1000万元市级生态补偿资金。

常言说，靠山吃山，靠水吃水。河湖附近的农民靠水吃饭，可谓天经地义。可是，过去由于过度捕捞，加上围网养殖，大大破坏了生态。

"十年禁渔"后，宜昌境内成千上万世世代代靠打渔为生的渔民必须"上岸"，曾经投资的网箱一夜之间要拆除，这些渔民的生计怎么办？这是摆在各级河湖长面前的"拦路虎"！

"机制创新,只有机制创新,才能彻底解决渔民上岸、网箱拆除的难题!"谈及宜昌的机制创新,余建国颇感自豪!

通过政府补偿、企业招聘、渔民自主创业等路径,宜昌几千上岸渔民的生计问题解决了。"有了稳定的工作和收入,大家安居乐业,心情舒畅,自然就支持生态保护了!"上岸渔民张德光笑称。

"别了,养育我15年的清江,为了你的美丽,主人把我送到了别的地方。

"临别,我要为你歌唱。

"虽然远离故乡,我会把对你的思念永远珍藏!"

经过400多个日日夜夜的奋斗,取缔数十万平方米网箱,500万斤鲟鱼上岸,当年清江库区宜都市红花套镇镇级河湖长李先宁写了这首诗。

他说,清江是著名的"鲟鱼之都",这里养殖的大部分是产鱼子酱的鲟鱼,一条价值上万元。因此,当时清理网箱十分困难。"如果不进行机制创新,工作就无法推进,阻力太大了!"回忆起当年挨家挨户做工作时吃闭门羹的情景,李先宁记忆犹新。

清江"断腕"取缔近8300亩养殖网箱后,在各级河湖长的协调下,不到半年,政府和养殖户一起努力,建起了大溪、天平山等3个鲟鱼养殖基地,500多万斤鲟鱼上岸,渔民在新"岗位"安心养殖。

如今,清江鲟鱼谷项目年产鱼子酱100吨,年旅游接待50万人次。

疏堵结合,机制创新,不仅保护了生态环境,也保护了渔民利益。

宜昌市历届党委、政府高度重视,河湖长制已在宜昌落地生根,开花结果。但是,保护生态环境只有进行时,永无完成时。

2022年3月23日,宜昌市委副书记、市长、市总河湖长马泽江巡查长江,督导省河湖长制办公室反馈问题整改工作。他强调,要坚决扛起共抓长江大保护的政治责任,坚持问题导向、目标导向、效果导向,坚决彻底整改,切实履职尽责,精心呵护一江清水向东流,着力构建高质量三峡生态屏障。

驻足三宁公司综合码头,马泽江眺望滚滚江水,仔细询问实时流量、断面水质,详细了解码头整治、崩岸治理、岸线修复等情况。他强调,要牢固树立生态优先、绿色发展理念,围绕水资源保护、水污染防治、水环境治理、水生态修复、河道岸线管理等重点,推深做实河湖长制各项工作,努力让水更清、岸更绿、景更美。

科技支撑 河湖治理如虎添翼

"科技支撑让污染治理如虎添翼。依托三峡大学成立湖北河湖保护研究中心，宜昌成功搭建政、产、学、研一体的治水技术服务平台。"杨森茂介绍。

三峡大学刘德福教授团队研究出的"GCR淡水生态修复技术"，又称"黑臭水体气相协同原位生态修复技术"，主要针对基本实现外源性污染拦截的、低流速的河、湖、库等黑臭水体，以不同性质的水、气等无毒物质为催化剂，通过专用设备改变水体物理、化学等分层特性，加速底泥及水体中污染物质迁移转化过程，达到水体降氨、除磷、控藻、清水等净化之目的。在水体透明度达到一定标准之后按健康水生态系统的要求人为恢复水生态系统。

宜昌市水利和湖泊局与三峡大学首期达成框架协议，出资800余万元，以枝江陶家湖等为实验基地，进行"治湖""治磷"，有效化解生态危机。

为了达到全天候无死角监控河湖流域的目的，宜昌筹资4895万元资金启动建设"水利小脑"，助推河湖长制智能化；投资1650万元，布设长江流域电子监控，统筹禁捕禁采、灾害防御和河湖监管。

在宜昌市渔政监察支队监控大厅长江流域电子监控屏上，江边10公里外一位垂钓者的样貌清晰可辨。该支队队长何广文自信地说："有了这个'千里眼'，江岸上任何违法行为都无所遁形！"

（撰稿：陈维光）

治好黑臭水　擦亮城市"一汪秋波"

2022年8月23日，晚霞如火映红天，家住宜昌城区夜明珠街道西湖路的陈建忠先生带着4岁的外孙来到家门口的沙河公园玩耍。小家伙出生在南京，今年暑假，他第一次跟妈妈回宜昌。来了不到一周，孩子每天晚饭后都嚷着要去沙河公园玩。"外公，那里有音乐喷泉、滑滑梯、沙坑、攀岩，还有好多鸟儿在戏水，我都不知道它们的名字……"

"乖乖，我们宜昌好吧？河里有野鸭、白鹭……你在其他城市很难见到它们。"陈建忠自豪地说。彩色喷泉如梦如幻，河水碧绿澄净，水鸟逐波嬉戏，绿植相映成趣……盛夏八月，踱步沙河公园，迷人的夏日图景扑面而来。

沙河，是宜昌中心城区的"一汪秋波"，但也曾是市民心中的一道伤疤。前些年，沙河流域河道淤积严重，水体黑臭恶化，水域大面积被水葫芦覆盖，周边污水、废水、生活垃圾的倾倒使河水发黑、散发恶臭，流域内生态环境功能明显下降，沙河一度成为远近闻名的"龙须沟"。治理沙河，成为市委、市政府亟待解决的难题。

在宜昌市住建局的牵头推进下，2017年1月，宜昌沙河综合开发PPP（政府和社会资本合作）项目合同签署，湖北省第一个黑臭水体治理PPP项目正式落地。

与此同时，宜昌城区11条黑臭水体、187公里河流的综合整治全面启动。截至2020年，上述水体完成河面无大面积漂浮物、河岸无垃圾、沿河无违法排污口的"三无"治理目标。如今，卷桥河、柏临河、宜昌运河、黄柏河等11条河流已消除黑臭，宜昌城区水环境得到较大改善，公众满意率在90%以上。

上下齐心，宜昌以滚石上山的勇气，打赢了城市黑臭水体攻坚战。

2022年5月，无人机航拍的宜昌市西陵区沙河公园一角（黄翔 摄）

徒步丈量　摸清家底

2022年9月13日，秋风送爽，宜昌城区东方花园小区居民刘超先生在运河边散步，他指着河边不远处的一个井盖对笔者说："几年前，这里是个污水排放口，每到夏天，臭气熏天，苍蝇乱飞，走路都要绕道。几年工夫，运河就变成流水潺潺、大人小孩散步游玩的乐园。"

运河发源夷陵区汤渡河水库，流经夷陵区、西陵区、高新区、伍家岗区，在沿江大道与港窑路交叉口的东南部注入长江。2016年，全国黑臭水体平台显示其黑臭水体等级为重度黑臭。

运河变黑变臭的原因在于，沿岸居民的生活污水直排入河，合流制区域存在管道雨季溢流问题；河岸边、河道内存在许多人为丢弃倾倒的垃圾和河面漂浮物，河道内淤积严重，造成黑臭。

"河岸边、河道内人为丢弃倾倒的垃圾和河面漂浮物、河道淤积，这些都可以

135

碧水荡漾的宜昌运河公园(黄翔 摄)

一次性解决，后期加强管理，一般不会出现反弹。最头痛的还是污水排入问题。因为解决这个问题就要在运河沿途修建污水管道和污水处理设施，无疑需要一大笔费用！"谈及污水截流和雨污分离的难度，市住建局相关负责人非常头疼。

为了摸清宜昌运河高新区段的排污口和污染源，宜昌高新区有关部门在从梅子垭水库到宜昌市图书馆出口的区域进行拉网式排查，建立台账。

"哪里有排污口，什么地方垃圾比较集中，何处有建筑垃圾，哪一段淤泥比较多，还有哪些违章建筑，附近有没有养殖场，农村生活污水如何处理……我们一一登记造册，挂图作战。"宜昌市高新区党工委委员、管委会副主任雷迅介绍说。

谈及污水管网建设，时任宜昌市住建局公用产业管理科科长孙超如数家珍：对碧水林荫小区1个排口、东方花园小区对面2个排口进行截污纳管整治，新建污水支管262米；对东方小区及经鑫苑小区2个排污口进行截污纳管整治，新建污水支管网总长度100.55米；对韦家嘴电站2个排口进行截污纳管整治，新建污水支管网350.5米；将万寿桥加油站混排口和图书馆侧背后混排口截流污水提升后引入亚栈路主管网，新建污水泵站1座，新建运河截污管网480米。

此外，对北苑街办对面农家乐排口、实验小学围墙外排口、运河名都处主管网检查井排口等因设施破损、污水错接导致的污水直排口，以清疏、修复、封堵等措施予以治理。

宜昌运河污水治理是宜昌市11条黑臭水体治理的一个缩影，"不等，不拖，迅速行动"。2016年7月，宜昌市人民政府制定印发了《宜昌城区黑臭水体整治工作实施方案》（以下简称《方案》），成立宜昌市黑臭水体整治工作领导小组，分管副市长任组长，市发改委、市财政局、市住建委、市环保局等11个部门和夷陵区、西陵区、伍家岗区、点军区、猇亭区政府以及宜昌高新区管委会等有关部门主要负责人为成员，负责黑臭水体整治的统筹、协调和指导。时任宜昌市住建局城建科副科长孙超说，宜昌治理城市黑臭水体之所以成效好，是因为宜昌行动快，果断坚决，不折不扣执行《方案》。

2017年，据宜昌市住建委不完全统计，城区水环境综合治理工作领导小组及其办公室采用"一线工作法"，对11条河流采用徒步方式全线实地踏勘，共排查整治问题802个，编印《城区黑臭水体整治突出问题汇编图册》，对发现的问题实行黑臭水体整治任务清单化、动态化管理。

"2017年，宜昌市城市黑臭水体治理爬坡过坎之际，宜昌市委、市政府主要领导多次专题研究城区不达标河流水体治理工作，并明确要求根据城市建设实际和未来发展需求，按照先地下后地上、先截污后治污、先功能后景观、先源头后中心城区、先建设地下管涵后建设护坡绿化、先建主管网后建支线管网、先治理点源污染后治理面源污染、先治理人口稠密河段后治理周边区域的原则，进一步修改完善治理方案，实施截污、清污、减污、控污、治污工程，努力实现河畅、水清、岸绿、景美的目标。"孙超笑着说，"高位推进，是我们的制胜法宝。"

部门联动　合力攻坚

"有了《城区黑臭水体整治突出问题汇编图册》，就要任务到人，责任到位，组建集团军合力攻坚！"时任宜昌市住建委党组书记、主任张毅说。

接下来，宜昌市建立了"区级月巡查、市直季核查"工作机制，形成问题清单定期交办、销号；生态环境部门按期开展黑臭水体水质监测工作；水利部门将11条黑臭水体纳入全市河湖长制实施范围，河湖长均覆盖到村级，明确职责分工；

城管部门将黑臭水体沿岸垃圾清理等工作纳入对各区城管部门的督办考核内容，按照交办问题清单督促各区整改；畜牧部门划定并公布禁养区、限养区范围，对畜禽养殖场的关停或粪污治理工作进行指导督促。

为了做到河清、岸洁，猇亭区政府把河库清障保洁长效管理纳入区级目标考核内容，印发了《河库清障保洁实施方案》和《河库清障保洁长效管理考核办法》，河道清障保洁覆盖率达到100%。

伍家岗区政府出台《环保巡查责任管理考核办法》，每村（社区）落实至少1名环保专职巡查员，政府予以每人每年1万元的工作经费补贴……

为了防止畜牧业对河道造成污染，宜昌市对整治河道两岸的畜牧业也毫不手软，态度坚决。

夷陵区分乡镇是养殖大镇，因其位于黄柏河流域中上游，肩负着保护黄柏河的重任，对沿河畜牧业进行"关转"刻不容缓。分乡镇政府相关负责人介绍说，宜昌高日岭畜禽养殖专业合作社是分乡镇拆除的第一家养殖业合作社。该合作

治理后的黄柏河，水清岸绿（张国荣 摄）

社共有3栋猪舍,紧挨着猪舍有一处200余平方米的污水池,养殖场效益最好的时候年出栏800余头。该养殖场位于尚家河水库库尾,一旦水库受到污染,将直接影响宜昌城区居民的饮用水安全。最终,该养殖场被坚决拆除。

据统计,截至2022年,宜昌关闭或治理11条黑臭水体沿岸畜禽养殖场557处,河流沿线禁养区范围内养殖污染得到有效治理。

除了沿岸垃圾和养殖业面源污染,沿河淤泥也是产生黑臭水体的根源之一。为此,宜昌市花大力气进行了清淤。

沙河公园是湖北省首个黑臭水体治理PPP项目,由宜昌市住建局牵头实施,其建设采取"4.5+7"模式,即用四至五年时间,采取清淤、清漂、截污、引水、造景、扩容提标污水处理厂等措施完成综合整治;再经过7年综合开发,将沙河片区打造成集海绵城市建设、黑臭水体整治、棚户区改造于一体的综合示范区。

中交二航局沙河PPP项目负责人万淳告诉笔者,沙河是一潭死水,淤泥与附近垃圾"同流合污",最深的达10米。

沙河、运河完成河道清淤18.8万立方米,其他9条河流、40.4公里重点河道清淤超过30万立方米,有效降低黑臭水体内源污染负荷。

截污管网　雨水分流

2022年8月的宜昌,天气之酷热多年未见,却依然阻止不了宜昌市主城区污水厂网、生态水网共建项目一期PPP工程的火热建设。

在猇亭污水处理厂扩建项目工地上,工程车进进出出,起重机上上下下,一片繁忙景象。

"细格栅及曝气沉砂池细格栅、调节池、水解酸化池、A^2/O生物池、MBR膜池及设备间、接触消毒池、辅助建筑物等土建部分已基本完成,正在进行装饰装修及管道铺设、设备安装。该项目是对猇亭区污水处理能力的提档升级。"项目现场负责人陈朝政说。

据了解,相比原厂,扩建后的污水处理厂日处理规模更大,从4万立方米增加到了8万立方米;出水水质更稳定,采取的"A^2/O+MBR"处理工艺不仅占地面积小,还能稳定达到《城镇污水处理厂污染物排放标准》一级A标准。项目建成投产后,将缓解原污水处理厂的压力,改善区域水环境。

"前期，我们新建了雨水箱涵、污水管网、电力通信综合管廊等地下工程，已经完工。"项目现场负责人王虎介绍说。

"这些都是'两网共建'项目一期PPP工程中的子项目。"三峡碧水水环境综合治理有限责任公司党委书记肖莉告诉笔者，该PPP工程包含一体化治理工业企业、污水管网、长江岸线、生态湿地等10个子项目，总投资约9.6亿元，由三峡集团牵头建设，建设工期32个月。

按照"一水一策"整治工作方案，控源截污、内源治理工程已完成。宜昌新建截污管网124.21公里(其中主管网85.8公里)，配套建设一体化提升泵站6座，将131个排污口的污水收集进市政管网，由污水处理厂集中处理后达标排放；新建微动力污水处理站5座、一体化处理设备15座，对暂未建设截污管网的支流沿线农村分散居民生活污水收集后就地集中处理，达到一级A标准后排放。

2022年8月13日，点军区卷桥河湿地公园项目建设工地，工人正在施工。相关作业单位采取早上提前上岗、下午延后上岗的方式，让工人在高温时段休息避暑。

现场负责施工的宜昌市园林中心工作人员介绍说，为了赶上9月份对外开放，工人们在冒酷暑作战。

卷桥河经过彻底清淤、除浮和截污后，依旧沿着原有的路径流淌，河道公园形成的300米超宽间距，生长的1500种珍稀植物被全部保留。建设者融入了生产、生活、生态三大理念，将自然山体、阳光草坪、清水草滩、金色沙滩、芒草湿地、溪谷密林等有机融合；将20公里的公园绿道串联全园，并连接其他城市绿道，让市民一直行走在绿意里。

附近居民陈波感慨道："改造前，这里可是个臭水沟，如今，公园融入自然风光，山水回归家中，瞰一江碧水东流。每天，这里游人如织，处处绽放着笑容，已成为市民和游客新的'打卡'地。"

如今，点军区已形成"一轴连三区，一水串多园"的格局，与磨基山公园、奥体公园一起组成万亩城市永久绿地。

提档升级　生态修复

经过三年攻坚行动，宜昌市城市黑臭水体治理的效果到底怎么样？老百姓说了算。

2020年,按照国家整治效果评估要求,宜昌市开展了整治效果评估工作,第三方调查人员通过入户调查和随访答卷的形式进行调查,统计结果是公众评议满意率分别在90%和95%以上。

治理后的水体水质好不好,科学数据有说服力。

2019年、2020年,宜昌市连续两年聘请荆门市环境监测站对运河上中下游的水质(透明度、溶解氧、氧化还原电位、氨氮等指标)进行检查,结果全部无黑臭,部分水质达到Ⅱ类标准。

根据湖北省住建厅、生态环境厅2018年开展的黑臭水体专项督察通报,宜昌城区11条共187公里的黑臭水体已实现基本消除黑臭的治理目标。

2020年9月,湖北省生态环境厅、住建厅印发《2020年度城市黑臭水体技术帮扶反馈意见的函》,认定宜昌市11条黑臭水体均已完成整治,消除黑臭。

河面无大面积漂浮物、河岸无垃圾、无非法排污口的"三无",只是宜昌治理城市黑臭水的最低要求。为了提级增效,宜昌市委托第三方专业机构编制完成《宜昌市城区运河等11条河流水体整治提升总体方案》和《宜昌市城市黑臭水体治理技术导则》,在既有工作基础上,系统谋划后续提升项目,进一步提升治水成效。

不惜斥巨资,让水清、岸绿和景美。宜昌市先后实施运河郭家湾四组渣土清运、降坡和复绿工程、沙河求索溪生态补水工程(180万立方米/年)、云池河护坡砌筑及景观工程、牌坊河李家台段河道整治和岸坡治理、柏临河共联村段人字头山体生态修复工程、鄂家河河道综合整治等9个生态修复工程,累计完成投资达2.78亿元。

为改善黄柏河流域生态环境,投入拆迁经费1.02亿元,完成黄柏河沿岸弘洋公司码头、建业矿产品公司码头、盛源码头装卸队码头、统帅商贸、华通房地产有限公司、夷陵区小溪塔港湾装卸队、金银堆装卸码头、华亿商贸有限公司码头、宜昌平湖港埠有限公司、宜昌市夷陵区宏刚货场、宜昌万达港口装卸队等16家码头的关闭拆除工作。

对沿河道路、绿化带、居民区按海绵城市建设要求进行改造,建设下沉式雨水收集处理设施,开展雨水资源化利用,减少初期雨水对黄柏河的污染,修建河中湿地及生态护坡,加强河流自身净化功能。

初秋时节,从夷陵区小溪塔大桥至蔡家河大桥,黄柏河沿岸的垂柳、海棠、月季、香樟、丛竹等植物扮靓了滨水生态廊道。

夷陵区经发集团黄柏河湿地施工负责人史凯文介绍,黄柏河湿地保护权衡了防洪线和生态保护红线的关系,大量种植了葱兰、大花仙草等木本物种。

据介绍,在治理中,黄柏河沿岸的植被树木最大限度地进行了原样保留,再添植了包括石楠、银杏、栾树、沙朴、蜡梅、淡竹等树种,新种植的乔木、灌木达57种3600多棵,栽植下去就造就了一片森林。在下坪村,利用黄柏河湿地水资源丰富、洼地多等特点,以及其沼泽地优势,打造自然水塘,栽植水生植物8000平方米。

黄柏河湿地还栽植了灯芯草、波斯菊、大花美人蕉、大花金鸡菊等地被苗43种共21万平方米,5亩淡竹则是为丰富植物配比、提升品质而添置的。正是这些搭配,使黄柏河湿地成为市民喜爱的"打卡"摄影地。

为方便市民休闲游乐,黄柏河湿地建设了长达1.2公里的空中廊道,可以鸟瞰河水和水生植物,在下游蔡家河湿地段安装了800米的空中栈道,还建设了3.5公里的不积水生态廊道和200米夜光石跑道。

黄柏河湿地内的水塘以前属于采砂遗留的坑塘,采用溪滩石堆砌驳岸,内用松木桩固土,再引用运河的泄洪渠补水,种植水生植物,完成生态循环。

目前,已有百余只白鹭、60多只野鸭等栖息在黄柏河。

（撰稿：陈维光）

铁腕整治　沿江码头"华丽变身"

"看到了，看到了，还是一家三口！"2022年7月30日清晨，宜昌滨江公园伍家岗区王家河段，江豚观景平台响起了阵阵欢呼声。原来，在这里晨练的市民看到江豚一家三口在江心吹浪戏水，不禁欢呼雀跃！

改造前，这里是大名鼎鼎的王家河油库码头，巅峰期为宜昌、神农架林区、恩施部分地区供应成品油，年吞吐量110万吨。63年来，它存在于宜昌几代人的集体记忆中！

改造后的伍家岗区王家河段江豚观景平台(吴延陵 摄)

2014年，宜昌正式出台《宜昌市长江干线及支流岸线整治方案》；2015年，宜昌以主城区滨江岸线整治为突破口，在全省率先启动码头治理工作；2016年，宜昌全面启动全市全流域非法码头集中整治行动，全力破解长江岸线乱象顽疾。

近年来，宜昌市深入贯彻落实习近平总书记视察湖北重要讲话精神，牢记习近平总书记的殷殷嘱托，坚持把修复长江生态环境摆在压倒性位置，全面推进码头拆除整治工作，迄今累计取缔非法码头216个，恢复岸线39公里，复绿1213亩……退岸于民，还绿于民，昔日的"光灰"世界蝶变成"光明"岸线。

取缔拆除　码头减少三分之二

宜昌市地处长江中上游接合部，共有通航里程678公里，岸线资源1352公里。优良的岸线资源、高速发展的经济，催生出一大批码头设施，也使"小弱多散"成为行业痛点。

在宜都市枝城镇居民陈鹏的记忆里，晴天一身灰，雨天一身泥，风吹沙飞无鸟影，沿江码头成"光灰"世界！

据统计，截至2015年，宜昌建有各类码头泊位426个，占用岸线77公里，完成吞吐量8163万吨。每百米平均年吞吐量仅10.6万吨，岸线使用效率较低。同时，不少非法砂石场无序经营，侵占了通航航道，蚕食了长江岸线。

有人说，非法码头就像是长江肌体上的"牛皮癣"。"由于涉及利益主体众多，每取缔一个都是与非法利益链的激烈碰撞。涉河管理部门众多，岸线管理相关法规不健全，缺乏岸线退出机制。"宜昌市三峡枢纽港管委会综合部部长、市治理非法码头联席会议办公室主任黄鸿分析道。

拆除整治码头，集约利用岸线资源，保护修复长江生态，还市民水清岸绿的江岸，刻不容缓。

为形成整治合力，湖北省早在2016年就建立了治理长江干线非法码头联席会议机制。2018年6月，为打好长江大保护十大标志性战役，湖北省政府成立湖北长江干线非法码头专项整治战役指挥部，由湖北省交通运输厅厅长任指挥长，协调发改、水利、环保、林业、航务管理等10余个部门开展整治工作。

领导重视，高位推进。时任宜昌市委书记周霁、市长张家胜亲自带头调研督办，分管市领导坚持定期调度。市委、市政府督查室组成专项工作组，实行"全市各地每周督办、重点区域每日督办"。宜昌市委将整治工作成效纳入干部考察任用的重要内容,强化干部履职尽责,倒逼工作落实。

周霁在夷陵区督办非法码头整治时曾指出,全面做好非法码头、无序码头整治,是宜昌深入推进长江大保护、打造保护修复长江生态环境"升级版"的重要举措。

统一领导,压实责任。成立由市长张家胜挂帅,副市长为副组长,相关县市区政府和市直部门主要领导共同组成的全市非法码头治理工作领导小组。按照"政府主导、属地负责"的原则,进一步明确责任分工,将整治工作内容纳入各县市区政府年度目标考核。

建立由市直有关职能部门、沿江各县市区政府、中央直属和省直属在宜单位组成的非法码头治理工作联席会议制度,形成统一指挥、密切配合的强大合力。

部门联动,重拳出击。充分调动港航、海事、公安、环保、城管、水利、国土、商务等部门的执法力量,大力开展综合执法。

宜昌市纪委、市检察院对全市所有的非法码头进行明察暗访,对履职不力、不作为,整治不到位、乱作为的相关人员严肃追责,对充当保护伞、入干股、利益勾结的相关责任人坚决予以查处,斩断非法砂石码头利益链。

宜昌市联席办充分发挥成员单位力量,组织联合暗访组3年开展明察暗访10余次,采取乘船拍摄、航拍、陆地拍摄等方式对全市码头督查中发现的问题制作短片,全面曝光,严肃通报,限期整改。

依法行政,邀请知名律师做法律顾问,从制定整治方案、征收补偿办法,到下达执法文书、签订补偿协议等,法律顾问全程介入,确保执法、征收等流程合法合规,治理全过程无人员上访。

保护长江,舍我其谁? 守在"两坝一峡"之间,宜昌展示长江大保护的担当使命,不断自我加压,提高标准和范围。

2016年,湖北省政府文件指出,治理非法码头的工作对象是全省长江干线未取得港口生产经营许可证或不符合规划的非法码头。按照省政府有关文件精神,宜昌将治理区域由长江干线延伸到清江、香溪河,将治理范围由非法砂石码头延伸到污染严重、不符合环保要求的问题码头,将治理目标由整治非法码头延伸到港口资源整合、长江岸线生态修复。

护江答卷
——长江大保护的"宜昌范式"

在强大的舆论宣传和政府优惠政策的感召下,很多码头业主主动拆除设施设备及违法建筑,实现和谐整治、阳光取缔。

在坚持依法治理的同时,宜昌市实行人性化操作,积极帮助取缔码头业主寻找出路、销售砂石,大量的纠纷和矛盾被化解在萌芽阶段,有效维护了社会稳定。

多管齐下,经过三年行动计划,全市已取缔、拆除码头216个,其中长江干线184个,支流32个,码头数量减少三分之二,岸线资源集约利用水平明显提高。

矢量管理 打造绿色亲水生活

成绩来之不易。如何建立长效机制?

为巩固非法码头治理成果,防止已取缔非法码头"死灰复燃",宜昌市贯彻"四个到位",确保设施设备拆除到位、现场清理到位、防反弹措施到位、植树复绿到位。

为杜绝新增非法码头,全市建立健全了公开公示、有奖举报、日常巡查、视频监控、综合执法、挂牌领责等长效管理制度。

公开公示,社会监督。在《三峡日报》等平台公示已取缔码头名单,在取缔码头现场设立公告牌,公开公示港口码头名称、企业、法人、审批单位、监管单位及责任人、举报联系方式等,增加整治工作的透明度,扩大社会知晓面,主动接受社会监督。

2022年7月30日,笔者在黄柏河湿地公园看到,一个醒目的"非法码头"监管责任公示牌竖立在黄柏河岸边,监管单位、监管责任人、监督举报电话等一目了然。

落实主体责任,加强日常巡查。对日常巡查中发现的问题及时下发督办通知,进一步压实主体责任,做到任务明确、责任清晰、分工细化、安排有序。

联合监管"双名单"。将取得《港口经营许可证》的码头名单和已取缔的非法码头名单函告长江海事和水路综合执法支队等部门,加强信息沟通,强化联合监管。

与此同时,宜昌还创新科技手段,探索"智慧港口"建设,防止码头污染反弹。

开展市域岸线普查,集成大数据资源,对全市长江岸线、港区、码头、泊位等开发利用情况和港口规划布局情况进行信息化管理。2019年1月,宜昌长江岸线资源信息系统正式上线。

"互联网+视频监控"等新型技术手段运用到防控领域后，以中心城区、危化码头、已取缔非法码头为重点，加装了视频监控，开发了手机APP移动监控系统，实现市县两级24小时联动，岸线码头管控全覆盖。

在长江海事局监控大厅，工作人员介绍说，目前，宜昌市港口作业全部加装了视频监控系统，可实时监控，实现24小时全天候实时监控全覆盖。

随后，工作人员将监控切换到一个正在作业的港口，作业现场一目了然，任何违规行为难逃法眼。

疏堵相结合。在取缔非法采砂码头的同时，宜昌就着手建设砂石集并中心。截至2022年6月，6家砂石集并中心已建成并投入营运(秭归佳鑫砂石集并中心、秭归郭家坝砂石集并中心、枝江马家店滕家河砂石集并中心、猇亭红联砂石集并中心、宜都航发砂石集并中心、白洋港砂石集并中心)。另外，还有4家正在加紧建设，2家已开展前期工作，进展顺利。

在猇亭红联砂石集并中心，宜昌砼协会会员张先生告诉笔者，以前码头多但不集中，托运砂往往要与几家码头联系。现在，一个砂石集并中心就可以满足需要，不需要到处跑。

来到枝江马家店滕家河砂石集并中心，卸砂船和运砂船并然有序，装卸砂石全部使用传送带，封闭运行，天上无灰尘，雨污分流，地上无污染。

附近的居民毛平介绍说，以前，码头周边混乱不堪，下雨污水横流，天晴灰尘满天，现在，走在附近，丝毫感觉不到围墙外是一个大型砂石集并中心。

为了防止砂石集并中心走以前的老路，宜昌市全面从严控制临时砂石集并中心的审批，不允许再设置新的临时砂石集并中心。对已建成的砂石集并中心进行全面巡查，手续不到位的要立即进行整改，整改不到位不得运营。

砂石码头管理不好最容易污染环境，因此，加强砂石集并中心运营过程中的监管是重中之重。"通过远程监控和实地巡查发现的达不到规范运营要求的砂石集并中心，坚决依法予以关停整顿，整改完成验收合格后方可投入运营。"黄鸿的态度非常坚决。

对经营性码头严管的同时，也不放任公务码头岸上林立。为了节约岸线资源，宜昌市在主城区开展公务码头治理试点工作，规范行政事业单位工作趸船码头，对主城港区滨江岸线整治范围内的11家公务执法码头进行迁移。

以前，江岸码头林立，整治后，整个岸线干净整洁。夜幕降临，长江夜游游轮鸣笛起航，"四桥一坝一塔一山一阁"依次点亮，夷陵古城城标天然塔美轮美奂，充满现代气息的夷陵长江大桥、一峰独高的磨基山、气势恢宏的镇江阁、万里长江第一坝葛洲坝……把宜昌一江两岸装扮得如梦如幻，让人流连忘返。

还岸于民、还绿于民，亲水的诗意生活渐渐成为主流，宜昌人民的生活越来越美好！

扮靓长江　最美岸线多点开花

2022年7月25日，时任宜昌市委书记王立主持召开市委常委会会议，传达学习省委专题会议精神，指出努力打造长江大保护典范城市是省委赋予宜昌的新目标新定位。

整治岸边环境，扮靓长江。对照省委嘱托，宜昌进一步自我加压，再提标准，以更严的要求不折不扣落实"环境整治八条"：一是场地绿化，确保实际绿化率不得低于10%；二是对进出口道路及作业区道路进行硬化；三是厂房、皮带机等作业设备要采取封闭或半封闭的方式围挡遮盖，防治扬尘污染，设置隔音屏等围挡设施控制噪声污染；四是雨污分流，设置多级砂石沉淀池，降尘废水、生活污水经多级沉淀达标后排放；五是标志统一，按照统一标准设置码头标牌。标牌应标明码头名称、经营范围、业主单位(企业)、法人姓名、监管单位、监督电话号码等信息；六是老旧趸船、浮吊及相关辅助设施应除锈、刷漆、亮化，并满足安全生产条件；七是加装岸电设施，加快推动靠港船舶使用岸电；八是砂石集并中心码头要控制存量，限制堆高，临时砂石集并中心码头要做到砂不落地、滩地不见砂堆。

通过取缔、整合，宜昌共腾退岸线39公里，种植各类树种24.98万株，生态复绿1213亩，同时对全市长江两岸实施生态修复97.6公里、13103亩。

几年来，宜昌把修复长江生态环境放在压倒性位置，全力修复长江及沿岸的生态环境，打造了一批环境优美、功能完善、布局合理的"花园式"码头，上演了一幕幕码头整治的"变形记"。

变形记之一

油库码头成为最佳江豚观赏点

2022年7月2日傍晚，宜昌市伍家岗区王家河段的江豚观景平台，江风习习，晚霞璀璨，纳凉市民正惬意地欣赏着如画江景。这里曾是鄂西地区规模最大的成品油基地王家河油库，年吞吐量达130万吨。1996年，湖北省划定长江湖北宜昌中华鲟省级自然保护区，码头所在的王家河江段是中华鲟洄游的必经之路、江豚重要的栖息地之一。

为了保护长江生态，2021年4月8日，运营了63年的王家河码头被拆除关闭。拆除前，中石化湖北宜昌石油公司积极向宜昌市政府建议，保留水泥栈桥作为"长江大保护教育基地"和"江豚生态文化节点"，做到既修复生态又教育后代。专家经过详细论证，决定保留该承接平台，在该码头打造江豚观测点，让人们观赏江豚逐浪、中华鲟洄游的自然美景。

曾在这里工作的王家河油库综合管理员王丽峰，现在时常来拍摄视频、观赏江豚。

"长江大保护是泽被后世、惠及子孙的国家战略，等不得，也拖不得。为了保护江豚和中华鲟，为了美丽的宜昌岸线，为了千秋功业——长江大保护，拆除王家河油库，感觉我们实实在在为保护母亲河做了一点贡献！"望着改装后观景平台下红红的输油管道，王丽峰颇感自豪！

昔日接卸油品，今朝观测江豚。长江岸线的变迁见证着长江大保护理念的深入人心。为让这份感受更加深刻，观景平台的建设保留了不少码头元素，但整体造型更加凸显"亲水"特质，镂空的顶棚上波浪起伏，与近在咫尺的江水相映成趣。沿着长江边的步道前行，远远看见一个乳白色建筑，从岸边伸向江面20多米；环形镂空屋顶上，两只造型逼真的江豚正"嬉戏逐浪"；步入建筑内部，环形木质座椅居中，两只高倍望远镜固定在最前端。

曾经的伍家岗区临江溪华泰砂石厂沿江岸线，复绿工程栽下的绿植迎风起舞，江滩已是绿意葱葱。傍晚时分，市民在此纳凉休闲，欣赏长江美景。曾经，临江溪一带码头云集，如今，放眼临江溪3公里重点滨江岸线，码头大多不见踪迹，取而代之的是一片新绿，曾经疲惫不堪的生产岸线，渐显岁月静好的模样。

目前，宜昌市运用"互联网＋视频监控"等新技术手段，重点在中心城区、危化码头、已取缔的非法码头等加装视频监控系统，实现24小时全天候实时监控。

2019年1月，长江岸线资源信息系统正式上线运行，这是长江第一个港口岸线资源信息系统，可实现港口资源地理坐标矢量化、岸线档案信息化、多规合一数字化，为多部门联合整治提供了统一的数据平台，也为岸线资源利用上了一把"智能锁"。

变形记之二

非法码头变身"城市客厅"

江水滔滔，船舶穿梭。杨柳婀娜，芳草萋萋。2022年8月16日，江风徐徐，漫步枝江市滨江公园，如同置身天然氧吧。骑行绿道、荧光步道、运动球场、文化广场等藏身碧树绿草间。市民三五成群，或悠闲漫步，或激烈对弈，或轻松弹唱……好不惬意！

"此前，这里是非法码头、砂石堆场和破旧厂房的聚集地。那时，我们到江边

枝江市一码头改造成的滨江公园(宜昌市生态环境局 提供)

散步,都要绕着走。走近了,苍蝇、蚊子围着你转悠,臭气熏天……"提及往事,前来散步的陈石木先生直摇头。

还绿于民,还岸于民。为了打造水清岸绿的"城市客厅",枝江市筹集资金4.5亿元,推进沿江片区拆、关、搬、改、腾退岸线,实施9公里长江岸线生态修复工程。

经过两年的艰辛努力,长约2.2公里的枝江市滨江公园示范段建成,复绿面积达20余万平方米。从空中俯瞰,长江边仿佛镶嵌了一道绿色的玉带。

据介绍,枝江市滨江公园多个基础设施建设前都经过集思广益,每个细节问计于需、问计于民,因人而建。例如,滨江公园辐射的居民小区,若年轻人居多,则建运动球场;如果老人小孩居多,则建休闲广场。

穿行滨江公园,能感受到建设者的用心——方便居民出行,管理方选择草坪与灌木搭配;增设三级亲水平台,既考虑长江汛期防洪要求,又满足市民日常戏水需求;提升绿色空间,将健康养生与生态休闲融为一体。

"走,去江边转转!"如今的滨江公园已成为枝江市民休闲的好去处,是市内最热闹的地方。

变形记之三

从"光灰世界"到姹紫嫣红

夜幕降临,华灯初上,宜都市枝城镇北门矶头滨江广场一片热闹景象,村民们三五成群,和着优美的旋律,在江边聊天、散步、夜跑、跳广场舞,尽情享受乡村"夜生活"。

曾经,枝城镇不长的黄金岸线边盘踞着25个非法码头,砂石、煤、矿等原材料在此下船,重型卡车整日来往穿梭转运,腾起的灰尘遮天蔽日。

说起以往的状况,枝城镇白水港村村民刘成奎感慨道:"以前的砂石码头,一起风就是满天的灰尘,我们晾衣服都没地方晾。环境整治后,这里的环境变好了,种上了树木,建成了公园,还修建了一条长长的林荫大道。我们早上可以晨跑,晚上也可以散步,感受鸟语花香的惬意生活,幸福指数确实提高了,内心也感到舒服。"

时任枝城镇党委书记阮晓阳介绍,2019年,长江干线枝城段生态修复城区环境综合治理项目实施。该项目采取PPP(政府和社会资本合作)模式建设,总投资

宜都市高坝洲祥印码头复绿(宜昌市生态环境局 提供)

约4.72亿元,建设内容涵盖岸线生态修复、城市节点景观道路、桥梁等八大领域。

当年9月,长江干线枝城段生态修复工程启动,宜都市以壮士断腕的决心着重开展污染治理、地被修复、水土保持、生态绿道建设等方面的工作。

临建房屋被拆除,非法码头被取缔,岸坡全部修整复绿,生态公园建成……该处摇身一变,成为当地最美长江岸线之一。

长江干线枝城段的"蝶变"只是宜都市生态修复成果的一个缩影。宜都拥有46公里长江岸线,曾林立100家砂石、散货码头,砂石漫天、尘土飞扬是岸线的真实写照。

2017年,宜都市对岸线码头全面实施拆、关、并、治、绿综合治理,总共关停、拆除非法码头74家,让砂石、散货码头大肆盘踞的局面成了"过去式"。

非法码头拆除后,宜都市腾退了11公里的长江岸线,全部进行了生态复绿,总面积达到了2040亩。另外,宜都市还通过运用山水林田湖草综合治理项目资金和吸收的社会资本,对部分临江节点进行了美化绿化改造,综合投入超过12亿元。

在政策、资金的支持下，宜都市从前的"光灰"岸线，变成了如今的亮丽风景线，重现了"春风又绿江南岸，一江清水向东流"的美景。

变形记之四

猇亭织布街换新颜

"织布街临近虎牙滩。过去，虎牙滩极为险要，过滩前，下游来船都会在这里停泊休息。猇亭区织布街纺织业发达，商贾在此活动，在元末明初形成码头群、商业区。"宜昌文史专家罗洪波回忆。时间更迭，繁华褪去，织布街古码头、江滩步道因常年失修，条石挡墙、护岸垮塌，道路不畅，污水横流，垃圾遍地，给老街居民的日常生活带来了不便。

2017年以来，猇亭分类推进岸线资源整合，推进沿江17.2公里岸线15个码头整合集并，规范提升。2018年，猇亭根据织布街江滩实际，拆除江滩古码头部分危房，整体规划全长1.3公里、面积10.3公顷的织布街片区和滨江带。

"织布街是宜昌市城区保存较好的历史古镇古街区。"宜昌市文物保护专家李克彪说，这里现存8栋明清古民居、6座明清码头遗址以及马家溪新石器文化遗址等，去年入选首批省级历史文化街区。

伴随岸线治理、生态修复，区域文物保护工作次第展开。猇亭区工业园投资开发有限公司工程部部长王新海介绍，修建污水管网时，工人把深埋地下五六十厘米的老青石板挖掘了出来，还原古老的石板路。

猇亭区在沿江步道打造织布街入口观景平台、庙河码头广场、战备码头小广场、星星乐园等景观节点。其中，在庙河码头广场增加"峡江红哨"皂角树、古牌坊、地名地雕等景点，还原历史场景，为街区注入文化内涵。

织布街居民张海告诉笔者，以前，周边环境差，别提在这儿做生意，连居民都纷纷外迁。如今，这里绿树成荫，古色古香，生意好了，不仅一些老字号作坊在陆续恢复活力，新的民宿也办得热火朝天，多亏政府进行岸线整治，还了市民一片绿色。

（撰稿：陈维光）

"绿色港航" 筑牢长江生态屏障

"我在长江跑了20多年船,从驾驶几十吨小船到现在的万吨大船,最深的感触就是江面上的垃圾看不见了,也没有油污了,两岸青山苍翠,岸边繁花似锦,清晨出船,仿佛走在连绵画卷里……"2022年8月3日,在宜昌市秭归港等候过闸的"河牛366"船主陈小华感慨道。

2018年以来,宜昌市委、市政府高度重视长江宜昌段船舶和港口污染防治工作,不遗余力打造"绿色港航"。

投资2.9亿元的长江首座智能化洗舱站——宜昌港枝江港区姚家港作业区水上洗舱站(宜昌市生态环境局 提供)

2022年8月1日，宜昌市委副书记、市长马泽江主持召开市政府常务会议。会议指出，面对新能源船舶这片蓝海市场，要先人一步、快人一拍，以建设"三基地三廊道三中心"为重点，打造"电化长江"先行示范区，争当"电化长江"的技术创造者、标准制定者、市场引领者。要借智借力，依托科研院所、头部企业、中央直属和省直属在宜单位，抓紧关键领域技术研究，加大市场推广力度，下决心推动"电化长江"起势见效。要深化与三峡集团、宁德时代等企业的合作，绘制产业招商地图，招引更多龙头型、成长型船舶制造企业，推动智能装备制造产业发展壮大。要跟进扶持政策，丰富应用场景，积极争取把"电化长江"上升为省级战略，纳入国家战略。

排管铅封　首创长江"零排放"模式

宜昌拥有长江岸线232公里，是三峡大坝和葛洲坝两大水利工程所在地，为节省航行时间、压缩航行成本，绝大多数过往行船将船舶污染物的交付地点选在宜昌。

据不完全统计，长江宜昌段每年有逾6万艘次船舶靠港停泊，50万人次船员聚集，待闸船舶日均1600艘，年过闸船舶约6万艘。按此测算，6万艘次船舶每年产生生活垃圾约4万吨、生活污水约25万吨、含油污水约6万吨。

治理船舶污染迫在眉睫，船舶污染防治成为长江大保护十大标志性战役中的关键战役，也是推进长江经济带绿色发展的基础工程。

"把长江水道建设成为环境美、生态优的绿色长廊，保证一江清水向东流，是宜昌市政府肩负的重大政治责任和特殊历史使命。"2018年4月，时任宜昌市委书记周霁在多个场合强调。

两年后的4月27日，宜昌市船舶污染防治、非法码头治理、港口岸线资源清理整顿三大专项战役指挥部迅速召开推进会，全面开启长江港口船舶"零排放"模式。

会议要求，到2020年底确保实现三大目标：400总吨及以上船舶收集或处理装置完成改造并正常运行，推进400总吨以下船舶收集或处理装置建设改造；港口接收设施全面建成并与城市公共转运处置设施有效衔接；全面完成《港口岸电布局方案》明确的五类专业化泊位改造任务。

从此，长江流域宜昌段掀起"三大"船舶改装热潮：船上必须安装垃圾及污水收集设备，对排污口必须进行"铅封"（封闭死，再打钢印封条）或"盲断"（直接拆除排污管道），安装船舶岸电接口。岸上实施"两大"战役：加快港口、锚地垃圾及污水接收设施建设，全面提速港口、锚地岸电建设全覆盖。

"长江有今天的水清岸绿，首先要感谢习近平总书记执政为民的家国情怀，把长江大保护放在压倒性位置；也要感谢各级政府和海事部门，他们不辞劳苦，以不放过每只船的决心，昼夜守候，网格化筛查，钻到舱底，对过往船舶污水直排阀和达标排放阀进行铅封……"重庆籍船长周华忠非常支持宜昌政府及海事部门为保护母亲河所采取的各项措施，2020年，他驾驶的"三通5003"成为首批铅封船。

"船上的排污口都在底舱，空间小、光线暗、环境差，每艘船铅封，海事执法人员都亲自上阵，猫着身子爬进底舱。夏天热，冬天冷，进舱后就动弹不得，操作困难，一个多小时才能封堵完毕。上来时，他们的衣服都汗湿了……"周华忠对海事执法人员的敬业精神赞叹不已。

"长江行船从无污染排放到'零排放'的历史跨越，是宜昌首创。这之前，过往船只对船上生活污水自我净化后直排长江。那时候，虽然各个江段都有海事部门执法检查，但不可能全程跟踪船只，不可能确保每只船排放的污水都达标。宜昌海事部门开动脑筋，不断创新，摸索出在船上安装污水收集箱和垃圾收集袋，再将船只排污管道铅封的方法。这样一来，船舶就无法直排污水，污水和垃圾只能等待清污船收集！"以船为家，在长江上工作了40年的"三通801"老船长罗辉祥对宜昌的创新赞不绝口。

"我常年从南京跑重庆，又是驾驶特殊船只，一年大部分时间在船上生活，美丽长江，我的家！长江清洁了，家就干净了。如果没有习近平总书记的高瞻远瞩和党中央的英明决策；如果没有海事部门的创新管理和沿江各级政府的大力支持，长江会'病'成什么样子呢？"这位四川籍老船长动情地说。

是呀！今天的长江水清岸绿，少不了长江"海事人"的昼夜兼程！2022年8月5日，宜昌海事局三级主办秦孔超介绍说，宜昌海事局自2020年开始在宜昌水域范围内探索实施船舶污染物"船上存储、交岸处理"的"零排放"模式，率先引导宜昌籍具有条件的33家航运企业166艘船舶探索性地实施污染物"零排放"。

环保人员正在检查三峡秭归环保码头上的污水抽取管道(陈维光 提供)

2021年,在宜昌辖区全力推进该模式。2022年,长江沿线全面落实船舶"零排放"宜昌模式。

他说,在实施船舶铅封的过程中为保障船舶污染物有接收点,污染物上岸后能够有效转运处置,宜昌市政府总投资7.2亿元,加快经营性码头污染物接收设施建设,在不长的时间内完成所有经营性码头船舶垃圾、生活污水、含油污水接收设施建设。截至目前,宜昌经营性码头污染物接收实现全覆盖,锚地停泊和靠港作业均能便捷有效地交付污染物。

同时,宜昌市加快建设5座污染物专用转运码头(枝江、宜都、茅坪各1座,猇亭2座),为码头、接收单位所接收的污染物提供转运服务。

2021年,长江宜昌沿线各码头、停泊区污染物接收设施和功能基本具备后,宜昌海事局率先迈出引导所有到港船舶实施污染物"零排放"的步伐,登上到港船舶对船舶排污管路进行铅封。

截至2021年底,宜昌海事局共引导2800余艘到港船舶实施"零排放",宜昌辖区水域内航行作业船舶基本实现船舶污染物"船上存储、交岸处理"既定目标。

2022年,长江海事局充分肯定宜昌海事局船舶"零排放"铅封排污管路的做法,迅速在长江沿线推广,并统一制定了具有防伪监控功能的电子铅封条。

雷厉风行!2022年5月18日,三峡海事局执法人员登上"河牛366"轮,对该轮进行船舶电子防伪铅封工作。"河牛366"轮船长陈小华说:"之前,海事执法部门人员登船检查,每次我们都要配合调取大量记录,上上下下核实船上污染物排放管路的情况,现在有了这个电子防伪铅封以后,海事部门就可以远程提前了解船舶'零排放'信息,上船一扫就知道铅封是否是有效的、真实的,大大提高效率,节约我们船上配合检查的时间。"

再接再厉,探索不止!宜昌海事局和三峡海事局在继续推动铅封条更新(替换电子铅封条)的基础上,开始登记船舶排污管路盲断工作。截至2022年上半年,宜昌籍在营运的500余艘船舶盲断率达90%。

呼"网约船" 分分钟运走垃圾污水

2022年8月4日上午10点,从重庆出发的"河牛366"号散装船停泊在秭归县仙人桥锚地,等待通过三峡船闸。船长陈小华在"船E行"APP上提交了一份污染物交付订单。船上有10余名船员,在12天的航行中产生了4立方米生活污水、1箱生活垃圾。

"出发,去第二排待检区!"行驶在锚地附近的污染物接收船"三峡环保8号"船长覃大春在"船E行"APP上接单后,循着导航指挥开船。

8分钟后,两艘船停靠在一起。生活污水通过排污泵被抽到污染物接收船上,生活垃圾被调运过来,整个过程用时9分钟。接收完毕,两位船长的手机上都收到了一张船舶污染物接收电子联单,上面清楚地标明生活污水和生活垃圾接收的时间和数量。

"以前收垃圾,要沿着锚地一艘船一艘船地去问。现在行船船主自己提交申请,我们线上接单、点对点服务,方便省事!"覃大春说。

"仙人桥锚地有8条环保船,我们除了通过'船E行'接单,还可以通过电话和船上步话机16频道接单,十分便捷。"每天,覃大春要在锚地船只间穿梭十几次,接收100多吨生活污水和垃圾。

秭归县交通运输综合执法大队副大队长胡权友告诉笔者,为节约时间、降低成本,船舶大多选择在待闸期间交付污染物。宜昌江段行船多,船舶不靠岸、停留时间长,污染物交接、转运、处置工作监管压力大。

　　除了生活污水,行船还会产生生活垃圾和含油废水,这几类污染物涉及不同的监管部门——生活污水归住建部门管,生活垃圾归城管部门管,含油废水则归环境部门管,船舶和港口本身又分别归属海事和交通部门。"污染物从哪来,到哪去了?以前,大家信息不互通,谁也说不清。"提及之前的经历,胡权友颇感无奈。

　　宜昌市交通运输局党组成员、副局长李本华介绍说,宜昌探索建立岸线管控"互联网+"模式,开发宜昌长江岸线资源信息系统,在湖北省率先实现港口档案数字化和"多规合一"可视化。国内首创船舶污染物协同治理信息系统"净小宜",受到交通运输部高度赞扬,并以"净小宜"为参照,在长江流域统一推行"船E行"。

　　三峡海事局仙人桥执法大队副队长刘好告诉笔者:为加强对船舶污水直排和污染物虚假交付行为的监管,2022年上半年,三峡海事局启动"零排放"船舶电子标签标记工作,全面推进船舶水污染物"船上储存、交岸处置"的"零排放"治理模式。

　　6月2日,仙人桥海事执法人员先后到沙湾锚地、仙人桥锚地对锚泊待闸、作业船舶开展"零排放"船舶电子标签标记工作。执法人员详细检查每只船防污文书记载、垃圾交付、"船E行"的使用等情况。随后,执法人员通过色素踪迹法对生活污水系统是否直排进行核验,深入舱底对含油污水、生活污水等船舶管系开展铅封/盲断情况现场复核,确认"零排放"后取来新式含电子芯片的铅封条对管路进行铅封,并严格按照操作规程,使用"江船零排"APP对船舶的生活污水等管系进行电子标记。

船舶污染物协同治理系统"净小宜"界面(宜昌市生态环境局 提供)

他说，通过启用具备唯一标识的电子标签实施铅封，配套使用"江船零排"APP，将有效解决过去"零排放"推广中存在的"虚假铅封""虚假盲断""铅封、盲断点位错误""铅封被随意破坏""报备信息未现场验证，与实际信息不符"等问题，实现"零排放"推广的严肃性、权威性、公正性、客观性，促进"零排放"治理模式全面推广，从源头上减少船舶污染。

据介绍，电子标签标记工作针对所有具有对外排放污染物管路的船舶，在进行铅封的同时标记"生活污水直排阀""生活污水处理排放阀""含油污水处理排放阀"，实施分类管理。监管人员通过程序很清楚地知道过往船只被收集了多少污水及污水的类型，不会漏掉一只船。

周华忠船长告诉笔者，要清除船上垃圾和污水，只要在相关APP上呼叫一下，不仅方便快捷，不需等待，而且零费用。过往船只已习惯了这种方式，而且非常感激这种创新做法！

傍晚，夕阳西下，迎着晚霞，"三峡环保8号"接收船满载着生活垃圾和生活污水缓缓驶向秭归县尖棚岭环保码头。覃大春再次点开"船E行"，提交130立方米生活污水和1吨生活垃圾的转运申请，码头船舶污染物转运码头调度员接单。

随后，船上的排污泵与岸上的生活污水管道相接，污水泵入市政管网进行无害化处置，生活垃圾调运到垃圾清运车，拖到指定的位置处理。

宜昌市交通运输智慧中心大厅的显示屏上，实时显示这批污染物的处置去向，监管部门能够随时追踪。

"生活污水由码头接单转运，直接排入市政管网；生活垃圾由环卫部门接单，通过环卫车转运至固废处理中心；含油废水在码头经预处理后，由油罐车转运至炼油厂。"宜昌市交通运输智慧中心负责人李宪介绍，通过"船E行"，过往行船、接收船舶、转运车辆、终端处理单位4个主体实现联动，电子联单制打破了监管部门间的信息壁垒，污染物"交接转处"全流程实现闭环管理。

2019年11月"净小宜"上线，截至2021年4月27日，宜昌江段累计接收污染物111885单，共接收生活垃圾2002.7吨、生活污水81747.5立方米、含油废水5408.3立方米。

目前，"净小宜"已完成历史使命，与交通运输部的长江经济带船舶水污染物联合监管与服务信息系统"船E行"系统无缝对接，全长江干线船舶统一通过"船

E行"开展船舶污染物交付工作。

绿色岸电　打造电化长江"宜昌样本"

2022年7月18日,秭归茅坪,"长江维多利亚3号"游轮静静地停靠在码头。该游轮隶属巴东县楚天轮船有限公司。公司负责人李伍平介绍说,目前公司3艘游轮都停靠在茅坪至重庆水域,在这期间均使用岸电。

"岸电最直接的效益就是节省了燃油,同时噪声小了、油污少了,游客的体验感好了。"李伍平算了一笔账,2021年9月15日至11月15日,"长江维多利亚3号"使用岸电35次,岸电使用量17124千瓦时,减少柴油耗量4吨,节约成本1.5万元。

李伍平所说的岸电,就是港口岸电。简而言之,就是港口码头陆地上的电通过专用设备接入靠停船舶,使其停止燃油辅机发电。

三峡工程促进了长江航运业快速发展,也形成了大量船舶在此积压待闸。以2019年的数据为例,平均每天待闸的船舶超过580艘,每艘船舶平均等待时长约为54小时。

这么多船舶长时间在这里停靠,仅通过柴油辅机发电满足生产生活需求,集

宜昌交通智慧大厅(宜昌市生态环境局 提供)

长江宜昌港口岸电桩(陈维光 提供)

中排放大量有害气体和油污,对长江生态环境构成严重威胁。港口岸电建设迫在眉睫,意义重大。

时不我待,岸电建设工作得到各方的高度重视,国家相关部委迅速对长江岸电工作进行研究部署。国网湖北电力以三峡坝区岸电实验区先行探路,在长江流域湖北段93个码头、2个锚地进行岸电设施建设。

2015年4月1日,三峡坝上南岸沙湾锚地岸电试点工程送电投运。这是长江上第一批岸电试点项目。

2018年,国家电网确定宜昌为国家级三峡岸电使用示范区,宜昌水域岸电推进步伐加快。

2019年4月,宜昌长江三峡岸电运营服务有限公司(以下简称宜昌岸电公司)成立,这是长江流域首家专业化岸电运营服务公司。

当月,三峡坝区岸电实验区建设暨长江沿线港口岸电全覆盖建设推进会在宜昌召开,宜昌岸电建设标准成为行业标准,"港口岸电"在长江沿线11个省市复制推广。至此,"电化宜昌"成为全国样本!

2020年底,仅用时一年半,岸电建设就覆盖了长江宜昌段73家经营性码头、

2个锚地,165台套岸电桩全部竣工,率先在长江流域实现港口岸电全覆盖。

率先使用岸电的秭归港成绩斐然。据秭归县交通运输综合执法大队副大队长胡权友介绍,截至2022年6月底,秭归港累计为4014艘次客货船舶提供岸电1225万千瓦时,替代燃油2879吨,减少各类气体排放9068吨,为船舶节约用能成本1000万元以上。

坝区水位落差大,为了便捷过往船只充电,国网湖北电力创新运用靠岸浮动式供电系统,研发电缆智能收放系统、大容量岸电桩,实现了电缆随水位变化自动收放、跨船连接供电。

"宜昌岸电实验区推出的6种典型岸电系统,能满足各种停泊方式下的船舶岸电需求。"宜昌岸电公司负责人李兴衡对宜昌岸电系统信心满满。

笔者在秭归港看到,船舶靠港后,船员只需将电缆线接入岸电桩,用移动终端扫描二维码即可通电使用,系统后台自动计量用电量,船舶离港时再次扫描二维码就能断电结算。

截至2022年6月,国网湖北电力在三峡坝区岸电实验区累计为9223艘次客货船舶接通岸电,用电量2002万千瓦时,替代燃油4704吨,相当于减少各类温室气体排放14820吨。

除了常规船舶"零排放",宜昌更加重视特殊船舶过闸安全,定期开展消防安全演练,登船查看船员持证及安全操作情况,对一级危险船只,全程护送过闸。

2021年9月28日,总投资2.9亿元的宜昌港枝江港姚家港作业区水上洗舱站投入使用,标志着宜昌市在升级"长江大保护"战略、推进航运绿色发展上再上新台阶。该站是长江干线智能化程度最高、洗舱品种最齐全的首个洗舱站。该项目新建2个5000吨级泊位,设计洗舱能力600艘次/年,污水中转能力500立方米/天。

绿色"智"造　蹚出"电化长江"新路径

岸电的推广使用也引领了宜昌船舶绿色"智"造新趋势。2022年3月29日,目前全球载电量最大的纯电动游轮"长江三峡1"号在秭归新港正式启航。

同年8月1日,站在"长江三峡1"号甲板上,宜昌交运长江游轮有限公司副经理刘军异常兴奋。他说,纯电游轮"长江三峡1"号有五大优势:一是船舶舱室

2022年3月29日，"长江三峡1"号纯电动游轮在宜昌市秭归新港首航（聂爽 摄）

稳定的江水环境提供了天然的冷却系统；二是配备的电池及配套设施重量约82吨，电容巨大，重量仅与传统柴油机动力相当；三是电动船白天运营，夜间充电，节约大量电费；四是船舶航速低，碰撞风险小，安全系数高；五是生态效益巨大，据测算，"长江三峡1"号在生命周期内可减少燃油消耗2万吨，减排二氧化碳7万吨、烟尘颗粒50吨，1艘船舶带来的生态效益相当于150台电动车，而且持续30年。

如今，"长江三峡1"号在宜昌"两坝一峡"间劈波斩浪，已接送万余名游客。在此带动下，宜昌多艘纯电动公务船、清污船陆续下水。从靠港用电到纯电出行，宜昌岸电发展迎来绿色造船新业态。

2022年6月21日，宜昌船舶工业园，一艘艘正在建设的大船被脚手架包围着，焊接工人爬上爬下。靠近江边，"理航渝建1"号和"理航渝建2"号静卧在船台上，等待下水。这对"姊妹船"设计长度130米、宽度16.2米、吃水5.98米，满载吃水时可装载9600吨货物，是宜昌鑫汇船舶修造有限公司为重庆"渝建物流"量身定做的国内首艘绿色智能三峡船型散货运输示范船。

宜昌鑫汇船舶修造有限公司董事长覃启胜告诉笔者，这两艘船是由武汉理工大学船舶邮轮中心、武汉理航智能船舶公司等单位联合研发的,采用油气电混合动力,是继"长江三峡1"号之后宜昌绿色智能船舶制造的又一杰作。

"这两艘船均配备2台990千瓦双燃料主机和200千瓦时锂电池。"覃启胜介绍,下水时主机驱动螺旋桨,同时通过轴带发电机给锂电池充电。上水时,主机和电动机共同驱动螺旋桨,航行至三峡船闸等重点水域时,可采用全电力推进,实现零排放。混合动力能耗比柴油下降超过30%,具有节能、环保、经济、高效四大特点。

近年来,宜昌近40家船企纷纷与武汉理工等高校和中国船舶有限公司第七一二船舶研究所深度合作,在新能源、复合材料以及防腐涂装等领域共同研发新技术、新工艺,持续增加宜昌船舶制造的"含绿量""含新量"。

宜昌完备的船舶产业基础和"清洁能源之都"在新能源电池方向的优势相结合,推动船舶产业向电堆、电芯等核心材料的高端技术领域进军,向船舶动力总成方向突进。

据了解,"长江三峡1"号装备的是宁德时代生产的电池,该企业的动力电池装机量连续四年位列全球第一;"理航渝建1"号和"理航渝建2"号的电池,来自第七一二研究所。

目前,宜昌正试水发展电动船舶产业,加快谋划布局纯电动船、氢能船等先进制造业,推动新型绿色船舶动力制造基地建设,吸引更多造船企业聚集宜昌,打造长江中上游绿色船舶建造中心。

2022年4月27日,宜昌市七届人大常委会第二次会议提出,积极争创生态示范,力争在年底前成功创建国家生态文明建设示范市,打造长江大保护宜昌升级版,进一步筑牢三峡生态屏障。

2022年11月24日,市委副书记、市长马泽江主持召开市政府常务会议,研究推进宜昌市绿色智能船舶产业发展。

会议强调,聚焦"电化长江"培强绿色智能船舶产业,是贯彻习近平生态文明思想和党的二十大精神的具体举措,也是宜昌化工产业向新能源材料和高端装备制造迭代升级的重要承载。要把握机遇、谋定快动,抢占新赛道、跑出"加速度",力争五年内建成全国内河绿色智能船舶产业示范区、长江中上游最大绿色智能船舶制造基地,为建设长江大保护典范城市提供有力支撑。要严格按绿色化、智能化要求,高标准打造船舶工业园枝江园区、宜都园区,新能源船舶产业创新示范基地、维保基地。要聚焦关键核心技术研发、船用电池及船型设计标准输出等领域,借智借力、攻坚破题,努力在科技攻关上实现突破。要紧紧依靠三峡集团和重点船舶企业,坚持升级改造和招大引强并举,推动产业延链、补链、强链和配套产业集聚发展。

按照马泽江市长的要求,在绿色"智"造领域,宜昌船舶制造业勠力前行,竭力打造新能源船舶动力升级的标准输出地、技术创新地,在新能源船舶动力升级方面,蹚出"宜昌路径"、铸造"宜昌样板"。

如今,宜昌船舶工业园已生产出国内首艘快速双体集装箱船、纯电力推动游船、长江三峡系列"豪华夜游客船"等一系列"绿色动力"船型。从修船、造船,到不断驶出中国首造、世界首造的高技术船舶,宜昌船舶"绿色动力"正在与汽车"绿色动力"汇合,共同驶向新能源的"蓝色深海",为打造长江大保护典范城市贡献"宜昌绿色船舶力量"!

(撰稿:陈维光)

排污口整治　从"困难户"到"优等生"

宜昌地处长江中上游分界处,有232公里长江岸线和300公里清江岸线。

宜昌市长江、清江流域的入河排污口多达1973个,全省最多。

入河排污口数量多,治理难度大,宜昌一度成为入河排污口治理的"困难户"。

知难而进,宜昌市委、市政府高度重视,将入河排污口治理纳入宜昌长江高水平保护十大攻坚提升行动,列为第二轮中央生态环境保护督察整改的重要任务。

2021年5月27日,湖北省长江入河排污口排查整治现场会在宜昌召开,生态环境部长江流域生态环境监督管理局二级巡视员印士勇向与会地市代表介绍了"宜昌经验"。

2022年7月,烈日炎炎,在宜都市姚家港化工园区江畔,宜昌市委副书记、市长马泽江现场检查入河排污口整治工作进展后指出,要坚决贯彻落实长江保护法,在破解"化工围江"、推动绿色发展取得阶段性成效的基础上,自我加压、主动作为,力争明年全面完成长江宜昌段排口规范整治,确保一江清水永续东流。

排污口整治注入新动能,宜昌全面完成排污口规范整治进入倒计时。

"查":1973个一个也不漏

"局长挂帅,无人机上阵,宜昌查得快、查得准,2019年,宜昌入河排污口排查工作获生态环境部表扬,宜昌市生态环境局被评为表现突出单位。"提起当年行动的雷厉风行,宜昌市生态环境局党组成员、总工程师郑斌记忆犹新!

接到生态环境部的排查任务后,宜昌迅速成立入河排污口排查整治专项战役指挥部,由时任宜昌市生态环境局党组书记、局长吴辉庆任办公室主任,统筹推进入河排污口排查整治工作。

为了更好地协调各相关部门的工作,2019年,宜昌市生态环境局起草并报市政府印发了《宜昌市长江和清江入河排污口排查整治工作方案的通知》,建立由市生态环境局牵头,市自然资源和规划局、市住建局、市水利和湖泊局、市交通运输局、市农业农村局等部门配合的工作体系,细化部门职责,明确工作任务、时间节点,落实专人做好工作衔接;定期召开排污口排查整治专项战役指挥部联席会议,研究部署重点任务,确保查得快,一个也不漏掉。

按照生态环境部《长江入河排污口排查整治专项行动方案》的"无人机排查、人工现场排查、重点攻坚排查"三个步骤要求,宜昌市积极配合湖北省生态环境厅完成了长江、清江流域范围内的无人机航测工作。

2019年11月初,宜昌市印发《宜昌市配合做好长江、清江入河排污口排查工作方案》,配合生态环境部排查组开展现场排查工作,确保各单位做好后勤保障和现场排查协助工作。

空中俯瞰,不受地形和其他条件限制,不留盲区和死角……雷厉风行,宜昌市生态环境局运用无人机对长江流域宜昌区域沿江两岸排污口情况开展环保巡查工作,进行精准定位,并绘制沿江两岸企业和排污口分布图。

据当年的无人机操作人员秦沛介绍,通过无人机巡查,可以准确地记录排污口的经度、纬度,达到精准定位的目的。

"前期我们已经对江边排污口进行了走访排查,但走访很难达到精准定位的目的。"宜昌市生态环境保护综合执法支队西陵大队工作人员魏文威介绍说,用无人机进行环境巡查,扫描快速、高效,视频直观方便,相片清晰,视野广阔,能有效弥补环境监管取证难、取证滞后的问题,切实提高环境监察工作的效能,突破时间和空间的限制,提高工作效率。

郑斌介绍,此次巡查范围包括长江流域和清江流域,覆盖两江两岸长度600余公里。通过此次沿江排污口的巡查工作,将采集到的排污口和沿江企业分布情况进行整理,并绘制两岸排污口分布图,为下一步的"测"奠定基础。

截至2019年底,宜昌市在全省率先完成"无人机排查、人工排查、重点攻坚排查"三级排查任务,共排查长江、清江入河排污口1973个。

一分耕耘，一分收获。2020年9月，生态环境部印发《关于表扬长江、渤海入河排污口排查专项工作表现突出单位和个人的函》，对宜昌长江入河排污口排查工作通报表扬（全省仅宜昌、荆州）。宜昌成为不折不扣的"优等生"。

"测"：535"样"每样都精准

辨证论治，才能对症下药。为了对1973个排污口进行科学分类，制定"一口一策"，通过公开招标，宜昌市各个江段辖区选择有资质的第三方检测机构，对排污口进行取样检测。按照"现状调查监测、攻坚排查监测、整治验收监测"三个步骤，全面掌握入河排污口水质状况。

第三方检测机构按照污水检测常规8项指标——化学需氧量、生化需氧量、悬浮物、总磷、大肠菌群、pH值、氨氮、磷酸盐，对取样进行精确检测，出具第三方检测报告，供有关部门决策。

宜昌市政府招标采购机构的工作人员介绍，公开招标第三方检测机构有很多优势，可市场化运作，不仅可以规模化经营，大大降低检测成本，还可以跨地域经营，提高竞争力；另外，第三方检测机构与被检测单位无利益瓜葛，更有公信力。

2020年11月，检测机构对1973个排污口开展全覆盖监测和现场核查，共采集入河排污口水样535个（其余排污口多次现场核查未发现排水情况），完成监测数据填报，编制完成《宜昌市长江、清江入河排污口基础信息档案》，形成入河排污口"一口一档"。

2022年8月15日，笔者一行走进宜昌市生态环境局水生态环境科杜飞锦的办公室，他打开电脑，宜昌市1973个入河排污口的档案清楚明白：位置、类型、负责单位……

杜飞锦介绍说，宜昌市对长江、清江1973个入河排污口开展全覆盖水质监测，监测比例高于国家抽测比例要求，全面掌握入河排污口水质状况，确保监测数据的全面性、有效性，为后续溯源、整治提供数据支撑。

"溯"：每个排污口都有责任方

"我们率先印发《宜昌市长江、清江入河排污口溯源整治攻坚提升行动方案》，以及《宜昌市长江、清江入河排污口分类标准》《宜昌市长江、清江入河排

排污口可视化监管系统(宜昌市生态环境局 提供)

污口溯源核查方案》《宜昌市长江、清江入河排污口分类整治标准》等配套方案。"市生态环境局水生态环境科科长周晓云介绍说,在全面溯源的基础上,制定出台入河排污口整治工作指南。采用"资料溯源、调查溯源、攻坚溯源"溯源方法,查清污水来源,为制定整治措施提供基础依据。

"这种贴近实际的做法,进一步明确了责任分工、整治标准、工作流程等具体工作内容,确保有序推进排污口溯源整治工作。"周晓云说。

千余个排污口,责任主体如何确定?宜昌市通过"资料溯源、调查溯源、攻坚溯源"等方式,建立责任清单,鼓励各县市区委托第三方技术单位辅助开展污染源排查溯源,查清排污口对应的排污单位及其隶属关系,确保工作质量。

经过"查"和"测",2022年8月,市生态环境局执法人员发现点军区艾家镇桥河村一组沟渠排口,受纳水体为长江。现场溯源核查,该排污口位于桥河村,临近长江,周边农户以畜禽养殖为主要产业,由于忽视废水治理设施与相关配套建设,养殖废水直排现象十分突出。该排污口直排入长江。

周晓云介绍说,根据相关规定,畜禽养殖废弃物资源化利用由地方人民政府负总责。各有关部门在本级人民政府的统一领导下,督促指导畜禽养殖场切实履行主体责任。

"根据前一段时间的追查,在枝江市某武警部队围墙东侧,也发现了一个城镇生活污水排污口。"周晓云回忆说。

经过现场定位,该排污口位于枝江市董市镇黄湖渠路某武警部队围墙东侧墙外,排放的主要是驻地部队的生活污水。废水排入旁边堰塘,堰塘水排入黄湖支渠,再通过云盘湖主排渠最终排入长江。

结合溯源核查情况确定,该排污口责任单位及主管部门均为枝江市住房和城乡建设局,由该单位负责统筹该生活污水排污口的整治施工。

"未经整治的排污口横亘在未硬化的黄土路间,周边杂草丛生、废物堆积。"2022年8月7日,笔者在市生态环境局猇亭分局看到了虎牙雨洪排污口的旧照片。

"这本是一个普通排污口,但因为位于兴发新材料产业园内,就显得有些尴尬了。"宜昌市生态环境局猇亭分局负责人笑称,虽然他对企业有信心,但心里难免犯嘀咕:会不会出现偷排情况呢?

在最早的虎牙雨洪排污口信息档案里,笔者看到这样的数据:pH值8.21,氨氮0.434毫克/升,总磷0.30毫克/升。

"这说明,该排污口确实没有工业污染。"杜飞锦告诉笔者,但由于管道水流量较大,所以他们怀疑可能存在雨污合流、溢流的情况。

进一步溯源发现,虎牙雨洪排污口主要收集虎牙街道虎牙居委会区域雨水以及兴发园区部门片区雨水。排污口的责任主体、整治方案逐渐明晰。

在2019年"三级排查"和同步监测的基础上,根据入河排污口交办清单,环保局印发《宜昌市长江、清江入河排污口分类清单》,进一步编制完成了《宜昌市长江、清江入河排污口基础信息档案》,对入河排污口进行分类。根据初步分类情况,宜昌市长江、清江流域范围内共有1973个入河排污口,除去跨境的2个,雨洪排污口973个,农业农村生产生活污水排污口和城镇生活污水排污口496个,工业企业和污水集中处理设施排污口273个,沟渠、河港排污口84个,港口码头排污口67个,矿井、尾矿库排污口1个,其他排污口77个。

2021年,全省入河排污口排查整治现场会在宜昌召开,相关地市州到宜昌参观学习整治工作经验,生态环境部领导和湖北省生态环境厅领导对宜昌市排污口溯源整治工作给予高度评价。

"治"：有的放矢，弹无虚发

为确保整治工作取得实效，结合试点城市经验，宜昌市还印发了《宜昌市长江、清江入河排污口溯源整治攻坚提升行动方案》，并结合实际制定出台了《宜昌市长江、清江入河排污口整治工作指南》，明确了责任分工、整治标准、工作流程等具体工作内容。

"按照'一口一策'原则，做到'取缔一批、整改一批、规范一批'，即取缔污水管网覆盖范围的所有排污口、违法违规设置的排污口、限期整治仍不能达标排放的排污口、审批手续不全的排污口；对废弃、临时管道等排污口及时采取工程措施清理、封堵；对污染来源单一、责任主体明确的排污口，加快推进立行立改；对监测不超标、位置合理、审批手续齐全的排污口，进一步强化规范化管理的排污口，建立'一口一档'，统一标牌、二维码，安装在线监测和视频监控设施。"市生态环境局党组成员、总工程师郑斌介绍说。

成绩来之不易！小小排污口，背后牵扯的是住建、城管、交通、农业农村等众多部门。如何统筹协调？宜昌的做法是"借力"。

"我们结合各部门已有的污水提质三年行动方案、港口码头整治专项行动、农村环境综合整治、厕所革命等工作，协同推进排污口整治工作。"周晓云说。

部门间的联手协作，让排污口整治顺利走上"快车道"。

另一个摆在眼前的难题也来了：改造、整治需要大量资金，钱从何处来？

为解决资金困境，宜昌积极引入市场力量，与三峡集团签署《共抓长江大保护 共建绿色发展示范区合作框架协议》，合作推进"四水共治"，启动投资103.8亿元的宜昌城区污水厂网与生态水网项目，从根本上治理城市雨污分流和污水错接、混接、乱接问题。

宜都市还将排污口整治纳入河道治理环境综合整治工作内容，与三峡集团进行长江大保护战略合作，计划投入资金3000万元，用于入河排污口专项整治工作。

此外，宜昌市统筹资金200万元，用于开展入河排污口水质监测，落实专项资金50万元，用于开展入河排污口规范化建设工作。对工业企业、污水处理设施、港口码头以及排放量大、环境影响较大的排污口,全部由市级单位统一实行二维码和标识牌的设置,方便后续的日常管理和公众监督。

宜昌市生态环境局党组书记、局长高杰介绍说,截至2022年底,宜昌市已全面完成1973个入河排污口的现场调查、监测、溯源、命名编码等工作,对所有入河排污口编制"一口一策"整治方案,并印发实施。已完成1800个入河排污口整治工作,完成率91.2%,多个排污口的治理纳入湖北省排污口溯源整治典型案例。

水碧沙净渠边苔

2022年8月27日,笔者再次走进点军区艾家镇桥河村,排污口掩映在茂密的植被中,植被下流水潺潺。溯源而上,只见沟渠穿村而过,小鱼儿在悠闲觅食,孩童们在沟边玩耍。水碧沙净渠边苔,好一片山村野趣的景象。

"两年前,这里就是一个臭水沟,臭味难掩,苍蝇乱飞,垃圾乱丢,典型的腌臜地。"点军区艾家镇桥河村党支部书记、村委会主任胡春华说,周边农户以畜禽养殖为主要产业,养殖粪污与雨污合流,不经处理就直排入江。

治理迫在眉睫。2017年,点军区陆续启动畜禽养殖污染专项治理,划出禁养区,分三期有序、彻底地完成治理。

临江的桥河村离江边近,毫无疑问地被划为禁养区。养猪可是大部分村民的饭碗,禁养无异于砸他们的饭碗。

如何既保护长江生态,又解决民生难题?乡村干部分头进行入户宣传,点军区政府也积极制定方案、筹措资金,对拆除设施的养殖户进行补偿。

长江大保护造福子孙后代,周边环境治理,受益的还是老百姓,渐渐地,治理工作得到了村民的理解。养殖建筑一户户被拆除,垃圾被清理,排污口的水一天天清澈起来,脏乱现象慢慢消失殆尽。

问题在水里,根子在岸上。近年来,相关地方、部门结合污水提质三年行动方案、农村环境综合整治、厕所革命等工作,让更多排污口得到了整治。

如何以排污口整治促进人居环境改善?在枝江市董市镇高峡新村,找到了答案。

"这里距离我家两三百米,以前臭味难耐,夏天不敢开窗户,周围居民意见都很大。"站在黄湖支渠,指着排污口,村民张家炳回忆说。

但如今，渠水卷起一朵朵白色小浪花，拂着杨柳垂下来的"秀发"，弹出动听的"琴音"，向远方涓涓流去，曾经的黑色污垢被冲刷得一干二净。

"这里原本是一个雨污合流排污口。"宜昌市生态环境局枝江分局党组书记、局长尚桦介绍说。

周边居住了312户村民，他们的生活污水全部接入当地的雨水管网，从这里流入黄湖支渠，经云盘湖港，最终汇入长江。

在过去，这种雨污合流的排水系统很常见。但是，时间一长，就暴露出了缺陷。

当生活污水混入了雨水，污水量就变大了。雨水夹杂污水长时间直排，发黑、发臭在所难免。

为整治污水直排、臭味扰民，彻底改善人居环境，2021年4月，枝江市住房和城乡建设局启动了专项整治。

改造管网，设置溢流井分流，实现雨污分流；投资80万元，新建污水处理站，实现日处理污水100吨，出水水质达到一级A标准。

在尚桦的带领下，笔者一行来到距离排污口约5米的一片草地。他说："污水处理设施就埋在这底下。"

只见郁郁葱葱的草坪间立着小小的标牌，有的写着"好氧池"，有的写着"厌氧池"，还有些罐盖若隐若现。

"我们利用生物发酵技术，建设了三级缺氧池和好氧池。"项目负责人钟学强介绍说，池内相应添加了缺氧菌、好氧菌，按照处理流程，依次消解污染物质。

他还告诉笔者，这一生态工程目前仍处于试运行阶段，其最大特点是一次性投入，微动力耗电少，运维费用低，平均每户每天只花7毛钱，非常适合农村生活污水收集。

排污口治理，带走了有害生活污水，换回了碧水蓝天和清新空气。"感觉大家心情也跟着好了，现在还时不时地到渠边戏水，享受自然之美。"见证了治理全过程的村民姚和平有感而发。

绿柳堤红蓼码头

在猇亭区，开展港口码头专项整治，协同推进排污口治理，让红联码头焕然一新。

"蓝色管道收集生活污水，红色管道收集含油废水；船舶生活垃圾通过垃圾车清运；尽管码头船只越来越多，但没有一滴污水流进长江。"2022年8月29日，码头当班负责人刘先生指着水桶粗的管道告诉笔者。

环顾四周，昔日光秃秃的半坡覆盖了绿植，虫鸣阵阵，飞鸟掠影，江风轻轻地吹，江水轻轻地荡。

以前，码头是江水污染重要来源之一。港口作业不仅产生大量的生活污水，还有大量的含油污水，这些水未经处理直接排入长江，不仅影响了水质，还破坏了生态环境。

2019年，在当地交通运输部门的组织下，以红联码头为主体，投资1500万元，启动了云池船舶污染物接收转运处置码头建设项目。

两年间，码头新增了趸船、钢引桥、皮带机等配套设施。污水处理能力也大大提高，其中，生活污水处理能力提升至2.53万吨/年、含油污水处理能力提升至1万吨/年。

项目正式投入运营后，作业产生的污水100%收集处理，结束了污水直排的"黑历史"。

如今，翠色替荒岸，清水入江流。

在夷陵区，通过取缔和整治，曾经污水成塘的虾子沟码头改头换面，宽敞的柏油马路蜿蜒穿过，滩头绿树成荫，鸟语花香。

虾子沟码头2号、3号排污口及夷海事趸002号及夷锚地趸008号，位于夷陵区小溪塔街道虾子沟片区，大类为港口码头排污口，小类为生活污水排口。

"原来这里有爱奔码头、江河码头、万佳码头、航运码头、交通码头、粮食码头等六个港埠码头企业，因2017年区政府规划游轮中心征地，由区征收办牵头将全部码头征收关停。但附近留下大片低洼地，下雨积水很深，雨污混杂，非常狼藉。"2022年8月28日，夷海事趸002号工作人员周先生指着周围一大片绿化地介绍说。

"尽管以前6个码头关停，但夷海事趸002号及夷锚地趸008号依然在作业，其生活污水未经处理直接与雨水一起直排长江。"市生态环境局夷陵区分局相关负责人介绍。

走进夷陵海事局夷海事趸002号底舱，工作人员告诉笔者，以前船底有污水

整治后的猇亭区虎牙雨洪排口(陈维光 提供)

直排管道,整治时被铅封,已经无法直排污水。夷海事趸002号及夷锚地趸008号通过建设收集管道、加装生活污水柜,将趸船作业产生的生活污水收集处理后接入城市污水管网。

目前该趸船已建设完成污水输送管道及配套装置,趸船办公作业产生的生活污水100%收集处理。

在岸上,工作人员指着旁边的管道介绍说,经过雨污分离,污水被单独排到污水管道。周围的荒坡和低洼处都经过平整,种树种草,一片生机盎然。

9月的清江画廊景区游人如织,船只如梭,一片繁忙。在众多的游船之间,可以一眼认出流动垃圾收集船,它虽然没有游船那么华丽,但它的贡献十分亮眼。

船主张先生告诉笔者,该船每天来往穿梭10多个小时,收集固体垃圾800多公斤,液态废水2吨多。

游船工作人员陈伟光告诉笔者,码头污水整治前,大部分污水排入长江支流清江,不仅污染环境,也影响清江形象。整改后,游船、趸船直接排污口被铅封,每只船备有废物废水收集箱,现在一滴废水都不会流进清江。

据长阳生态环境部门的工作人员介绍,码头污水处理设施2020年9月30日开工建设,2021年6月建成并投入运行。

他说,码头分中转趸船和陆域配套设施,趸船长45米,宽10米,陆域占地面积855平方米,年处置生活污水14000吨、油污水500吨。建成后通过两种方式进行收集,一是流动回收船收集,二是船舶直接与中转趸船对接进行收集。

笔者走进中转趸船舱底,细数一下,下面竟然设有9个储存仓。工作人员介绍说,其中有7个生活污水贮存舱,可贮存生活污水230吨;1个含油污水贮存舱,可贮存含油污水22吨;1个污油贮存舱,可贮存污油4吨。

收集完成后,生活污水和污油通过管道,分别输送到岸上的生活污水贮存罐和污油贮存罐,可临时贮存生活污水18吨、污油16吨。最后生活污水通过转运车运至县污水处理厂进行处理,污油通过转运车运至宜昌净能环保公司进行处理。

通过建立中转趸船和陆域配套设施,将清江客运码头、客运趸船产生的生活污水收集后贮存,实现污水上岸贮存,不外排。

目前,所有设施已建设完成并投入使用,生活污水收集率达到了100%。

弃浊扬清展笑颜

宜昌市是化工企业大市,化工生产污水治理也是重中之重。

湖北兴发化工集团股份有限公司,全国最大的精细磷化工企业,名列"中国企业500强",2004年在宜昌猇亭区建设新材料产业园,占地面积4000亩。

江上,轮船穿梭繁忙;岸边,兴发园区综合码头一派绿意盎然。

"请看,江里那一条条的鱼!"站在码头边,园区安委会办公室工作人员介绍,过去,园区内共4个排污口,生产废水经处理后直排长江。现在,这些排污口已全部封堵。

封堵后,园区内生产废水经处理后接入市政管网,最终排入猇亭区污水处理厂。

园区内,虎牙雨洪排污口,明沟明渠,但见清水入江;100米开外,初期雨水收集池内,水体墨绿偏黑。余坤介绍,过去雨洪排污口为暗管,投入175.5万元治理后,改为明渠,并建设初雨收集处理系统和水质在线监测装置。

下雨时,初雨系统启动,负责收集前20分钟、"洗天洗地洗空气"的初雨脏雨,实现清污分流。"明水明渠,既方便监测取样,也便于随时观察,发现问题。"工作人员介绍说。

宜都市久诚生物科技有限公司始建于2009年8月,现为宜都市规模以上工业企业,注册资本2400万元,主要从事双烯、单烯等甾体激素中间体的生产、加工与销售。拥有四条双烯生产线,具有年产双烯300吨的生产能力。

整治前,该公司有个生产废水排污口,位于宜都市陆杨路与杨华公路交会处。经过检测和调查溯源,该排污口属于处于管网覆盖范围内的排污口,采取截污纳管的工程改造措施。

该排污口主管部门为宜昌市生态环境局宜都市分局,责任主体是宜都市久诚生物科技有限公司。

责任明确,整治方案落实到位。该公司负责人介绍,接到整改通知后,公司投资建设了污水预处理设施,预处理的污水满足《化学合成类制药工业水污染物排放标准》(GB21904—2008)标准限值。

9月3日,宜昌市生态环境局宜都市分局干部张双琪指着附近新建的污水管道告诉笔者,通过污水管道,久诚的生产废水经预处理后接入市政污水管网,入杨家湖污水处理厂进行深度处理后达标排放。

笔者现场看到,原来的排污口实施了"一牌一码",设置标志牌,并制作了二维码。

张双琪说,宜都市目前所有的排污口都有标志牌和二维码,不仅方便社会监督,也有利于强化监管,形成长效机制。

(撰稿:陈维光)

流域综合执法　撑起生态"保护伞"

2022年仲夏，夷陵区黄柏河湿地公园草木葱茏，绿树成荫，流水潺潺。每天早上，都有不少人在此晨练。傍晚，在绚烂晚霞的映照下，河畔红橙黄绿各色帐篷把公园点缀得五彩斑斓。消夏避暑，湿地公园旁是最好的地方。

黄柏河，长江一级支流、葛洲坝库区最大支流，承担着为100万市民生产生活和100万亩农田灌溉供水的重任，供水区域经济体量约占宜昌市的80%，是宜昌名副其实的"母亲河"。

10年前，黄柏河流域还是矿山废水和养殖污水直排，水土流失，河道被侵占，面源污染严重。2013年，黄柏河上游的玄庙观、天府庙两座水库发生水华，总磷、总氮严重超标。

为确保一河清水入长江，宜昌市以黄柏河流域为试点，启动流域水生态保护综合执法改革，成立黄柏河流域综合执法支队；颁布实施《宜昌市黄柏河流域保护条例》，开启生态补偿、智慧监管的河流综合治理"宜昌范式"。

2019年，黄柏河流域治理经验荣获第二届湖北改革奖。今天，黄柏河流域治理模式在柏临河流域被复制，在全国被广泛推介。

铁拳出击　关闭小磷矿，管控采石场

"宜昌有条黄柏河，微风吹拂荡清波，绿草茵茵树婆娑，草丛藏着小花朵……"
这首流传在黄柏河流域的小调，寄托了歌者的浪漫憧憬，也承载了市民的美好向往。

然而美景在2013年消失，这一年，玄庙观、天府庙两座水库突然间发生了水质变化。

"记忆中的玄庙观、天府庙等几座水库水质常年是Ⅰ类或Ⅱ类优。怎么突然间就变成这样？"在这里守护着宜昌城区100万人的饮水源十余年的黄柏河流域水资源保护综合执法大队队长王技怎么也想不通，到底发生了什么？

采样、论证、分析后得出结论：磷矿开采是水质变化的主要原因。

二十世纪七八十年代，开矿技术水平不高，磷矿开采只打平洞，规模小，排水量也小。2000年以后，随着探矿水平提高，磷矿越探越多，排水量变大。

绵绵青山，蕴藏了30亿吨磷矿资源，这里财政靠磷矿，家家户户"吃磷矿饭"，企业为节约治理成本，只管挖，不管排。一时间，流域保护与经济发展的矛盾十分突出。

当务之急，要对磷矿开采进行全面摸排。"那次摸查，我们第一次亲眼看见清澈见底的河水变成泥浆色。磷矿污染，触目惊心！"站在排污口，时任黄柏河流域水资源保护综合执法支队副支队长李中华感觉肩上的责任沉甸甸的。

治理后的黄柏河湿地公园秋色迷人（张国荣 摄）

黄柏河污染的原因找到了，该怎么治？

"关闭小的，整合大的，宜昌依法划定流域核心区、控制区、影响区，严格落实管控措施和禁止性事项，严控磷矿开采总量，提高磷矿开发准入门槛，整合关闭15万吨/年以下的矿井，禁批年产量50万吨/年以下的新建磷矿开采项目，拥有磷矿采矿权的由53家压减至32家，流域磷矿年开采总量持续控制在1000万吨以下。"时任宜昌市黄柏河流域管理局局长郑玉新回忆。

在控制采矿权的同时，不断改进磷矿开采技术，建立绿色矿山建设动态调整机制，磷矿回采率平均水平达到80%。

同时，新建、改建、扩建规范化矿井生产废水沉淀池35个；新修、改造矿区垃圾房26个，实现矿区垃圾池全覆盖；建设挡渣墙5400米，清理河道8000多米，整治矿渣堆场36处。

改善监控技术，探索"智慧环保"监管模式，对流域内磷矿企业132个矿洞、48处磷矿企业生产废水排污口、43处生活污水排污口进行详细核查和定位统计，安装水质实时在线监控设施39套，在流域干支流设置28个断面监测点，进行24小时实时监测。

一边整治磷矿开采，一边治理石材开采。整治之前，夷陵区分乡镇有十几家采石场，年产值过亿元。

"如果说开采磷矿有污染，那是磷超标，我们挖石头，挖的都是最硬的花岗岩，怎么也会污染环境？"接到整改通知后，宜昌瑞泰采石场的干部职工一时想不通。

"当时持这样观点的不在少数，况且，采石场比磷矿规模还要小，大部分是村集体或个体所办，管理起来难度更大。"回忆起当年的情景，时任宜昌市流域水生态保护综合执法支队驻樟村坪执法点负责人邹良感慨道。

"一些山体被掏空，河道污水横流，不忍直视！"执法队员陈斌不堪回首。

宜昌南垭村采石场原是夷陵区分乡镇南垭村的支柱产业，为了清澈的河水，村里主动放弃采石产业，发展旅游产业。

以"采石场数量和开采总量从严控制，只减不增"为原则，清理整顿无证非法开采、乱采滥挖、越界开采、超规模开采以及非法转让采石场和破坏污染环境等行为，整顿关闭了33%的露天采石场。

地方立法 "依法治水"立铁规

为充分发挥地方立法在流域综合治理和生态保护中的引领、保障作用，2018年，宜昌市通过了《宜昌市黄柏河流域保护条例》（以下简称《条例》），成为湖北省首部流域保护地方性法规，推动流域保护由"有章可循"上升为"有法可依"。

"该条例的出台，将近年来摸索的综合治理经验以地方性法规的形式予以固化，树立了绿色发展的'指挥棒'，为依法开展黄柏河流域保护工作提供了坚强后盾和法治遵循。"2018年2月，《条例》正式实施时，宜昌市黄柏河流域水资源保护综合执法支队支队长洪钧兴奋得几天没睡好觉。

按照《条例》精神，宜昌又先后编制《流域保护综合规划》《流域经济社会发展专项规划》《流域水污染防治规划》《黄柏河东支流域各主要支流纳污能力核定和污染物排放总量控制实施方案》《宜昌市黄柏河治理保护工作方案》等3个规划和2个方案，统筹开展黄柏河流域水资源保护、水污染防治、水环境治理、水生态修复、水域岸线保护。

设立市级河长1人、区级河长12人、镇级河长10人、村级河长16人，筹资300多万元，取缔西北口水库网箱42户764个、台网79个，拆除水库周边500米

宜昌城区饮用水水源地——官庄水库（宜昌市生态环境局 提供）

范围内所有违规养殖场。

夷陵区争取中央水资源返还资金1602万元,整治河道2.1公里,治理沟道3.26公里,建设河道生态护坡2.62公里、水源涵养林3.6平方公里、沉砂池1个、标示牌12个;投资2976万元,治理分乡镇大中坝段河道6.986公里;樟村坪镇组织村委会和相关企业投资7000万元,完成河道治理15公里。

远安县加强执法力度,定期组织水利、安全监管、国土、畜牧等部门,对所有磷矿企业和流域内养殖业情况开展联合执法检查,对达不到排放标准的企业实行限产减排直至停产整顿,督促流域内的磷矿企业投资670多万元,安装生活污水微动力处理设施23套;新建、改建、扩建规范化矿井生产废水沉淀池35个。

远安县嫘祖镇强化畜禽养殖监督管理,按照流域规划要求划定落实禁养区和限养区,积极争取将黄柏河流域纳入全省农村环境连片整治项目,有效缓解农村面源污染问题。

综合执法 破解“九龙治水”困局

“黄柏河流域保护执法工作跨区域(夷陵、远安)、跨部门(水利、环保、渔业、海事等部门),过去由市、县(区)两级多部门主管、多头执法,职责不清、执法能力分散,‘九龙治水’最后成了‘无龙治水’。”宜昌市水利和湖泊局党组书记、局长靳鹏坦率地说。

在黄柏河流域立法的顶层设计中,宜昌市打破行政区划和部门分工,于2016年成立了宜昌市黄柏河流域水资源保护综合执法局(下设黄柏河流域水资源综合执法支队)。该单位经湖北省政府授权,集中行使水利、环保、农业、渔业、海事等6项行政监督检查、96项行政处罚、14项行政强制职能,不仅避免了多头执法、多层执法过程中的权能交叉、职责不清问题,而且改变了以往执法能力分散、监管力量不足的现状,一定程度上破解了原来“九龙治水,水不治”的困局。

“有了《条例》这柄尚方宝剑,有了综合执法局的后盾,执法队员的腰杆更硬了,可以甩开膀子干!”新任综合执法支队一大队大队长的王技干劲十足!很快,他变戏法式地将执法队变身为“普查队”“拆违队”“特工队”和“服务队”。

王技说,综合执法队员连续3个月置身崇山峻岭,冒酷暑,顶烈日,与泥石流兜圈子,围着山峰打圈圈,对流域内60余家工矿企业、50余处畜禽养殖户、近百处生活污水排污口进行核查登记，出版了《黄柏河流域矿山企业基本信息名册》，为流域综合治理工作的开展提供准确信息。

"执法队化身拆违队，携带油锯、破拆斧、断线钳等专业拆除工具，分乘三条执法船挺进西北口水库。一个个网箱被拆除，一口口抬网被肢解，连续几天高强度作业，西北口水库内48处非法灯光诱捕抬网、7处拦河网、3口网箱被清理得干干净净。"至今，队员们还为当时的神勇高效感到自豪！

为了对付"暗藏"的违法现象，执法队又化身"特工队"。深夜与毒蛇为伍，一蹲守就是一整夜，一出门就是好几天……最后，电鱼的"缴械投降"，排污口原形毕露，企业自觉整改。

"前次蹲守发现问题，第二次检查时，樟村坪镇某企业已经意识到了事情的严重性，投入350万元，建设了一体化污水处理设施。"综合执法支队队员黎晨回忆说，停产后，企业追加200万元投资实现达标排放，后来又开展"三磷"整治，让废水变成了"地表水"。

几年来，该综合执法支队硕果累累，共查处环保、水利、渔业行政违法案件80起，督办整改事项91件，拆除库区非法捕捞抬网、拦网、网箱59处，责令关闭矿井1处，全面取缔违法排污口、河库围栏围网和投肥投粪养殖以及不达标畜禽养殖场，彻底根治非法采砂及违法建筑物等历史遗留顽疾。

"不是关门大吉，一拆了之，帮助企业纾困解难，是队员们的初心。到后期，执法队员自觉成为服务队员，为企业送技术，为村民争资金，为地方引项目……已成工作常态！"有了这群刚毅果敢又仁义智慧的队友支撑，面对执法工作，洪钧显得得心应手。

生态补偿　防污治污"治本之策"

如果说综合执法支队严格执法只是治标，那么，调动地方政府和企业的积极性，使其主动参与防污治污，才是治本之策！

经过到各地考察，宜昌终于抓住了治理水质的"牛鼻子"——实施生态补偿。2018年，宜昌市出台了《黄柏河东支流域生态补偿方案》，由宜昌市政府每年列支1000万元，流域内夷陵区、远安县每年分别向市政府缴纳水质保证金700万元、300万元，构成生态补偿基金。磷矿采矿指标上，市里将指标分解到县区，县区再分解给企业，并从760万吨开采总额中拿出100万吨作为生态奖励指标。水质达标县区可获得生态补偿金和磷矿开采指标奖励，不达标县区的开采指标将被削减并转给达标县区。

"监测断面水质连续两次不达标或连续6个检测周期累计不达标3次，相关企业下半年开采指标削减30%；连续6个检测周期累计不达标4次，相关企业下半年度开采指标削减60%；更严重的将停止下半年开采。"综合执法支队大队长杨传业介绍。

杨传业分析说，黄柏河东支流共设有27个水质监测点，聘请第三方公司不定期监测。通过水质监测分割100万吨奖励开采指标(相当于4亿产值)，这么大一块"肥肉"，各县区及企业谁不"眼馋"？又有谁不害怕别人在自己身上"割肉"？

从"要我改"到"我要改"，这件事在湖北昌达化工有限责任公司负责人孙自臣身上体现得淋漓尽致。由于污水排放连续3次不达标准，该公司的黑良山磷矿一直处于半停产状态，三四十万吨的磷矿开采份额全给了别的公司。在水质和经营压力面前，黑良山磷矿自动自发优化污水处理工艺，先后投资550余万元引进安装两套废水一体化处理设备，最后达标恢复生产。

综合执法支队汪俊磊介绍说，湖北三宁化工股份有限公司新建的矿区排水口污水净化池有600多平方米，一次可净化3000立方米污水，总投资300多万元，池内水质清澈。

该公司负责人李勇介绍，公司还投资1000万元，建有井下废水沉淀池，矿区废水经过几次净化后，水质可达Ⅱ类标准。

时任黄柏河流域综合执法支队支队长洪钧说，2018年，远安县缴纳了300万元水质保证金，通过全年对黄柏河流域水生态环境的保护，年底考核获得512万元的生态补偿奖励资金和38万元吨奖励性磷矿开采指标。嫘祖镇将512万奖励资金全部用于黄柏河流域生态环境治理。

该镇对6个村的生态环境进行全面整治，建设1家污水处理厂，配置了1套污水处理设备，改造户厕、公共厕所共计1535座，建设农村沼气池150口，规范收集处理居民生活污水；建设垃圾中转站1个、垃圾房120个、垃圾池48个、无害垃圾填埋坑2000个，在边远山区设置了垃圾箱，确保垃圾及时回收处置。

该镇每年免费向农户发放有机肥约50吨，广泛引导沿线村民发展生态绿色农业,累计种植景观植物3000亩,有效降低了化肥、农药等农业面源污染。对流域内的规模化养殖场全部搬迁,并通过关停、拆除、整改,使110家畜禽养殖户的排污问题得到稳妥解决。

夷陵区充分利用生态补偿资金对黄柏河生态进行"康复治疗"。争取中央水污染资金12.2亿元,实施子项目21个,涵盖黄柏河干流及部分支流综合整治。整治重点河段35公里,清淤疏浚河道50公里,清除河道垃圾500多吨、漂浮物120吨、清理各类河道障碍96处。

开展岸线生态复绿。黄柏河城区段复绿面积130余亩,种植了楠树、樟树、桂花树、樱花树、红叶石楠、海棠等树木9000余株,草皮面积400余亩,恢复生态岸线35公里。

打造生态体验区。建成河心公园生态坝、黄柏河湿地公园、法治文化公园等各具特色的公园小品,集自然景观、法治景观、休闲步道、生态廊道于一体,打造人与自然和谐共处的生态体验区。

经过几年治理,黄柏河东支流域22家磷矿企业达到国家级绿色矿山标准,水质连续五年大幅提升。

据统计,2017年到2022年,黄柏河流域Ⅱ类水质达标率分别为82.59%、89.92%、96.04%、97.38%、98.18%、98.21%,2022年较2017年提高15.62个百分点,流域水质得到根本改善,长江干流宜昌段水质稳定达到Ⅱ类标准,有力保障了城乡居民饮用水源安全,改善了长江水质。

"大家众志成城,决心保护好宜昌市人民的饮水源头,护一江清水长流,为创建长江大保护典范城市奉献青春和智慧!"执法队员们的铮铮誓言融入黄柏河的涓涓细流中,为宜昌建设长江大保护典范城市汇聚磅礴力量!

(撰稿:陈维光)

绿水逶迤 芳草长堤处处春

2022年9月29日,秋高气爽,宜昌城区滨江公园人气爆棚。绵延20多公里的滨江绿道,成为宜昌市民以及外地游客户外亲水游玩的首选之地。

漫步在宜昌的滨江公园,松树、梅花、文竹随处可见,绿草红花交相辉映,在蓝天的映衬下,一幅美丽的秋日滨江图景展现在眼前。沿堤望去,草木葱茏的宽阔绿色景观带映入眼帘。

2018年以来,宜昌认真落实省委、省政府长江大保护战略部署,先后启动长江两岸造林绿化专项战役及全域生态复绿、国土绿化和湿地保护修复攻坚提升

长江猇亭段岸线修复(三峡集团 提供)

行动,持续推进长江生态环境保护修复。

如今,"一面云山一面城""江豚吹浪立""沙鸟得鱼闲",一幅生态画卷正在宜昌大地展开。

生态修复 刻不容缓

峡尽天开朝日出,山平水阔大城浮。

浩浩长江,穿城而过。

拥有232公里长江岸线的宜昌,是葛洲坝、三峡大坝所在地,也是长江航运转承点和长江中下游重要的生态安全屏障,更是长江流域生态敏感区。

2018年4月26日,习近平总书记在武汉主持召开深入推动长江经济带发展座谈会,他指出,"必须从中华民族长远利益考虑,把修复长江生态环境摆在压倒性位置,共抓大保护、不搞大开发","探索出一条生态优先、绿色发展新路子"。

牢记嘱托,不辱使命。

同年12月,宜昌市主导的湖北省长江三峡地区山水林田湖草生态保护修复工程入选国家第三批试点。

至此,一场以岸线整治为基础的长江岸线生态修复战迅疾打响。

2018年,宜昌市主动探索、先行先试、克难攻坚,在全省率先启动长江两岸造林绿化工作,推进全域生态复绿,编制《宜昌市全域生态复绿总体规划(2018—2020年)》,实施长江两岸造林绿化专项战役,采取岸线复绿、护堤护岸林建设、沿线村庄道路绿化、森林质量提升等措施,全面加快长江生态环境保护修复。

2018—2020年,全市累计完成长江两岸造林绿化13480亩,修复长江干流岸线97.6公里,总投资68125万元,连续完整、结构稳定、功能完备的长江森林生态系统初步形成,长江两岸造林绿化专项战役在全省长江大保护十大标志性战役考核中两次取得优秀的成绩,在省政府召开的长江两岸造林绿化现场推进会上作经验交流。

2021年,根据全省、全市统一部署,宜昌市持续推进长江高水平保护,启动实施国土绿化和湿地保护修复攻坚提升行动,计划到2025年完成造林绿化1.86万亩,森林质量提升28.18万亩,建设省级森林城市3个、森林城镇8个、森林乡村70个,完成湿地生态修复1万亩,使全市森林和湿地生态系统结构更加合理、生态安全格局更加优化。

截至2022年5月,全市共完成国土绿化和湿地保护修复攻坚提升行动人工造林1.82万亩,森林质量提升14.3万亩(森林抚育5.43万亩,退化林修复8.87万亩),湿地保护修复1.03万亩。已创建省级森林城市1个(当阳市),森林城镇3个(秭归县九畹溪镇、远安县旧县镇、五峰土家族自治县长乐坪镇),森林乡村23个。

猛药去疴　应绿尽绿

长江病了,问题在水里,根子在岸上。

2022年9月10日,笔者来到有着400多米岸线的猇亭区磨盘溪码头,原来煤炭堆积、飞尘乱舞的景象荡然无存,岸边停靠的船舶不见了,只见滩涂平整,绿草如茵。

这是宜昌开展长江岸线专项整治行动以来"啃"下的一块"硬骨头",也是宜昌进行岸线整治的一个缩影。

为了给长江"治病",宜昌站位高远,刮骨疗毒,决心破"围"。短短三年时间,宜昌化工企业累计被淘汰38家、改造升级55家、完成搬迁24家、转产7家。搬迁后的地块怎么处理?

重拳之下,全市已取缔、拆除码头216个,其中长江干线有184个,支流有32个,码头数量减少三分之二。

腾出的岸线资源如何利用?

"减负"之后,伤痕累累的长江岸线怎样"疗伤"?

答案是:生态修复,应绿尽绿。

宜昌坚持"政府主导、市场参与",统筹"山水林田湖草沙"系统治理,紧密对接乡村振兴战略、公园城市建设,将沿江搬迁企业厂区、码头生态复绿纳入化工产业转型升级工作整体部署并予以保障。

因地施策,分类推进。按照"突出乡土特色、打造生态作品"的要求,采取"建点、连线、扩面",全面推动国土绿化提档升级。针对市域长江6个不同江段和9类地块现状,筛选18个植物配置方案,确定7种典型复绿模式,着力破解临水绿化、破硬绿化、垂直绿化等难题。将沿江腾退岸线复绿纳入全市化工产业转型升级目标考核,规定保留码头的绿化率不低于15%。

如今，放眼宜昌滨江大地，满目绿意蔓延。

宜昌市长江岸线整治修复项目（白沙路—猇亭古战场），岸线总长8公里，绿化面积900余亩，高标准打造宜昌市滨江公园延伸段。

宜都市枝城镇复绿长江岸线5公里，新建凤栖广场、朝阳广场等，整治滨江岸线、四海码头4公里，建成景观长廊。昔日"脏乱差"的高坝洲镇祥印码头，如今已变成4000多平方米的大花园。

枝江市城区建成滨江生态景观廊道280亩，把10公里的长江岸线打造成"花世界"和"绿森林"，为市民提供生态、休闲、健身的"城市客厅"。

秭归县在受损崩岸和550公顷岸线消落带试种抗涝的狗牙根草等植物，实现水退岸绿、护岸保岸。

点军区投资5000余万元开展联棚河河道景观改造升级，河流两岸整治418

长江岸线整治项目——宜昌灯塔广场（黄翔 摄）

亩,建成市民休闲公园。如今,点军区依江而立,山环水绕,36.9公里滨江岸线绿意绵延。

猇亭区全通码头段投资1695万元,生态修复94亩,打造滨江亲水廊道2.6公里。

夷陵区长江岸线非法码头、砂场取缔后跟进复绿,打造出三峡坝区"樱花长廊"等"网红"景观岸线……

带着保护长江的情怀,创新开展"互联网+"植树活动,开展"助力长江大保护,我为宜昌种棵树"活动,宜昌每年有超过20万人次的市民积极参与长江岸线绿化,长江两岸造林13103亩,义务植树近百万株;沿江沿岸实行全域生态复绿,复绿面积52745亩。植树种草,使得江岸曾经的生态"疤痕"被修复,宜昌迎来了动人的绿色回响,今日的宜昌长江岸线,正演绎着生态"玉带"、发展"绿带"的长江之变。

打造精品　示范带动

立足生态功能提升与景观提质增效并举,一大批精品工程形成强大示范。

宜昌城区王家河江豚观景平台曾是中石化集团王家河油库码头。2021年4月,宜昌关停运营63年的王家河油库码头,把占地面积19.4万平方米的油库整体外迁至枝江姚家港化工园区。钢筋水泥构筑的岸边承接平台被改造成江豚观景平台,让人们可以在这里观赏江豚逐浪的自然美景。

旧貌换新颜的油库码头,每天曙光初现,四面八方的江豚爱好者到这里打卡观测;每到夜幕降临,沿江几公里的江岸上人来人往,人们散步、嬉戏、跳舞,这里俨然成为市民的新乐园。

2022年8月10日,秭归木鱼岛花团锦簇,游人如织。

绿树鲜花错落有致,廊桥亭台古色古香。每到周末,这里会吸引不少人前来踏青。木鱼岛公园因形似木鱼而得名,三面环水,如一条绿带漂浮在高峡平湖之间。

这个位于长江中的岛屿,曾经乱石遍地、杂草丛生。2018年,秭归县城木鱼岛至尖棚岭岸线环境综合整治工程开工。2020年10月,木鱼岛休闲公园正式对外开放,吸引省内外游客慕名前来"打卡",在三峡大坝前构筑起一道美丽的生态屏障。

这是宜昌打造特色滨江长廊、整治长江岸线的一个缩影。

9月7日下午,伍家岗长江大桥北岸桥下,江水奔流拍岸,放眼望去,绿水青山间,船只穿梭。

这里是位于宜古路侧的长江岸线整治修复项目,宜昌市园林绿化建设管护中心工程科副科长温铭鑫介绍,该区域为运动区,共设七块场地,包括五人制足球场、篮球场、乒乓球场、羽毛球场等,并配套了近百个车位,方便市民前来运动健身。

此项目西起柏临河入江口,东止猇亭古战场,岸线总长8公里。项目批复占地面积162万平方米,分为7个标段建设,包括田野阡陌、百舸争流、山盟之约、灯塔广场、码头印象、惊涛栈道等10个节点。

"项目植入码头文化、诗歌文化、船文化,着力打造婚庆场景、运动场地和科教场地,让公园全方位服务市民!"温铭鑫说,建成后这里可以运动、散步,办户外婚礼、诗歌文化展览等。

目前,整个项目已完成90%的工程量,届时,长江岸线将再添新的美景——宜昌东大门生态长廊。

同年9月12日,"串园连山"生态绿道示范项目三峡大道"开门迎客"。

该项目负责人刘杰介绍,三峡大道绿化提升工程实施范围为伍家岗新收费站至宜昌旅游信息咨询中心段,全长19公里。该项目于2022年3月1日开工,主要围绕三个方面进行改造提升:一是节点绿化提升,优化车行视线和门户通道形象;二是沿线高切坡及挡墙生态修复,采用"上垂下爬"、团粒喷播等方式对硬质挡墙、边坡进行绿覆盖;三是林下空间整理和林相增色添彩处理,保留长势良好的背景植物,整理杂乱植被,因地制宜植入彩叶树种,丰富季相变化。

三峡大道是宜昌市的"东大门",此提升工程通过对道路侧边坡挡墙进行生态修复,梳理了下层和对车行有安全影响的群落植物空间,精心打造了水杉风景林带,遮挡城区接合部建筑杂乱区域。原本景观效果差、植物杂乱生长的道路边坡摇身一变,成为线形流畅、视野通透、简约大气的景观大道,给穿梭于快速路的驾驶者留下舒展灵秀的生态宜昌城市印象。

昔日,厂房污水横流,码头砂石漫天,轮船肆意排放;今朝,人退水清,鱼繁鸟育,江岸郁郁葱葱,江豚起舞嬉戏。

　　大江逶迤,芳草长堤,绿树万株波千里。今日的宜昌,正以久久为功的韧劲,实现232公里长江岸线的"凤凰涅槃",以"水清、岸绿、滩净、景美"的生态构图,描绘"绿水青山就是金山银山"的新画卷!

(撰稿:陈维光)

山水林田湖草治理的"宜昌探索"

　　党的十九大报告提出:"像对待生命一样对待生态环境,统筹山水林田湖草系统治理。"实施山水林田湖草生态保护修复工程,是党中央、国务院做出的重大决策部署,是生态文明建设的重要内容。

　　2018年12月,湖北省长江三峡地区山水林田湖草生态保护修复工程被正式纳入国家第三批试点。

山水林田湖草生态保护修复国家试点工程(王恒 摄)

该试点工程总投资103.2亿元,统筹实施长江干流岸线生态修复等9大工程措施,布局63个重点项目。治标与治本并重,整体与重点并进,防治与修复并施,建设与管护并举。

五年来,宜昌山水林田湖草生态保护修复项目昼夜不息,渐次完工。

(一)治山先治荒 矿山披"绿装"

宜昌人杰地灵,全市磷矿、煤矿、石材等矿产资源富集。然而,因为矿产资源开采一度野蛮粗放,巴山楚水"伤痕累累"。

"绿水青山就是金山银山""山水林田湖草是生命共同体"……近年来,宜昌深入学习贯彻落实习近平生态文明思想,坚持山上山下融合共进、岸上岸下系统治理,让废旧矿山重新"披绿"。

2021年6月,《全市绿色矿山建设三年行动方案和年度实施方案》《全市废弃矿山生态修复四年行动计划》相继出炉,计划用三年时间完成93家绿色矿山建设任务,用四年时间完成192家废弃矿山生态修复任务。

据统计,目前宜昌市已完成103家废弃矿山的生态修复工作,修复面积达230公顷。宜昌市还积极探索"矿山修复+"模式,将矿山修复与生态农业、乡村旅游等有机结合,坚持"绿水青山就是金山银山"的新发展理念。

百年老矿 焕发生机

2023年5月,宜都市松宜矿区绿树成荫、花草葱郁,俨然一幅生机勃勃的秀美画卷。

松宜矿区曾是湖北省第二大煤炭生产基地,因百余年的开采,资源已经枯竭,特别是煤矿全部关闭后,地面塌陷、山体滑坡、弃渣滑塌、河道阻淤等各类地质环境和生态问题集中凸显。

修复矿山,迫在眉睫! 2018年12月,以宜昌为主体申报,覆盖恩施巴东、荆州松滋的湖北省长江三峡地区山水林田湖草生态保护修复工程成功入选国家第三批试点。宜都市松宜矿区废弃矿山地质环境生态恢复工程即在其中。

2020年7月开始,按照"宜耕则耕、宜农则农、宜林则林、宜建则建"的原则,宜都和松滋两市共同对松宜矿区进行集中连片修复和整治。

据了解，两市从矿山整治、生态修复等方面入手，科学诊断、整体设计、系统修复、分步实施，放大生态修复综合效益，积极消化历史欠账，主动谋划矿区转型发展。

"山上"修坡整形，消除危岩；"山腰"复垦复林，还绿于民；"山下"疏浚河道，治理水体。自此，废弃矿山展新颜，松宜矿区踏上凤凰涅槃的新征程。

据了解，按照土地规划的使用方向，该矿区共综合治理窑炉、井口、建筑物、工业场地等7处废弃矿山，平整场地643.5亩，翻耕土地，复绿裸露体19处，有效恢复土地资源，增加了3859亩矿区林地及83亩建设用地，将243亩废弃地还土于地、还田于民，恢复农林业生产；对矿渣淤积严重、含水层结构被破坏、水土流失严重的河道开展专项地质调查测绘，采用"河道清淤+岸坡加固+生态护岸"三重措施叠加的方式，修复河道岸线14.5公里；采用"危岩清除+主动防护网+被动防护网+坡面绿化"的综合方式进行治理，清除高陡边坡上的矿渣、活石、危石等不稳定块体，消除危岩崩塌、坠石、塌陷、滑塌等地质灾害隐患16处，让矿区群众安居乐业；采用化学、生物等综合措施进行污染水体治理，确保其达到正常范围后排放。

一时间，松宜矿区矿山恢复治理工作成为宜昌市山水林田湖草生态保护修复工程的一个生动缩影。

绿色磷矿　脱胎换骨

2022年5月7日，笔者一行来到位于兴山县水月寺镇的树崆坪磷矿区，绿树、翠竹、红叶石楠交相掩映，美不胜收。

矿区里，行政楼、食堂综合楼、宿舍楼错落有致，中间的篮球场上，员工们正进行运动会的赛前训练……矿区不见矿，满眼绿意，令人宛若置身幽谷花园。

"以前可不是这样，这里曾聚集几十家采矿企业，野蛮开采导致山体塌陷裸露、植被破坏，环境乱糟糟。"附近村民陈建国回忆道。

兴发集团接管树崆坪磷矿后，开始对矿山进行"由内而外"的综合系统治理。

据介绍，兴发集团先后投资2.1亿元，不断完善矿区基础设施，加大设备及工艺更新力度，在开采过程中推行"全层开采、分采分运"工艺，坚持开发与保护并举，优化采场结构参数。其中，投资5000余万元，综合治理山体崩塌区、水患及采空塌陷区、废石堆场等,对采空区进行充填,完成覆土绿化20多万平方米,并对矿区污废水进行集中收集处理,实现达标排放……

治理后的树崆坪磷矿区"脱胎换骨",2020年进入全国首批"50家绿色矿业发展示范区"名单。

为了守住成果,在采矿区入井口旁,三维可视化管控平台高效运转,大屏幕上实时显示矿山内外的生产流程。

"公司投资5000余万元,建立了集VR可视化、智能通风、机械自动化、台车远程控制系统、云视讯平台、人员定位、智慧物流于一体的矿山安全生产智能管控中心。"矿区负责人杨美洪指着大屏,颇为自豪。

今天的树崆坪磷矿区,正成为宜昌市绿色矿山建设的一张亮丽名片。

边开边治　绿色循环

夏日夷陵,景美人醉。5月15日,笔者来到位于夷陵区龙泉镇双泉村的杨家沟采石厂矿山恢复治理现场,一株株年前栽的树苗已长高半米,在微风的吹拂下显得生机盎然。

"现已栽植花树乔木4000多棵、竹子3000多株,治理效果初步显现。"宜昌欣扬孵化运营管理有限公司副总经理吴鹏禄介绍说。

为了提升矿山恢复治理标准,突出恢复治理成效,夷陵区自然资源和规划局将土地整治技术标准引入矿山恢复治理全过程,成立工作专班,多次组织土地整治专家到现场踏勘,开展技术指导。杨家沟采石厂主动扛起矿山治理责任,先后投入资金100多万元,完成危岩清理1200余立方米,土方平整4.8万立方米,修建截排水沟渠1500米,种植红叶石楠5500余株、桂花树800余株、杨树2800余株、蚊母树8000余株,播撒地表草籽275公斤,回填沃土18500立方米,复垦复绿土地200余亩,最大限度恢复生态功能,让废弃矿山一步步变成生态绿地。

5月22日,在兴山县葛洲坝水泥厂矿山,一层层梯级的开挖给笔者留下深刻印象:梯级开挖每层高12米,宽6—8米。这种开采方式不仅可以保持水土不流失,还可以开挖一层绿化一层,下面开矿机轰鸣作响,上面已经绿意盎然。

2020年,《省自然资源厅 省生态环境厅 省财政厅关于湖北省长江三峡地区山水林田湖草生态保护修复工程试点实施规划(2019—2021)的批复》(鄂自然资批〔2020〕11号)下达,宜昌市长江干支流两岸10公里范围内废弃露天矿山生态修复工程位列其中。

三年来,宜昌本着"生态优先、绿色发展"的理念,持续推进矿山生态环境恢复和综合治理,按照"谁破坏、谁治理"的原则,因矿制策、分批推进、精准发力、多措并举,跟进督导检查,让废弃矿山重披"新绿装"。

湖北省长江三峡地区山水林田湖草生态保护修复工程,统筹推进土地综合整治、矿山生态修复,成绩斐然。

据统计,该工程共治理废弃露天矿山(点)36个,生态修复总面积180.29公顷,生态修复治理效果基本达到。根据土地利用方向,复垦形成耕地5.77公顷,林地104.93公顷,草地47.38公顷,园地2.73公顷,建设用地7.11公顷,其他可利用地6.73公顷。

目前,包含沿长江10公里矿山修复等的193个矿山修复项目,或已完成,或处于煞尾验收阶段。

(二)治水先治岸 岸绿水长清

初夏时节,宜昌江段波涛万顷,长江岸线秀美如画。还岸于民,滨江廊道跳动绿脉。

作为湖北省长江三峡地区山水林田湖草生态保护修复工程试点的重点项目,宜昌长江岸线整治修复项目(柏临河入江口—猇亭古战场)备受瞩目。

该项目沿线全长8.9公里,总占地面积约162公顷,不仅是滨江公园的延伸段,还是整个宜昌江段岸线提标升级的"示范段";不仅包含长江堤岸整治修复,还包括市政道路绿化以及沿线山体修复,更是湖北省三峡地区山水林田湖草生态保护修复工程试点的标志性引领项目。2022年7月18日,该项目全线完工。

找准问题 靶向修复

重任在肩,宜昌迎难而上!

2021年5月,伍家岗长江大桥桥北建设工地旁的滨江岸线,是宜昌长江岸线整治修复项目最早展露"芳容"的标段。

"别看现在绿意盎然,以前这里可是一片厂房,有大面积的硬化地面。"附近

点军区卷桥河湿地公园(吴延陵 摄)

村民周梅向笔者介绍说。

"曾经的柏临河入江口到猇亭古战场沿江一侧遍布厂房、物流公司、建材市场、码头等,侵占了生活岸线及生态岸线;除柏临河入江口至伍家岗长江大桥沿江带为硬化护坡外,余下沿岸驳岸岸线杂乱,大部分为混凝土码头、建筑垃圾填埋岸坡,植被极少。"长期在伍家岗共联村工作的关先锋回忆说。

"在地方政府的支持配合下,除保留场地内部宜昌最大的临江溪污水处理厂、重件码头、海事码头及长航码头以外,共取缔拆除码头15座,清理岸线约8公里,并进行了破土翻新。"项目前期负责人陈金豆介绍说,施工期间,多位专家根据地形地貌不断优化岸线修复方案。

在项目综合整治中,项目责任方充分运用了环保、科技理念。如运用海绵城市技术,以行泄洪水、截污净化、雨水收集为主,配合护岸布置透水铺装、生物滞留设施、雨水湿地、植草沟、植被缓冲带等低影响开发设施,实现雨水自然排放。

这些措施拦截了污水源，增加了植被，通过生态过滤，让流入长江的水更干净，真正起到了保护长江水质的作用。

"除了前期的岸线清理，主要施工内容还涵盖修建截污管网、建设生态护坡、建设滨江绿带。"现场施工人员谭先生介绍说，治理长江岸线其实是一个系统工程、综合工程。

"有些被破坏的山体就像切'豆腐'一样被切断，我们在修复的时候并没有做大幅度的改造施工，只是顺坡而修，与以前的山体顺接即可。"宜昌市城市园林绿化建设管护中心(以下简称市园林中心)项目现场代表唐万林介绍。

山水长歌　江语翠滩

2022年2月15日，春节刚过，市园林中心党委书记、主任李羡军在城市园林绿化工作座谈会上强调：全体园林干部要突出"快"与"精"，全力建设好滨江公园城市；要突出"准"与"深"，奋力争创国家生态园林城市；要突出"美"与"情"，助力创建全国文明典范城市。

2022年，宜昌市加快建设滨江生态廊道的步伐。"在原方案中，沿岸的10来棵樟树本来是要抬高的，但考虑到抬高就要将其连根拔起再重新栽植，重新栽植就必须修剪树冠，这样势必会对树木造成损坏，于是我们调整了方案。"3月3日，项目建设施工负责人、市园林中心工程科副科长温明鑫介绍说，整个建设过程，始终贯彻绿色生态优先理念。

"整个项目的复绿用树，我们选择的主要是宜昌本土树种，成本较低，成活率高，修复效果好。"跟随温明鑫的指引，笔者看到，已经栽植的多为水杉、樟树、栾树以及柚子树等本地常见乡土树种，节约优先、保护优先、自然修复为主的理念落到实处。

通过生态修复，宜昌城区滨江公园的长度从以前的16公里拉伸至25公里。如今，市民可从葛洲坝沿滨江公园散步至猇亭古战场。

坚持生态惠民，共享绿色发展福利。"以前，想到附近的江边散个步都不容易，不是码头就是工厂，找个偏僻的地方也是坑坑洼洼。现在好了，看看江景，散散步，很享受。"56岁的朱银富是伍家岗区伍家乡共联村村民，从小生长在长江边，亲眼见证了长江岸线从农田到工厂再到绿地的变迁。

治修相融　休闲乐园

"环境好、生态优,是我们期盼的最大福利。"2022年8月18日,笔者漫步枝江市滨江公园,碧水东流,飞鸟嬉戏,绿色生态廊道风景如画,市民们看到美丽江滩,十分欣喜。

在枝江市马家店镇城西江滩,昔日荒芜的岸坡蝶变重生,高起点定位、高标准建设的滨江生态廊道上,游人如织。枝江市住房和城乡建设局城建相关负责人介绍说:"在山水林田湖草保护修复之际,我们为市民打造一个集生态、休闲、娱乐、健身于一体的城市会客厅,把这一片变成了活力片区。"

枝江市滨江生态廊道修复工程东起金山大道,西至狮子路,公园建设从土方施工到园林景观布置都遵循"生态优先、绿色发展"理念,廊道沿江堤蜿蜒排开,依水就势,与周边环境和谐共生,相得益彰。公园建设中,景观树的间距、支撑杆的固定、排水沟与步道设计等小细节都尊崇自然,精细化施工理念贯穿始终。

如今,滨江廊道的两个广场可供市民游玩、休憩,三条主干道也为市民休闲散步和运动骑行提供场所。市民可以在公园漫步,赏滨江美景,在绿道骑行,享运动之乐。公园还将建设管理用房、公厕、羽毛球场、篮球场、停车场、茶室等。

漫步江岸,一城美景揽怀中。枝江市民王鹏说:"滨江公园的风景很好,这些天天气炎热,每天傍晚,我都会和家人、朋友来江边吹吹江风,心情特别好。"

(三)全民植树造林　全域生态复绿

城依江而建,城因江而兴。

长江干流岸线宜昌段232公里,长江干流流经宜昌8个县市区,清江、沮漳河、黄柏河、玛瑙河、柏临河等重要支流润泽宜昌。

为了确保一江春水向东流,宜昌市委、市政府先后编制实施《宜昌市全域生态复绿总体规划(2018—2020年)》《宜昌市长江两岸造林绿化工程实施方案》,制作岸线复绿实景图。

宜昌在中心城区探索实行"山长制",市直56家机关单位一把手任山长,上山植树,靠前指挥,示范带动,承担城区15处裸露山体、85个责任地块的生态修复及管护责任。

宜昌针对市域长江6个不同江段和9类地块现状,编制10幅造林模式图,筛选18个植物配置方案,确定8种典型复绿模式,着力破解"临水绿化、破硬绿化、垂直绿化"等难题。

长江干流沿线各县市区启动长江两岸造林绿化工程、生态复绿示范工程,在宜昌沿江8个县市区191个地段迅速展开。

除了长江干流,生态复绿工作还迅速向长江各支流岸线、交通沿线延伸。各县市区、各乡镇一把手挂帅上阵,领衔主抓,推进落实,以植树造林为抓手的"绿化长江岸线、修复长江生态"活动高潮不断。

为确保质量,宜昌实行"岸上核、空中查、水面巡"的全方位、无死角、立体式核查巡检,统筹落实造管责任,确保成活、成林、成荫、成景。

功夫不负有心人。2017年以来,宜昌完成全域生态复绿5.27万亩,长江两岸造林绿化1.34万亩、精准灭荒造林1.18万亩,修复长江干流岸线97.6公里、支流岸线196公里,复绿废弃矿山192个,保护天然林1801.2万亩,城区人均公园绿地面积15.03平方米,累计创建国家森林乡村50个、省森林城镇19个、省绿色乡村335个。

随着一棵棵绿树扎根,长江宜昌段生态系统质量和稳定性不断增强,全市森林面积、质量"双提升",森林覆盖率达68.47%,居全省市州前列,基本构建起山环水绕、绿廊穿梭、环境优美、生态优良的森林生态环境体系,实现居民"出门进园、推窗见绿"的梦想。

为了让更多市民参与植树造林、生态复绿,宜昌发动企业、社区、农村合作社、种植大户等各类主体参与,持之以恒地推进全民义务植树深入开展,通过以奖代补、寄养托管、PPP项目等模式调节利益分配,充分调动市场参与积极性。

与此同时,宜昌市还积极探索"互联网+义务植树",建立义务植树网上报名平台,组织开展"助力长江大保护,我为宜昌种棵树"活动,引导市民群众参与造林绿化、抚育管护、认种认养等。据统计,全市年均200多万人次履行植树义务,每年植树800万株以上,全社会"爱绿、植绿、护绿"的热情高涨。

宜昌各地按照"突出乡土特色、打造生态作品"的要求,坚持"四季挖窝,三季种树",采取"建点、连线、扩面",推进"治水、治岸、治绿",全面推动造林绿化提档升级。

春风又绿江两岸，今天的宜昌，山似玉簪，江如绿带，舟行碧波，如游画中。

(四)驳岸共治 农田穿上“防护衣”

宜都市枝城镇工业发达，岸线优越，码头曾延绵十几公里。为绿色让路，枝城镇以壮士断腕的决心，拆除违建码头25处、沿线违规建筑52户，关闭搬迁畜禽养殖72户，破硬复绿525亩。

为阻断幼体钉螺上岸，加固老旧驳岸1公里；滩涂种植意杨等树种520亩，林间套种益母草，形成钉螺难以存活的自然环境；药物灭螺150亩，有效剿灭钉螺。

客土换填塌陷区，治理水流冲刷区50亩，乔木灌木结合，建设生态缓冲带、生态绿道5公里，实现有害生物滩涂综合治理300亩，种植生态防护林110亩，形成水陆复合型生物共生的生态系统，增强水体自净能力。

为了防止临江76户散住居民的生活污水污染田地河流，建设微动力生态收集池3个，总处理量30吨，经过植物和微生物降解、沉淀，水质达标排放。项目改建、新建城市岸线雨污分流管网20.6公里，每日可收集污水1600吨，缓解区域雨水、污水积滞问题的同时，有效控制长江水域面源污染。

林水调控，设置水土“守护线”。充分考虑枝城自然条件、本土物种、适用技术等，在楚星化工及其他化工厂周围构建乔木、灌木、草本植物相结合的生态隔离带，利用植物生态性削减污染物含量。

对污染严重的汇水区，采用植草沟、植被缓冲带(微地形)等对径流雨水进行预处理，去除大颗粒污染物并减缓流速，降低工业污染物对居民健康及生活的影响。

集约整合项目搬迁等闲置土地，建成生态游园及城区街头绿地23处，种植降噪声、适应性强的乔木、灌木、花卉树木25200余株，铺植草坪70000平方米，铺设透水砖10000平方米、透水沥青5800平方米，增加雨水自然沉降面积，挖通丹阳大道老旧破损下水道500余米，采用植草沟对径流雨水进行预处理，去除大颗粒污染物并减缓流速，实现城市排水蓄水的海绵功能，有效破解水土流失困境。

(五)昔日“腌臜堰” 今朝湖光山色

廖家湖位于宜都市陆城镇，紧邻长江，地势低洼，过去曾是长江的行滞洪区，三峡大坝修建后退出行滞洪区。村民为增加收入，修筑围埂、“变洼为塘”进行水产养殖。由于过度养殖和周边居民生活污水直接排放以及倾倒过剩农产品,湖水环境污染日益严重,水体质量急剧下降。

2019年10月,廖家湖湿地生态修复项目被纳入湖北长江三峡地区山水林田湖草生态保护修复工程。突出路边、田边、河边、湖边、山边"五边"治理,进行以"生产生活小广场、人水和谐小流域、一村一品小产业、庭前院后小花园、乡村人文小景点"为主要内容的"五小"修复。做好建设"减法"和生态"加法",将生态引入城市,把城市变成大公园。

宜都市属国有平台公司出资,对侵占湿地的养殖农户进行有偿退出,共腾退生态空间1038亩,拆除堰塘围埂,重建湖底"微地形",恢复湖底正常比降,增加水体流动性,提高自净能力。将廖家湖、邓家湖和宜张高速以北的湿地连为一体,扩大湿地水体面积,使其恢复到历史水面,形成湿地面积864亩。

同时,进行湖区污水收集处理,基本实现项目区范围内"不让一滴污水入湖",还在湿地上游沟道上建堰拦水,设立梯级滞留塘,建设人工湿地,通过重力沉降、植物吸收和微生物降解等作用,对补给水质进行净化。修建生态缓坡性岸线,综合布局水生植物、岸坡植被、滨水乔木、两栖动物迁徙廊道、环湖绿道等,改善水环境。

如今,廖家湖湿地生态功能基本恢复,宜昌市湿地公园管理部门的野生动物监测结果显示,素有"国宝"之称的中华秋沙鸭以及凤头潜鸭、野生鸬鹚等多种候鸟在这里停留越冬,区域动植物多样性显著增加,生态修复取得显著成效。

枝江金湖,昔日是"腌臜堰",今天是"后花园"。

20世纪90年代后期,为了从湖中捞起"最大"的经济效益,枝江市金湖8000余亩水面被割裂成一处处大小不一的渔场、鱼塘,对外承包。长期投肥养殖,加之管理混乱,导致水体极度富营养化,蓝藻水华频发,渔场鱼池经常"翻塘",金湖成了一个臭名远扬的"腌臜堰",周边群众苦不堪言,环保投诉年年不绝。

时至今日,提及当年的金湖环境污染,金湖国家湿地公园管理处原主任余红依然痛心疾首。

2016年10月,上任伊始,余红准备了一身的"行头":一件下水衣、一双胶鞋、一辆摩托车、一个透明度盘、一个测深仪、一盘长卷尺。他带领一班人实地踏勘湖泊的水系、边界,摸排水体污染源,分析金湖生态状况,开展资源本底调查。

枝江市金湖一角(黄翔 摄)

　　在宜昌市委、市政府的大力支持下,枝江市向污染宣战! 在余红等人的组织协调下,金湖管理处迅速推进"退渔还湖"工作,收回金湖湖泊承包养殖权,全面取缔网箱养鱼、投肥养殖,将753个养殖网箱全部拆除,当年腾退围垦农田和精养鱼池1240亩;关停金湖上游5家污染企业,封堵沿湖32个排污口;将沿湖岸线100米范围划定为生态保育区,新增湖泊面积778亩;将湖岸8.4公里水泥硬质护坡全部改造为生态护坡,栽种水源涵养林5万余株,建设环湖绿道17.6公里……

　　"治渔、治污、治岸、治水",金湖的水变清了,多年不见的鳜鱼、青虾、河蚌、螺蛳、野菱角又回来了。有清澈的湖水、美丽的景色的金湖,也是大量鸟类栖息繁衍的"后花园"。

　　环境的改善"引爆"周边服务业。据不完全统计,湿地公园周边从事特色种(养)殖、农产品加工、采摘的商户近100家,发展农家乐的43家,经营民宿(家庭旅馆)的15家,户平均增收1.8万元。到金湖"骑行、观鸟、品湖鲜",已成为宜昌市民的新时尚。

5月的金湖，柳丝轻扬，翠浪翻空，长堤弥漫着绿烟彩雾。雨过天晴，畅行湖中，游人能深切体会到"舟如空里泛，人似镜中行"的意境。

"这里的环境很好，空气也很清新，可品尝各种各样的湖鲜。夏天，湖堤凉风习习，可骑行，可散步，也可观鸟，每年暑假都和家人一起过来游玩，感受大自然的馈赠！"在湖边游玩的枝江市民胡世斌感叹道。

(六)林田水草共治　湿地公园美如画

湿地有"地球之肾"之称，在生态修复中不可或缺。2018年以来，宜昌市严格按照湖北省山水湖草林田治理任务清单，挂图作战，稳步推进，不断推进"治水、治岸、治绿"工程，通过"退养、退耕、退建，还草、还林、还湖"等生态修复措施，加快湿地公园建设和升级步伐。如今，宜昌市9家湿地公园成功晋升为国家级，省市级湿地公园星罗棋布，达30多个。

河流轻缓，岸芷汀兰。沿黄柏河溯流而上，映入眼帘的是一片青翠。水岸共治，眼前黄柏河沿线的"一河三园"，令人流连忘返。

几年前，为了彻底改变黄柏河流域的环境问题，夷陵区实施"水岸共治"，河道治理与河岸整治同步进行。

位于夷陵区东城试验区蔡家河村的生态湿地公园内，绿荫掩映，芳草萋萋。夏日傍晚，蜿蜒的步行道上，三三两两的人伴着微风，或缓步闲逛，或劲步疾走。不远处还有嬉笑欢闹的儿童和悠闲打太极的老人，一派平和祥静。

近几年，随着黄柏河生态治理的推进，蔡家河村发生了翻天覆地的变化。"很多外出打工的人都回来了，我也开了个小超市，收入还不错，比前些年打工强多了。"村民蔡国军说，随着湿地公园建成，越来越多的城里人过来游玩，每逢周末格外热闹，不少村民都开起了农家乐。

柏临河湿地公园位于伍家岗东站片区，毗邻宜昌博物馆。这片江滩湿地上，芳草萋萋，鸥鸟飞翔……

漫步公园，水草、芦苇相映成趣，一条斜径幽幽地不知通向何处，水塘边架起一座观景台，水清浅而明澈……

柏临河湿地公园的美，不需刻意地去寻找，走在路上，随便一处都是拍照"打卡"的好地方。

　　猇亭区六泉湖水库是距离318国道最近的一个水库，水库下就是美丽的六泉湖湿地公园。

　　这里的秋天最美丽！秋末冬初，阳光温暖恬静，细碎的金黄铺天盖地。在这个连风都载满诗意的季节，怎能少了六泉湖湿地公园绿道两旁的树木？变黄的树叶，仿佛给绿道换上了新装。湖光、栈道、游人，还有摄影爱好者，则是六泉湖湿地公园秋光的重要组成部分。

　　宜都天龙湾国家湿地公园位于宜都市的高坝洲镇及红花套镇，由于库区岸线酷似一条巨龙凌空腾飞，故名"天龙湾"。

　　初夏时节，湿地内处处生机盎然，绿柳湖畔，秀山丽水。近处波光粼粼，细浪拍岸；远处山色如黛，若隐若现……

　　远安沮河国家湿地公园位于沮河中游，属长江中上游北岸典型的山区河流湿地。丰富的湿地资源、优美的自然景观与多元的历史文化相互交融，孕育出华中地区独特的丹霞山水湿地景观。良好的生态环境吸引了不少野生鸟类在此栖息，这里是一处名副其实的鸟类栖息王国。

枝江金湖，鸟儿双栖双宿(杨河 摄)

当阳青龙湖的美是静谧而清幽的，它静卧在林海山涛之间，蜿蜒曲折，幽秀深藏，原始林莽与静谧湖面相映成趣，韵味十足。青龙湖湿地公园总面积680.30公顷，2019年被列入省级重要湿地名单。公园内动植物资源丰富，碧水如黛，万鸟栖息，环境优美。

......

宜昌有大大小小30多个湿地，周末，带上家人到各地的湿地公园转转吧，享受清新的空气，欣赏赏心悦目的风景！

(撰稿：李再星、王茂盛)

长江"十年禁渔"　鱼跃人欢碧波扬

戴上草帽,拿上望远镜和水壶,穿上黄背心,2022年8月3日一大早,护渔员刘承林就出发了。从捕鱼到护渔的转变,他只花了三个月时间。他说,这要得益于长江"十年禁渔"。

2019年12月1日,中国农业农村部宣布,自2021年1月1日起,长江干流和重要支流禁止生产性捕捞天然渔业资源,宜昌人民期盼已久的"十年禁渔"政策终于落地。

2021年3月1日,《中华人民共和国长江保护法》正式实施,进一步推动了"十年禁渔"政策在立法层面的落实。

宜昌市委、市政府高度重视,迅速妥善做好渔民上岸后的转产安置,全面落实退捕渔船、渔具回收处置及渔民养老、医疗等社会保障政策……截至2020年7月30日,提前半年时间,1878只渔船全部靠岸,3508名渔民全部妥善安置,为宜昌全面实行长江"十年禁渔"政策夯实了基础,扫除了最大障碍。

提前半年　1878只渔船全部靠岸

未雨绸缪,2019年,按照"入户宣讲政策、现场收集材料、实地看船看网、村级评议、渔船渔具评估、签订协议书、征收渔船渔具、兑现补偿资金"八步法实施,宜昌各个县市区纷纷行动。比国家规定禁渔期提前半年,宜昌市雷霆万钧地开展"渔船靠岸,渔民上岸"攻坚行动。

一时间,宜昌所辖长江各江段,按照"属地负责、集中封存、签订协议、兑现政策、处置拆解"的要求,分江段、分步骤、分时段、分类推进退捕渔船上岸工作。2020年7月30日,宜昌最后一艘渔船上岸,等待销毁。

当日上午，夷陵区小溪塔街道前坪村长江渔船码头比往日更加热闹。几天前，渔民们便接到通知，渔船靠岸的最后期限是7月30日。

"今年渔民耽误了几个月时间，刚刚出门打渔没多久，就要禁渔靠岸……"突然要离开生活了几十年的渔船，前坪村渔民杨杰有些不舍，但为长江好，为子孙后代好，他无条件支持禁渔政策。

上午10时，渔船陆陆续续靠岸，渔民将自家渔船上的生活用品和捕鱼工具搬下船，再依次将渔船停靠在指定的岸边。

刚抛锚不久，船只就被推土机拖离水面，拉到岸上等待切割销毁。看到眼前一幕，村民程斌的眼睛湿润了。他说，自己几代人靠打渔为生，自己在船上长大，孩子也在船上长大，船就是家，现在眼睁睁看到"家"没了，难免有些伤感。他大声招呼拖船师傅慢一点，随即拿出手机，与自己的爱船来了一个自拍。

上午11时，最后一艘渔船上岸了。船主向笔者展示了船的牌照号——鄂夷渔00015。至此，宜昌市1878艘在册渔船全部离开长江，所有渔船的牌照成为历史，宜昌渔民正式告别捕鱼生涯。

相比而言，秭归行动得更早。7月8日，在秭归县归州镇香溪轮渡码头，渔船征收和拆解现场是一派繁忙景象。

"当时我父亲舍不得，我自己也很心疼，小船承载了我太多小时候的记忆。那时候的鱼特别多，记得有一次我的爷爷捞了一条鱼背在肩上，鱼从爷爷的肩上一直拖到地上，你想那条鱼该有多大！他腰都被压弯了。当我长大，很多鱼种都消失了。资源枯竭了，我们下一代、下下一代怎么办？想了想，那就是再不舍也必须要作出贡献。"渔民刘伟对自己的渔船感情深厚，但为子孙后代着想，从长江大保护大局出发，他亲眼看见了自己的爱船被切割成四段。

为了记住一份乡愁，留住一份念想，传承渔文化，让长江千百年的捕鱼文化沉淀下来，宜都市枝城镇白水港村在村委会后院建起了"渔民驿站"和渔村陈列室，陈列室分渔村、渔民、渔船、渔文化四个板块进行布局。渔船渔具、捕捞工具等物件，展现了渔民过去的生活和退捕上岸的历程。

该村退捕渔民刘先生，今年已经73岁，是退捕时年龄最大的渔民。不下江打渔了，闲下来时他经常到"渔民驿站"和渔村陈列室去坐坐，看到眼前熟悉的一切，他的眷恋有了寄托。

据介绍，截至2020年12月31日，靠岸的1878艘渔船，加上渔网等渔具，除了少数留作纪念，其他全部销毁。

"除了收缴渔船，借长江禁渔的东风，宜昌对辖区水域所有的船只进行拉网式排查，查出的几千艘'三无'船舶，全部进行销毁处理！"宜昌市渔政监督支队支队长何广文告诉笔者。

宜都市枝城镇白水港村的渔村陈列室（陈维光 提供）

7月20日，在西陵区黄柏河船厂岸坡，集中对收缴的非法渔船和"三无"船只进行销毁，通过现场直播的方式警示村民及时上交非法船只。

7月24日，在点军区艾家镇桥河村，村民正在吊装收缴的靠岸的"三无"船只。自长江重点流域退捕禁捕工作开展以来，点军区大力排查全区"三无"船只，包村入户开展政策宣传、签订禁捕上岸承诺书，同时安排人员车辆协助查处。截至2020年年底，点军区查处的201艘"三无"船只全部吊装上岸并进行销毁。

长阳、秭归、兴山、枝江、宜都等县市区，渔政和公安、水利部门携手，在各自管辖的范围内进行拉网式排查。截至2020年底，全市共查处并销毁"三无"船舶3490艘。

半年之内 3508名渔民完美"转身"

"渔民上岸能否稳住，关键靠再就业。为了妥善解决上岸渔民再就业问题，各部门协力，因人施策，让年轻、有文化的通过专场招聘会就业，年龄大、技能单一的经过培训就业，鼓励能力比较强、有闯劲的创业，对老弱病残实施政府兜底。不遗漏一人！"时任宜昌市劳动就业局局长谢天星介绍说。

2022年7月，笔者再次走访那些早已上岸的渔民，近距离感受他们今天的幸福生活。

7月上旬，天气持续高温，但枝江退捕渔民周传生每天都要打理她承包的100亩豇豆。"尽管近段时间天气热，豇豆的花苞有些脱落，但市场的价格回升了。"上岸两年后，周传生比以前自信多了。

周传生所在的枝江市百里洲，是长江第一大江心洲，也是长江与松滋河的分枝处，是有名的"洄水沱"。洄水沱里好捕鱼，这里的人们世代以打渔为生，渔船一度在江面云集，绵延几百米，蔚为壮观。渔民白天织网，傍晚下河，好不热闹！

周传生回忆说，20世纪70—80年代，随手撒一网就能捕到几十斤大鱼，不少人靠打渔挣钱盖房、买车，是先富裕起来的一批人。然而，到20世纪90年代后期，网撒下去后捞上来的鱼明显少了，越往后越少，最后全村只剩下15个持证渔民了，大部分人都转行了。她感叹："都是非法捕捞惹的祸！"

刚上岸时，她非常彷徨，不知道干什么好。拿到补贴后，经过培训和村委会及蔬菜大户的帮扶，她下决心承包了100亩果树下的地套种豇豆。两年来，豇豆收成不错。她成了上岸渔民的致富带头人，吸纳十几名村民就业，其事迹被多家媒体报道。

同样创业成功的还有点军区艾家镇的陈华林，他是秭归移民搬迁户，到艾家镇后重操旧业，干着祖祖辈辈习惯了的捕鱼活。

2022年7月12日，笔者再次见到陈华林时，他比以前更黝黑了。他解释说，以前打渔都是傍晚下网，次日黎明收网，时间安排得好，基本上不会晒到太阳；现在则不同，白天去收集过往船只上的生活垃圾，少不了与太阳打交道。

上岸后，在政府的帮助下，陈华林一家三口开始在长江上收集停泊船舶的生活垃圾，然后送到垃圾场集中处理。为接活，陈华林贷款300多万购买了三艘大船。为了驾驶大吨位的专业船只，一家三口报名参加培训，最后全部拿到开船执照。

陈华林说，随着长江过往船只日益增加，收集生活垃圾的生意也越来越好。但是，因为贷款过多，还贷压力很大。为了多挣钱，他们以船为家，好几年没有回艾家镇的家了。

"以前打渔为了谋生，今天则不同，不仅为了养家糊口，而且身上有一份沉甸甸的责任，一份保护长江母亲河的重任！收垃圾虽然辛苦点，但算是我对母亲河的回报吧，值！"陈华林说出了肺腑之言。

7月30日，笔者来到宜都市枝城镇的白水港村。退捕前，全村登记在册的渔民有360人，有捕捞许可证的渔船186条。

上岸渔民刘成兵告诉笔者："我们这个村绝大部分人都姓刘，1644年左右，刘氏家族兄弟从四川忠州迁入本地，以最原始的天然捕鱼为生，到2018年1月1日，长江中华鲟保护区禁捕公告正式发布，要求所有渔民、渔船上岸，刘氏家族三百多年的捕捞生涯从此画上句号。说舍得肯定是假的，但为了子孙后代，为了恢复长江生态，舍小家为大家，这是刘氏家族的祖训！"

该村村支书李春梅介绍说，宜都市把渔民再就业看成天大的事，不遗余力加以解决，截至2020年10月底，360名退补渔民中达到退休年龄的105人，实现单位就业的108人，灵活就业的143人，考取公务员的1人。

上岸的渔民，参加城镇职工养老保险的235人，其中已办理退休手续的81人，退休人员人均领取养老金1216.58元；参加城乡居民养老保险的124人，其中已办理退休的41人，退休人员人均领取养老金146.69元，同时领取生活补贴400元。

据宜昌市农业农村局有关负责人介绍，经过多方努力，上岸渔民中，年轻人有工作，少有所为；老年人有养老金，老有所依。

一夜之间　138位渔民化身护渔员

宜昌市禁捕水域岸线长、地形复杂，水上执法难度高、专业性强，长江宜昌江段地处葛洲坝、三峡大坝下游，渔业资源十分丰富，中华鲟、江豚、胭脂鱼等水生野生保护动物集聚，将垂钓行为纳入监管范围后，因垂钓人数众多，执法压力前所未有地大。

为解决监管执法任务与渔政执法力量严重不匹配的矛盾，宜昌市农业农村局创新举措，建立了宜昌协助巡护制度，成功组建了多支"护渔队"。

宜昌市农业农村局与湖北长江生态保护基金会合作，向阿拉善SEE基金会申请江豚协助巡护项目示范点，在省内率先组织起协助巡护队伍。

另外，通过政府采购服务、设置乡镇公益性岗位和与公益组织合作三种形式，按照每5公里1人的标准设置护渔队员，实现涉禁捕水域的县市"护渔队"全覆盖。

优先从退捕渔民选择护渔员，让渔民就地转型，在熟悉的环境做熟悉的工作，这极大提高了巡护效果。据统计,全市已组建聘用巡护队员138人。

宜昌市与湖北长江生态保护基金会合作,通过政府出资、公益组织筹集、公益基金捐赠等方式筹集资金。其中,长江生态保护基金会公益基金三年来累计支持60余万元,腾讯、阿里等平台两年募集社会捐款13万元,财政每年保障18万元。

如今,"护渔队"一般两人一个小组,每组每月巡查时间不少于24天,其中8天为夜间巡查,每月巡航里程不低于400公里。通过建设日常巡护信息化管理平台,开发协助巡护APP,管理部门可以动态监督巡护队员的巡查线路、巡查时间,然后按工作绩效发放巡护工资。通过常规考勤和信息化手段双维度管理,保障协助巡护队伍认真高效履职。

同时,宜昌市对护渔员开展专业化培训,比如组织护渔员参加生态环保知识及水生生物救治救护专业技能培训。通过培训,护渔员生态环保意识以及对水生生物保护工作的认识不断提高,对巡护工作的责任心和使命感、荣誉感显著增强,有效保障了巡护队伍的稳定性。

长江禁捕后,为充实一线巡查执法力量,枝江市农业综合执法大队招募队员成立了护渔队,杜昌明和其他上岸渔民成为优先招录对象。

7月4日,穿好救生衣,一人在船头撑起竹篙,一人在船尾拉起船锚,再启动发动机,"突突突"的声音顿时响彻江面……在长江湖北枝江段水域,59岁的杜昌明和54岁的李世海驾驶渔政巡护船"湖北枝江001",开始了当天的第一次水面巡查。

杜昌明家住枝江市顾家店镇沙碛坪村,18岁时便跟随父母一起捕鱼。"我们家祖祖辈辈都是以打渔为生,做渔民这些年,我晚上捕鱼,白天卖鱼,三面朝水,一面朝天,既辛苦也危险。"他说,以前每天捕几百斤鱼是常有的事,但慢慢地,鱼越来越少。

2018年1月1日起,宜昌市率先在长江湖北宜昌中华鲟自然保护区实施全面禁捕。由于杜昌明的捕捞作业区紧邻中华鲟保护区,他也就此选择了上岸。一夜之间,杜昌明成了宜昌渔政部门的一名巡护队员,从捕鱼人转身成为"护渔员",干起了阻止长江上非法捕捞行为的活。

相比县市区,宜昌城区的"护渔员"也许要幸运一些。城区护渔队队长何宝斌告诉笔者,他们队有8名队员,6条渔政巡逻船。

　　每天早上7时许，8名队员从四面八方会聚到胜利四路与沿江大道交会口。这里是中国渔政趸船码头，是护渔队巡逻船的家。到达后，他们两人一组，开着自己的巡逻船，开始巡江。巡逻范围从葛洲坝船闸到猇亭区古老背，全长20余公里。巡江，劝导，接收举报电话，到现场协助渔政抓捕……周而复始，不分白天黑夜，牢牢扎紧长江禁渔防线。

　　与其他护渔队员一样，上岸前，彭队长也是个地地道道的渔民，在长江风里雨里打渔30多年。22岁，他从秭归老家下水打渔，1994年移民到点军，他重操旧业，直到2018年禁渔，他才"洗脚上岸"。

　　彭队长说："我是长江边的孩子，对长江有天然的感情，报名加入护渔队，不在乎收入多少，也不怕辛不辛苦，只觉得这件事非常有意义，功在当代，利在千秋。"

　　2022年7月8日上午6时许，天气格外热，宜都市枝城镇白水港村上岸渔民刘成奎比平时早起床1个小时，他骑上带泥土的破旧自行车，沿着江岸巡查，有时带上塑料袋，捡一些行人丢下的垃圾。作为宜都市护渔队队长，他每天还要指派两名队员工作。

　　今年56岁的刘青和55岁的孔祥元，以前是打渔的伙伴，一起下网，一起收网，一起赶集销售。现在，他们又成为最好的搭档，每人把守一段江面。刘青负责枝城小学到枝城港务局段，孔祥元负责枝城港务局到松滋车阳河段。队长刘成奎负责白水桥至枝城小学段。

　　刘青从事捕鱼工作35年，原先"靠山吃山、靠水吃水"，跟着父辈在水里讨生活。2018年，他和许多渔民一起上了岸、交了船，不少人在当地就业部门的推荐下找到了新工作，但他仍然对长江有着割舍不了的情怀。第二年，当地组建护渔队，给了退捕上岸渔民再就业的新选择，他毫不犹豫报了名。

　　"我们都是在船上长大的，刚刚上岸肯定不适应，回家住商品房也不习惯，我们闲不住的。现在成立了护渔队，天天在江边跑、看看长江蛮好的，我们这些捕鱼人，最后都成护渔人了。"孔祥元说道。

　　"经过几年的宣传，人们觉悟都提高了，长江保护意识也增强了，违法捕鱼和垂钓的人越来越少。不过，依然有人铤而走险。去年，我们抓住了两个电鱼者，已经将他们绳之以法了。"作为队长，刘成奎肩上的担子更重了。

（撰稿：王茂盛）

守护长江生态 拯救濒危"水精灵"

2022年4月9日清晨,江水碧透,江风拂面,昔日的宜昌城区王家河油库码头,早已搭起了长长的滑滑梯,数百名宜昌市民早早来到这里,观看中华鲟放流。

上午9时,伴随着阵阵欢呼声,一尾体长1.5米的子二代(人工繁育的第二代)中华鲟第一个冲出赛道,迅速滑向江中。它依依不舍地回游了两周,像是给饲养员告别,然后从这里奔向新的天地……

40年坚守 延续濒危鱼类发展根脉

"当天,放流的中华鲟有23万尾,年龄最大的13岁,最小的半岁。自1984年以来,已连续开展65次中华鲟放流活动,累计放流近530万尾。"三峡集团中华鲟研究所党总支书记、副所长李志远如数家珍。

多年来一直从事长江水生生物研究和保护的张建明激动地说:"我们盼望了多年,2020年,长江流域终于开启了'十年禁渔'期。这两年,效果明显,江里以部分小型鱼类为代表的水生生物快速繁殖,数量不断增加,利用这个十年窗口期,与时间赛跑,开启中华鲟、江豚等长江珍稀濒危鱼类保护的新征程!"

当天上午,随着放流的中华鲟越来越多,岸边聚集的市民也越来越多。现场工作人员介绍,"长江珍稀鱼类放流点"由宜昌市政府和中国三峡集团共同设立,每年都在这里集中放流中华鲟。

据介绍,当天,一共放流了23万尾子二代中华鲟,超过过去10年子二代中华鲟放流数的总和,放流中华鲟的规格与年龄的丰富性也为历年之最。

在现场一块展板前,一位志愿者饱含深情地介绍说,在地球上繁衍1.4亿年、有"活化石"之称的中华鲟经历了长江的形成和变迁,近年受涉水工程、航运、捕

送中华鲟"回家"（肖慧 摄）

捞、污染等影响，群体数量逐年减少。

据科研部门统计，每年洄游至葛洲坝下的中华鲟繁殖群体数量已经由1982年的1000多尾下降至目前的不足50尾。

为了不让中华鲟步白鱀豚灭绝的后尘，葛洲坝集团毅然扛起保护中华鲟的历史重任。1982年，经过农业部批准，葛洲坝中华鲟研究所（当时叫水产所）诞生了，成为全国首个长江珍稀濒危鱼类科研机构。

中华鲟研究所宜昌试验站站长张德志介绍说，研究所成立之初，不仅承担长江珍稀鱼类中华鲟、胭脂鱼等的研究，也承担四大家鱼的研究。

葛洲坝集团宜昌基地退休干部魏先生回忆："当年，经济还比较困难，但为了筹建中华鲟研究所，我们不遗余力，要钱给钱，要人给人。宜昌市政府也非常给力，专门辟出半个黄柏河江心岛，作为中华鲟研究基地。"

6月20日，笔者驱车来到中华鲟研究所黄柏河基地，张德志边走边介绍：这个基地是中华鲟研究所四个研究基地之一，占地面积125800平方米，其中，养殖设施4381平方米，池塘水面37784平方米，其他设施2105平方米，主要承担中华鲟、胭脂鱼等长江珍稀特有鱼类的人工繁殖、救护和增殖放流任务,兼顾科普教育。

走进宽大的养殖池,工作人员指着池中美丽的胭脂鱼介绍说,这里养殖胭脂鱼亲鱼和后备亲鱼50余尾,子一代中华鲟亲鱼和后备亲鱼近200尾,子二代中华鲟数千尾,达氏鲟亲鱼和后备亲鱼10余尾,以及达氏鳇、史氏鲟、匙吻鲟等其他鲟鱼亲鱼100余尾。

张德志是这里的第四任站长。40年来,一代代研究人员放下显微镜,穿起长筒裤,在齐腰深的水里与珍稀鱼类为伴,寒来暑往,摸爬滚打,孜孜不倦,连续攻克性腺诱导、雌雄同步、催产掌控、营养调控、鱼苗培育、再次成熟6大难关,实现了中华鲟全人工繁殖体系的全面成熟,技术在国际国内均处于领先水平。

张德志笑称,无数科研成果的背后,是一代代研究人员带着风湿病退休。

"中华鲟研究所(宜昌站)与其他基地协作,成功突破胭脂鱼、圆口铜鱼、长鳍吻鮈等上游特有繁殖鱼类的人工驯养繁殖技术,在行业中居领先地位。"张德志骄傲地说。

除此之外,中华鲟研究所自主开展中华鲟自然繁殖监测,迅速构建了集食卵鱼调查、水下摄像、双频声呐、卵苗采集监测的技术体系,在中华鲟产卵场布设了视频监控和声呐探测系统,对产卵场进行全面监测,积累了大量一手数据。

"不躺在功劳簿里睡觉,中华鲟研究所对长江珍稀鱼类研究不断深入,范围不断延伸。在中华鲟物种保护基础研究工作中,研究所通过分子遗传学、基因组学,重点探索中华鲟物种保护的深层次机理。"李远志自豪地说。

他说,中华鲟研究所还开展了中华鲟遗传谱系、细胞离体培养、冻精授精、雌核发育等研究,在世界上首次取得了中华鲟雌核发育(单性繁殖)苗种活体,并开展中华鲟转录组和基因组学研究,处于国内外科技探索领域的前沿。

"中华鲟研究的成功经验,有助于长江其他珍稀鱼类的研究,可以更好地保护长江鱼类生态。"研究人员张建明坦言。

65次放流 扛起濒危鱼类繁衍重任

"1982年,研究所刚刚成立之初,只能从长江捕获洄游到葛洲坝的野生中华鲟进行人工繁殖。可是,那时技术水平差,因为无法复制野生中华鲟在上游金沙江产卵的条件，中华鲟上岸后无法产卵，科研人员日夜守在鱼池边，看到中华鲟产不出卵痛苦的样子而无能为力，焦急万分……"谈及40年前的困境，退休科研人员肖慧至今还心有余悸。

1984年，经过近两年的艰辛攻关，终于取得突破——利用鲟鱼脑垂体催产洄游到葛洲坝下产卵的亲鱼成功，当年实现幼鱼放流。这也是长江首次人工放流中华鲟。

1985年，中华鲟研究所又取得突破，采用人工合成激素代替脑垂体催产中华鲟获得成功。从此，中华鲟人工繁殖步伐加快。对当年的成果，刘勇颇感自豪！

长江上游四大水电站相继开建，中华鲟研究所（宜昌站）中华鲟的繁殖能力远远赶不上放流的步伐。2009年9月1日，中华鲟研究所整体从葛洲坝集团划归中国长江三峡集团公司管理后，在向家坝和乌东德分别建起中华鲟研究所分站，在三峡大坝右岸建起总建筑面积6.2万平方米的长江珍稀鱼类保育中心，后来，又在武汉建成三峡工程鱼类资源保护湖北省重点实验室。中华鲟的科研能力和人工繁殖能力大大提升。

张德志介绍，1999年，中华鲟研究所已具备年放流5万尾大规格（10厘米）中

中华鲟人工繁殖研究（吴延陵 摄）

华鲟幼苗的能力。2000年,中华鲟活体无创伤取卵技术获得突破。2009年,中华鲟子二代全人工繁殖技术取得成功。

随着一项项关键技术得到突破,中华鲟每年放流数量逐渐增加。但是,长江建坝及船只增加,污染加重,严重影响中华鲟洄游。

党的十八大以来,国家大力推进生态文明建设,为了进一步落实《中国水生生物资源养护行动纲要》和国家长江经济带建设中"江湖和谐、生态文明"的有关要求,保护和拯救中华鲟,延续中华鲟种群繁殖,针对中华鲟产卵频率降低、洄游种群数量持续减少、自然种群急剧衰退的现状,2015年9月28日,农业部组织编制了《中华鲟拯救行动计划(2015—2030年)》(以下简称《行动计划》)。

《行动计划》出台以来,尤其是习近平总书记2018年考察长江,视察湖北,首站到宜昌以来,三峡集团扛起中华鲟保护的大旗,大力投入中华鲟的研究和繁殖,放流中华鲟数量逐年增加,从几千尾到几万尾。

"持续开展中华鲟增殖放流,不断提升放流效果,对长江中华鲟种群的增加至关重要。"张德志介绍,研究所放流长江的子二代中华鲟已累计超过1.1万尾,且放流的中华鲟规格均超过30厘米,个体的适应能力明显增强,具备较强的环境适应能力。

"40年来,长江总体放流(中华鲟)530多万尾,增强了抗风险能力。"张建明坦言。

他透露,经跟踪考察发现,中华鲟研究所放流的子二代中华鲟在嵊泗海域被发现,首次实证了子二代中华鲟能够主动适应海水环境,与野生中华鲟具有同样的降河洄游特性。

中华鲟研究专家、三峡右岸中华鲟研究站的朱欣发出感慨,以上发现证明,采取全人工繁殖技术手段进行中华鲟物种保护完全可行,对保护中华鲟物种及其他濒危水生野生动物具有重要的科学意义。

他介绍,中华鲟研究所不断完善中华鲟放流标记技术,采用PIT、T型和声呐三种标记,使中华鲟洄游监测网络更加完备,监测数据的实时性和准确性也得到进一步提升。

张德志分析说:"我们运用了多种追踪手段,反馈结果显示,大规格子二代中华鲟放流效果良好。"

他说，中华鲟放流追踪积累的基础数据，也为后续制定更加科学合理的放流策略提供了数据支持，为流域范围内的中华鲟保护奠定了基础。

在中华鲟研究所宜昌站，笔者见到满池漂亮的胭脂鱼。张德志指着鱼池中的胭脂鱼骄傲地说："我们积极探寻对长江中其他珍稀鱼类的保护，研究所创立之初，开展了国家二级保护动物胭脂鱼的人工繁殖，累计繁殖放流胭脂鱼1万多尾，成熟地掌握了胭脂鱼的人工繁殖技术。"

"如今，胭脂鱼的繁殖重任已经转移到上游向家坝和乌东德研究站。"张德志介绍。

10年窗口期　加快濒危鱼类保护进程

"巡江的时候，经常可以见到一团团新出生的小鱼苗，数量众多。"在宜昌市城区胭脂坝长江边，从警13年的长航公安民警严谨望着水清岸绿的景象兴奋地说，"长江水生生物数量正在以肉眼可见的速度恢复。"

为了修复长江流域生态环境，宜昌市于2018年在宜昌中华鲟自然保护区率先开展禁捕退捕。2020年，长江流域"十年禁渔"政策在宜昌落地。

从事长江水生生物研究和保护多年的姜伟告诉笔者，长江流域2020年开启"十年禁渔"后，以部分小型鱼类为代表的水生生物数量增加，但生态系统的恢复和生物多样性水平的提升却很难一蹴而就。他说："珍稀特有物种的恢复十分艰难，我们仍在与时间赛跑，尽量缓解野生资源衰减对中华鲟种群繁衍的不利影响。"

"当前中华鲟野生种群繁殖艰难、种群数量极度濒危，依托人工种群开展的放流有利于中华鲟野生种群繁殖恢复。"在2022年4月9日的放流活动上，三峡集团董事长、党组书记雷鸣山说，在《中华人民共和国长江保护法》实施一周年和"十年禁渔"的大背景下，此次大规模放流对持续深入推进长江大保护、促进长江水生生物多样性恢复具有别样意义。

利用长江"十年禁渔"窗口期，中华鲟的保护正在形成合力。中华鲟研究所党总支书记、副所长李志远接受新华社记者采访时说，2022年，在农业农村部、湖北省人民政府等各级主管部门的支持下，三峡集团首次联合国内相关中华鲟保护机构开展流域化中华鲟放流，不仅让放流更加科学规范，还促成各方打破壁垒，开展中华鲟种质资源、研究数据和技术成果的共享。

酷暑季节，三峡工程坝区已经十分燥热，大坝右岸的长江珍稀鱼类保育中心仍然凉爽宜人。5.1万平方米的巨大厂房内，成千上万尾大小各异的中华鲟正在快乐游弋。李志远介绍，2020年建成投运后，这里就是中国最大的中华鲟人工种群的"家"。

"目前，保育中心连同配套建设的中华鲟精子和组织细胞储存库运行日趋良好。这相当于中华鲟的'诺亚方舟'和'生命银行'，可以基本确保中华鲟不走白鱀豚灭绝的老路，使中华鲟这一物种永远延续。"李志远骄傲地说。

为了让更多市民参与中华鲟的保护，三峡集团和宜昌市政府携手，创新规划废弃的王家河油库码头，建起可常年观察江豚的观景平台和可放流中华鲟的基地。每次放流活动，都会宣传中华鲟等长江珍稀鱼类的科普知识，让市民耳濡目染，增强长江大保护意识。

知名路桥专家周昌栋告诉笔者，为了保护中华鲟等长江珍稀鱼类，宜昌几座大桥的修建都坚持生态优先，延长跨度，改进工艺，宁愿多花几个亿，也不"打扰"中华鲟。

为了保护好宜昌中华鲟自然保护区，长航水上派出所、宜昌市渔政监察支队、民间河长、上岸渔民以及"长江哨兵"、稻草圈圈等公益组织齐心协力，共同编织了一张密不透风的法网。

八口之家　江豚憨态可掬"吹浪立"

2022年2月9日中午，天气还很寒冷，宜昌市民杨河、杨治吉和往日一样，守在江岸边拍摄江豚。这里被市民们称作"江豚湾"，生活着约8头大小江豚。它们是长江"江豚明星家庭"，已成为宜昌一景，吸引了全国各地的江豚爱好者。

中午12时10分左右，杨河的镜头里出现了两个空塑料瓶，在江中一浮一沉。"我觉得不对劲，把镜头拉近一看，原来这两个矿泉水瓶连着一根尼龙绳，江豚被这根绳子缠住了尾巴，它正在拼命挣扎。"时隔多月，杨河依然记忆犹新，被绳子缠住的江豚拼命挣扎，可越挣扎反而被勒得越紧。不远处就是葛洲坝船闸，附近不时有船只经过，如不及时解救，江豚很有可能撞上螺旋桨。

没有丝毫犹豫，杨河立即给渔政部门拨打电话求助。不到10分钟，宜昌市渔政监察支队副支队长莫宏源带队赶到。在赶来之前,他已联系三峡海事局庙嘴执法大队,迅速通知过往船只停航等候,为江豚留出救生通道。

渔政快艇小心翼翼靠近江豚。队员们发现,勒住江豚的这根绳子很长,绳子末端可能缠住了江底岩石。江豚几分钟就要出水换一次气,如果被绳子在水下拖住,后果不堪设想。

挣扎的江豚渐渐气力减弱,队员们用绳索将江豚慢慢拉近快艇。谭勇强开船,队员郑新和周金石抱住江豚身体,莫宏源负责拿剪刀剪断江豚身上的绳索。

受了惊的江豚不受控制,开始拼命挣扎,艰难的几个回合之后,莫宏源终于剪断了绳索。这时,江豚身上突然出现了一大片鲜血。

“我心里一惊,反复查看,江豚完好无损,身上只是被勒了一道印子,并没有伤痕。”队员郑新后来发现,鲜血来自莫宏源的手心。剪绳子的过程中,为避免伤到江豚,他不小心被剪刀戳破了一道1厘米的口子。

身体无碍的江豚被放归长江,看着江豚自由自在地游走,莫宏源深深松了一口气。“当时真的没感觉到受伤,只想着要争分夺秒,无论如何得把江豚救下来!”莫宏源兴奋地说。

事后,为了奖励杨河为保护江豚作出的贡献,3月4日下午3时,长江湖北宜昌中华鲟保护区管理处联合宜昌社会化参与拯救长江江豚、中华鲟项目组授予杨河“优秀江豚志愿观察员”称号,项目执行方稻草圈圈生态环保公益中心奖励人民币2000元,湖北省长江生态保护基金会颁发其“生态摄影师”聘书。

“64岁的杨河拍摄江豚已有多年,退休后,只要有时间,他就像上班一样,扛着设备蹲守在长江宜昌段江边,拍摄江豚的照片。长年累月地拍摄,他已对江豚的习性烂熟于心,拍摄到许多难得一见的江豚照片。在2021年10月,他曾拍摄到一只新生的江豚宝宝。”对杨河坚持拍摄江豚、保护江豚的行为,陈伟康赞不绝口。

3月4日下午的颁奖现场,阿拉善SEE长江项目中心、湖北省长江生态保护基金会代表,宜昌市稻草圈圈生态环保公益中心理事长刘敏介绍,稻草圈圈通过帮助禁捕退捕渔民转产转业,协助市渔政监察支队打击非法捕捞等违法行为,支持长江“十年禁捕”工作,同时通过积极开展宣传教育实践活动,动员更多的市民了解中华鲟、江豚等保护知识,参与和践行长江生态保护。

据宜昌市渔政监察支队支队长何广文介绍，在2015年之前，长江宜昌段江豚数量仅为2至3头，目前已增至20余头。去年10月，在首届"优秀长江协助巡护员"评选中，宜昌市渔政监察支队领导的宜昌市长江协助巡护队，被评为"最美长江协助巡护队"。

"我个人的力量是微不足道的，希望以我自己的行动，呼吁更多人从身边小事做起，保护江豚，保护长江精灵，保护我们的母亲河。"杨河发布获奖感言时说，"生态摄影师"的身份，更是一种责任，他将继续坚守在江边，守望"长江的微笑"。

今日，宜昌既有专门研究长江珍稀濒危鱼类的研究机构，也有政府主导、公益组织支持、全民参与的护渔队，更有千千万万市民的关心支持，大家共同筑起保护长江珍稀濒危鱼类的坚固长城，开启长江珍稀濒危鱼类保护新征程！

（撰稿：陈维光）

护好方寸干净地　留与子孙耕

"村头就有垃圾回收站,厕所里装着抽水马桶,周围环境整洁干净,村前的池塘清澈见底,农民种地施肥有农技员指导……"几年没回家,2021年国庆节期间回老家,当阳市王店镇严河村的王华对村里的变化感到很吃惊。

可喜的是,宜昌广阔的沃野里,乡村环境治理的壮阔画卷正在徐徐展开,美丽乡村越来越多地在宜昌的大地上涌现。

"厕所革命" 让 "方便" 更方便

"之前,我们习惯农村传统生活,垃圾随手丢,厕所露天随水冲,鸡鸭满地跑,这些现象与现代化新农村生活格格不入!"在农村生活了68年的夷陵区龙泉镇雷家畈村村民王敏学感慨说。

"一个坑两块板,三尺土墙围四边。"几年前,在宜昌市广大的农村地区,蚊蝇飞舞、臭气熏天的简陋旱厕比比皆是。

"中国的城乡差距,有时就在于一个厕所。前些年,我家的孩子不愿去农村,城里媳妇也不愿回乡,其中很大的原因是'方便'的事情不方便。"市民陈世模激动地说。

"小厕所,大民生。"看似小事的改厕,却牵动着农村居民的心。

响应党中央的号召,切实解决民生诉求,时任宜昌市农业农村局党组书记、局长周京说,2019年以来,在全市农村人居环境整治工作中,生活垃圾治理、"厕所革命"、污水治理是三大难点和关键领域,一定要做好做实。

周京说,小厕所关系大民生,由市农业农村局牵头,全市掀起了一场轰轰烈烈的农村"厕所革命"。

他介绍，各地因地制宜，探索出"小三格化粪池＋人工湿地""水旱交替""大三格化粪池＋微动力处理""大五格化粪池"等建改模式，受到农民的认可，为顺利推进农村"厕所革命"奠定了基础。

据统计，2018年以来的3年时间里，全市累计完成建改农村户厕31.14万座、公厕1404座，全市卫生厕所普及率在90%以上。

厕所革命改变了乡村环境，也为普通农家带来了卫生观念及生活方式上的大变革。人们不仅"方便"更方便，而且在排放生活废水、垃圾回收等方面都养成良好的习惯，乡村面貌焕然一新。

2022年7月，笔者在长阳龙舟坪镇全伏山村看到，"小三格化粪池＋人工湿地"的农村"三水共治"处理模式，让困扰该村多年的粪污分流、雨污分流难题迎刃而解，有效解决了部分村民粪污和洗涤等生活污水的排放难题。

全伏山的可喜变化，是宜昌市积极探索农村厕所革命和生活污水治理成效显著的一个缩影。

8月12日，笔者从远安嫘祖镇了解到，该镇6个村共建1家污水处理厂，配置了1套污水处理设备，改造户厕、公共厕所共计1535座，建设农村沼气池150口，规范收集处理居民生活污水，建设垃圾中转站1个、垃圾房120个、垃圾池48个、无害垃圾填埋坑2000个，边远山区设置了垃圾箱，确保垃圾及时回收处置。

在宜都市枝城镇，多个村开展回收垃圾交换生活用品行动，改变了村民随地丢垃圾的习惯，村卫生环境得到改善。

"以前房前屋后挖茅坑，垃圾丢在门前、田地，现在，家家户户都是抽水马桶，门前有垃圾桶，房前屋后干净整洁，我们过上与城市一样的生活。"提及"厕所革命"，"三峡大坝第一村"夷陵区太平溪镇许家冲村村党支部书记谢蓉脸上幸福满满。

同样，在许家冲村，村民生活污水，包括洗衣服的废水都进行集中污水处理。

宜昌市农业农村局副局长张安华介绍："几年来，宜昌市开展'三水（农村厕所粪水、生活污水、厨房泔水）共治'试点示范。全市32座生活污水处理厂完成一级A排放标准改造并投入运营，51座新建乡镇污水处理设施厂站、主管网已全面建成，累计完成干支管网639.48公里，接户13.4万户。全市建有集中式、分散式等农村生活污水治理设施，或将污水纳入全市城镇污水管网，农村生活污水乱

三峡坝区垃圾运输车正在收集周边乡村垃圾(陈维光 提供)

排乱放现象得到有效管控。"

肥减粮增　还一片沃野

国以民为本,民以食为天,食以安为先。保护耕地,功在当代,利在千秋。

"以前种地施肥都是凭着感觉走,施肥多少,施什么样的肥,全凭经验。因此,肥料越施越多,产量却不见增长,土壤的肥力还不断下降。"提及农田施肥,有20多年种地经验的夷陵区龙泉镇村民王贵平越来越意识到科学施肥打药的重要性。

"王贵平的困惑具有普遍性,传统的小农经济没有科学种地的意识,靠口口相传的经验种地,肯定不科学。"宜昌市耕地质量和肥料管理站(以下简称市耕肥站)的工作人员张先生说。

他介绍,2020年,按照湖北省耕地质量与肥料工作总站的统一部署,市耕肥站把握"精、调、改、替"四字要领,改良土壤,培肥地力,实施"藏粮于地、藏粮于技"战略,全面保护、提升耕地质量。

2021年,市耕肥站联合枝江市耕肥站在白洋镇裴圣村举办了100亩退化耕地治理与修复示范样板。采用"施生物有机肥＋配方施肥"的综合农艺措施开展治理与修复,免费发放生物有机肥20吨、水稻配方肥2.5吨,并在村民李绪清的责任田中设立了严格的示范对比田。

当年9月7日,李绪清的对比示范田实地验收结果出炉:经过土壤障碍因子治理处理的水稻亩产量最高为696.2公斤,比农民习惯施肥的664.5公斤多31.7公斤,增产4.8%。

远安县旧县镇是水稻大镇,为了减肥增产,该镇每30亩地进行抽样检测,按照"减氮、控磷、稳钾、补微、增有机"的原则科学施肥。该镇七里村施肥时每亩减少9公斤尿素,结果减肥不减产。

除了水稻,其他农作物也要科学施肥。

点军区联棚乡泉水村的蜜柚素有"湖北第一柚"的美誉。泉水村现种植蜜柚面积1512亩,由于长期大量施用高浓度复合肥、有机肥施用不足,蜜柚品质下降,味酸,不化渣。

市耕肥站站长刘云联合几家生物科技公司,通过采用生物有机肥、微生物菌剂、配方肥、种植绿肥、绿色防控等集成技术进行示范引导,带动"泉水蜜柚"的品质提升和品牌打造。

早在2021年9月,长阳土家族自治县火烧坪乡青树包村和贺家坪镇紫台山村的农民就共同见证了"一增一减"。

针对两个村的土地退化、污染增加等问题,市耕肥站对两个村150亩地实施退化耕地治理和化肥减量增效技术。

验收结果表明,退化耕地治理及化肥减量处理的蔬菜田与习惯性施肥处理的蔬菜田相比,在萝卜施用化肥(纯量)减少10%和大白菜施用化肥(纯量)减少40.8%的情况下,萝卜亩产量达到5580公斤,增产11.6%,大白菜亩产量达到8864公斤,增产15.7%,退化耕地治理与化肥减量增效同步推进,效果显著。

2021年10月,市耕肥站站长刘云等专家一行来到深山之中的秭归县杨林桥镇天鹅村。站在自家玉米田间,瞅着玉米秆上一个个粗壮的玉米棒子,今年63岁的二组村民秦朝季心里乐开了花:"多亏了今年市县镇三级耕肥部门引导我搞耕地综合治理,改良土壤条件,保护耕地,估计今年11亩玉米亩均增产在15%以上!"

一组村民向为红反映,推行化肥减量增效后,玉米不仅增产明显,而且在今年雨水较多的不利条件下,纹枯病也大大减轻。"种了多年的田,一直以为施肥越多越好,哪想把田肥过了头。以后这个观念要改了!"向为红深有感触地说。

以点带面,全面推广。为了限制过量使用化肥,宜昌市从县市区到乡镇村,普遍建立化肥农药使用台账制度,完全掌握和控制了化肥农药使用量。

远安县洋坪镇双路村村民周先生告诉笔者,现在农村讲究科学施肥,每家每户购买肥料都有台账,每个村每年销售了多少肥料,使用了哪些肥料、农药,台账记录得一清二楚。

据宜昌市农业农村局党组成员、副局长马昌沛介绍,统计局和农业农村局牵头,对全市化肥农药使用情况进行统计,建立了台账制度。

2022年4月24日,湖北省统计局农村处二级调研员李邦志带队,到夷陵区新场村、青龙村,枝江市鲜家港村、东方年华田园综合体,田园牧歌(枝江)城乡环境综合体管理有限公司等单位就化肥农药使用台账建立、化肥农药减量增效技术应用等进行了实地调研。

调研后,李邦志认为宜昌针对中央环保督察反馈问题的整改措施非常得力。他说,检查组所到的几个村都按照要求建立了化肥农药使用台账,明确了台账管理责任人,通过台账,能比较清晰地了解村级化肥农药使用情况。通过在东方年华田园综合体、田园牧歌(枝江)城乡环境综合体管理有限公司实地察看,发现农业农村部门实施化肥农药减量增效措施效果显著,有力地支撑了化肥农药用量减少。

宜昌市农业农村局党组书记、局长刘新平总结道,自开展湖北省三峡地区山水林田湖草生态保护修复工程以来,宜昌大力实施退化耕地治理、耕地质量监测和评定、化肥减量增效及有机肥替代化肥等工作,让广袤的宜昌大地一遍遍奏响丰收的动人乐章,谱写了"护好方寸地,留与子孙耕"的动人诗篇。

分区规划　科学治理养殖污染

畜牧业在宜昌市农业经济中一直占有重要地位。但长期以来,很多养殖场存在生产方式不合理、养殖污染、畜禽疾病等问题。

近年来,畜禽养殖污染成为宜昌市城乡生态环境的主要污染源之一,畜禽养殖污染破坏水质引发的群众信访投诉量居高不下。2018年第一轮中央生态环境保护督察，督察组在反馈意见中指出，宜昌存在畜禽养殖治理不力的问题。

为保一江清水向东流，宜昌"铁拳出击"，对畜禽养殖进行治理。宜昌夷陵区、宜都市、当阳市、长阳土家族自治县、伍家岗区等地制定了《畜禽规模养殖禁养区、限养区和适养区划定方案》，做到禁养区全部关闭，限养区达标整改，适养区规范进入。

点军区养殖户多、分布广，2021年1月，宜昌治理养殖污染的"第一枪"，在沿江沿河的两个村居打响。艾家镇桥河村临近长江，靓丽的江景吸引不少游客前往，但村内养殖污染物产生的臭味让人忍不住掩鼻皱眉。

村民王平回忆说，整治前，村里有几十家养殖户，对污染物基本上没有采取什么处理措施，地上有污水，空气有臭味，村民外出要绕道走。治理后，养殖户减少了，保留的养殖户都是规模养殖户，养殖区有沉淀池，污水处理后循环利用，粪便发酵后作为生态肥料，区域环境大大改善。

科学治理养殖污染后的点军区联棚河(黄翔 摄)

临近河道的谭家河社区存在同样的情况。村民温开生介绍说,因为离城区近,交通便利,前些年养殖户越来越多,污染也越来越严重,点军区、谭家河社区采取行动后,取缔了一部分不达标的,现在环境得到极大改善。

2022年9月17日,笔者来到谭家河社区,取缔的养殖场披上绿装,保留的养殖场干净整洁,发酵池产生的沼气给居民提供清洁能源。

据统计,经过治理,点军区全区共计关停养殖场(户)413户,投入专项资金9320万元,整治恢复后,点军区生态新城再现碧水清波。在整治过程中,桥河村一组沟渠入河排污口因整治成效明显,被湖北省生态环境厅作为入河排污口溯源整治工作的典型案例广泛宣传。

点军区农业农村局相关负责人介绍说,治理畜禽养殖污染,必须要采用源头管控的治理手段。经摸排调查发现,区内养殖户为降低养殖成本,普遍存在泔水养殖的情况。为堵住泔水源头,全区抽调43人组建专班,在辖区4个交通要塞设卡拦截泔水转运,累计出动1720人次,拦截查处181起,回收泔水61.19吨。

宜昌市畜牧兽医中心的畜牧专家告诉笔者,要解决畜禽养殖业对环境的危害,应针对畜禽粪尿的特性,遵循综合利用优先、资源化、无害化和减量化的原则,充分开发利用废弃物,开拓一条资源开发和废弃物利用相结合的道路。通过改善饮水方式和粪便收集方式,做到达标排放或零排放,不让一滴污水流出;通过高温堆肥、沼气发酵、畜禽废水的终端人工处理等废弃物利用新技术,将粪便变废为宝,循环利用,使畜禽养殖业产生的污染降到最低,创造出高经济效益和最低限度环境污染的畜牧养殖体系。

取缔"网养" 家鱼也有野鱼香

青山如黛,小溪潺潺。2022年金秋,湖北宜都天江渔业有限公司董事长古平光看着鱼池里畅游的一条条大鱼,抑制不住内心的欢喜。

古平光是清江高坝洲移民,从2002年开始在清江里养鱼。2016年,清江流域取消网箱养鱼。古平光不等不靠,积极响应,变被动为主动,在当地政府和移民部门的支持下,在宜都市红花套镇大溪村兴建了大溪鲟鱼谷养殖基地,进行鱼子酱、鱼肉、鱼皮革原材料及深加工成品等一条龙的工厂化运作。

古平光说,基地严格遵守环保要求,三次沉淀池过滤、四大家鱼净化、水生植物配套等生物治理环节一应俱全，有一半的水被循环利用。现在，基地每天都有前来参观的游客，成为宜昌农旅融合的示范基地和清江库区鲟鱼养殖业成功转型的一个缩影。

时任宜昌市农业农村局副局长孙劲松介绍，二十世纪末，网箱养殖在清江库区宜都、长阳段兴起并迅猛发展，到2015年底，两地网箱养殖面积达到3400亩，围栏网的面积达到4253亩，共涉及养殖户1625户，水产品年产量达到2.8万吨，年产值达6.5亿元，网箱养殖成为当地农民致富的重要途径。

孙劲松说，市农业部门践行"长江大保护"战略，扛起政治责任，2016年起，毅然对包括清江库区在内的所有江河湖库养殖网箱及围栏网予以全面取缔，宜都、长阳受到的影响最大。

八百里清江美如画，三百里画廊在长阳。

曾经的清江，用它丰富的水资源滋养着长阳县41万群众。1996年，由于隔河岩水电工程的建设，为给库区老百姓谋生路，长阳开始鼓励网箱养殖，"清江鱼"一时名声大噪，成为中国名牌农产品。高峰时期，长阳渔业年产值突破6亿元，网箱养殖成为长阳重要的经济支柱。

然而，饵料投放影响了库区水质，每逢换季时段，清江库区局部水体就出现明显的富营养化现象。第一轮中央生态环境保护督察中，清江水资源开发利用和环境污染防治问题被作为整改事项交办。

保护清江水生态刻不容缓！为彻底做好环保督察整改，当地政府壮士断腕，决定对清江长阳水域网箱全面清理取缔。

长阳成立养殖网箱清理取缔工作专班，历时600余天，对境内140多万平方米的网箱等养殖设施实施拆除，累计清理7万多只网箱、千余间工作用房和500多艘渔船。

如何既护清江生态，又解民生难题？长阳一边组织党员干部到江西、重庆、陕西等地寻找闲置鱼塘，转移养殖鲟鱼；一边联系多家媒体，组织全国水产品营销企业召开清江鱼产销对接会。

为保住"清江鱼"品牌，确保全县渔业可持续发展，2017年5月，长阳成立清江水产转型发展基金，助力养殖大户转型上岸，发展现代设施下的渔业。

"渔民上岸转型、转产，谋求增收新路，是我们保民生的必答题。"时任长阳土家族自治县副县长覃高轩说，长阳先后在网箱清理、渔业转型和退渔养殖户安置上投入2亿多元，积极推动大户转型上岸，按照环保标准引导其进行转型升级，并提供政策、资金支持，鼓励小户发展茶叶、柑橘等特色种植业。

坚持绿色生态，发展设施渔业。宜昌市水产技术推广站引导水产养殖企业和大户上岸后走生态优先、绿色发展新路，大力发展工厂化循环水及流水养殖模式，利用清江丰富、优质的水资源，提取清江水，在室内外规模化水泥池内养殖，养殖尾水经生态净化处理后循环利用或达标排放。

拆除网箱后，湖北长阳绿源渔业有限责任公司、湖北老巴王生态农业发展有限公司等企业以"清江鱼"品牌为依托，转型上岸后大力发展鲈鱼、鳕鱼、丁桂鱼、长吻鮠等名优品种，保住了清江鱼在北上广等地的市场地位。

今天，紧盯市场需求，养殖企业不断加大新产品开发力度，清江养殖的"产业链"正在延伸拉长。

2022年7月，笔者参观长阳清江鹏搏开发有限公司既有养殖基地，发现这里不仅有绿色养殖业，也开展水产品加工，还涉足精深加工。该公司使用鳕鱼肉加工蛋白肽，该项技术显著提高鳕鱼肉的价值，提高综合效益。

如今的清江，人水和谐，一个诗意家园，一条生态之河。清江干流地表水考核断面稳定达到Ⅱ类以上，水质达标率100%。绿水青山，福泽两岸，清江更是成了一条富民之河。清江良好的生态环境也促进长阳高山蔬菜、有机茶叶、精品果业、特色药材、生态养殖等生态产业不断发展壮大。

有了清江的典型示范，黄柏河、金湖等河流湖泊属地迅速行动，在不到一年的时间内，全部拆除流域里的网箱，还河流湖泊以清澈。

"长江禁渔，河湖网箱取缔后，如何保证市民吃到可口的鲜鱼？近年来，宜昌市生态养殖方兴未艾，东部平原地带主要是生态池塘养殖，而西部山区主要是山泉水养殖。"宜昌市水产技术推广站站长杨军介绍。

近年来，在市水产技术推广站的指导下，宜昌市生态养殖鱼量价齐升。据统计，全市共建养殖"跑道"114条，圈养408个，陆基循环水养殖桶429个，工厂化设施渔业面积近30万平方米。"宜昌真正做到了家鱼也有野鱼鲜！"杨军骄傲地说。

9月28日，笔者来到枝江市渔丫头水产养殖专业合作社，该社负责人介绍，

公司运用华中农业大学水产学院科研团队的专利技术,创建了池塘圈养模式,建成圈养系统64套,养殖鲈鱼、长吻鮠、花骨鱼、胭脂鱼、锦鲤等名特品种,实现养殖尾水100%循环利用。

养鱼池的水清澈见底,在阳光下波光粼粼,欣赏鱼翔浅底,令人心旷神怡。

为了彻底解决农业面源污染,"但存方寸地、留与子孙耕",2019年初,宜昌市制定了《农业农村污染治理攻坚战行动计划》。三年攻坚,乡村绿色发展加快推进,农村生态环境明显好转,农业农村污染治理工作体制机制基本形成,农业农村环境监管明显加强,农村居民参与农业农村环境保护的积极性和主动性显著增强,农村面源污染得到全面遏制。

(撰稿:陈维光)

稻谷黄,粮满仓(王恒 摄)

宜昌大力探索"生态小公民"建设

2022年10月2日,对宜昌市夷陵中学高一年级的张富荣来说,虽然假期格外珍贵,但是,她依然选择到社区当一名垃圾分类志愿者。

时间回溯,2018年2月26日上午9点,以"践行生态文明 守护美丽宜昌"为主题的宜昌市"新春第一课"与全市中小学生见面。当时,正在宜昌市实验小学读书的张富荣与同学们在班上通过电视收看。从此,生态文明意识在她的心中生根发芽。之后,每逢节假日,她都自动自发参与生态环保活动。

治山治水先"治人"。近年来,宜昌着眼未来,坚持生态文明建设从娃娃抓起,让生态环保知识进课程、进校园、进家庭,通过丰富多彩的课堂教学和户外生态实践活动,全方位营造生态育人环境,把生态环保的种子种在孩子们的心田里。

"生态小公民" 绿色宜昌一道独特风景

"长江是母亲河,我们要保护她!""我妈妈带我去过宜昌香溪河,河里的桃花鱼一开一合,十分美丽。""清江,那里水可清呢!""清晨,黄柏河生态湿地公园云遮雾绕,沿河而上,红、橙、黄、绿、青、蓝、紫渐次铺开,树木、田园、公路和村庄在云雾间若隐若现,让人沉醉。"……

2022年9月1日,开学第一天,在宜昌市实验小学的"生态小公民"课堂上,学生开始分享暑假的见闻。

张琪同学因为暑假一直待在城区,听了别的同学到宜昌大江大河去采风的经历,感觉很惭愧。国庆节期间,他拽着爸爸一起,到柏临河徒步,捡拾垃圾。假期结束再次回到学校,他上交了自己的"生态体验"。

如今,每逢周末、节假日,就有很多学生戴着小红帽,穿着红背心,手拎垃圾

宜昌从2018年开始全面实施"生态小公民"教育（张国荣 摄）

袋，在河滩、江边捡拾垃圾，或在居民小区协助垃圾分类……

"三峡蚁工"的创始人李年邦告诉笔者，"三峡蚁工"之所以经久不衰，而且队伍越来越壮大，与宜昌市近年来"生态小公民"教育从娃娃抓起分不开。每次组织活动，总有一大批小朋友参加，小到幼儿园的小朋友，大到即将参加高考的高三学生。寒暑假，还有很多放假回宜的大学生、研究生参加志愿活动。

不满3岁的王寅霖小朋友在上宜昌市外国语幼儿园的第一天，就带回一个小木罐，里面有砂土和种子。老师告诉他，带回家交给爸爸妈妈，和爸爸妈妈一起给种子浇水，等种子发芽。

之前，王寅霖小朋友在家从未给花浇过水，自从有了这个小木罐后，他就着了迷，不仅每天记得要给种子浇水，还天天盼望种子发芽。国庆节放假，一家人出了远门，他依然惦记着他的种子，晚上，他突然想起没给种子浇水，但又不能回去，便哇哇地哭个不停。

王寅霖的妈妈陈欧君说，这些种子不是种在土里，而是种在小朋友的心田里，孩子的生态意识在心里悄悄生根、发芽。

　　从幼儿园到小学，从初中到高中，"生态小公民"教育俨然成为宜昌市生态文明建设的一道亮丽风景。但是，风景的背后是无数人的艰辛付出。

　　2015年，夷陵区、西陵区率先进行"生态小公民"建设。因为效果良好，很快得到宜昌市教育局的认可和大力支持。

　　"'生态小公民'建设进入快车道，离不开宜昌市委、市政府的大力支持，宜昌市历届党政一把手都投入大量的精力关心和推进'生态小公民'建设。"宜昌市教育局党组书记、局长邓玉华介绍。

　　"市委、市政府出台《关于教育工作全面落实立德树人根本任务的意见》，为宜昌全面开展生态公民教育实验指明了方向，市教育局迅速将生态文明教育纳入'十三五''十四五'教育事业发展规划，开展'生态小公民'教育实践，制定具体实施方案，设立专项课题，发布年度报告，着力培养学生生态理念、文明意识和行为习惯。"时至今日，宜昌市教育局原党组书记、局长覃照对当年的情景依然印象深刻。

　　"真正把宜昌'生态小公民'教育推向高峰的是习近平总书记对宜昌'生态小公民'建设的肯定和关心。"覃照的话坚定而有力。

　　2018年4月，习近平总书记在考察长江、视察湖北期间，作出重要指示："生态环境保护要从娃娃抓起。宜昌开展的'生态小公民'教育活动，是一个好的探索，要坚持下去。"

　　牢记殷殷嘱托，近年来，宜昌市教育局朝着习近平总书记指引的方向，结合部门职责，发挥教育优势，大力实施"生态小公民"主题教育，使新时代生态文明理念扎根到孩子们的心中。

　　几年来，宜昌"生态小公民"先后被新华社、人民日报、中国日报、光明日报、湖北日报等多家中央、湖北省主流媒体进行宣传报道后，影响力日益扩大。2020年10月，宜昌"生态小公民"获评"湖北省河湖长制示范人物"称号；2021年，"生态小公民，迸发大能量"成功入选全国基础教育改革优秀典型案例。

　　今天，"生态小公民"已经成为宜昌生态文明建设的一张闪亮"名片"。

生态文明理念　走入校园"种"进学生心里

　　"书本有些发黄，但打开《生态小公民》读本，宜昌近年来生态治理的重要实践跃然纸上：沿江化工企业主体装置拆除行动、清江库区养殖网箱拆除行动、黄柏河的污染治理之路、'三峡蚁工'保护母亲河……"尽管搬了两次家，但这本《生态小公民》读本，张富荣保存了近5年。

"宜昌市的生态文明教育，由来已久。"覃照回忆说，宜昌长期坚持开设"长在宜昌"地方课程，为中小学生介绍生态文明知识。2015年，夷陵区、西陵区率先编写《生态小公民》《生态好市民》读本，开展教育试点。之后，宜昌市教育局联合环保、规划等16个部门编撰《生态小公民》系列读本，并邀请人民教育出版社、北京师范大学知名专家指导，最终有幼儿园版、小学版和中学版3本书定稿出版。

每年开学时，宜昌市40多万中小学和幼儿园小朋友人手一册《生态小公民》，读本内容直接纳入教学计划。

宜昌市教育局党组副书记翟秀刚介绍说，《生态小公民》读本编撰时，充分考虑知识普及与综合实践的有机结合，每一个主题原则上至少需要4个课时，其中知识传授1个课时，另外3个课时组织学生开展生态环保实践活动，要让学生将所学到的生态环保知识落实到生活学习中，落实到行为习惯上。

几年来，学生们已不满足只在课堂上学习《生态小公民》系列读本，而是自发地将学到的知识应用到生活实践中。

在宜昌市第二十五中学的生态实践课中，801班邴涵蕾等100余名学生手绘环保手提袋，在设计中融入生态元素，宣传生态环保理念。学校创意美术社团里，806班的谭晓婷是一名活跃分子，她告诉笔者，与同学们一起绘制校园井盖，融入生态环保元素，不仅美化了校园环境，更让生态环保意识存在于整个校园。

909班的龚玺凝回忆，2022年寒暑假期间，学校组织全校1200余人进行社会实践活动，争做"生态环保小达人"。他们走进社区，走上街头，用实际行动助力"文明十不"。

在伍家岗区，岳湾路小学生态小公民教育也开展得有声有色，学校通过组织各种创意大赛，把生态环保理念融入日常学习和生活中。

该校103班盛敬贤不满7岁，小小年纪就非常善于动手动脑。他说，地面灰尘不好清理，他自制了一个吸尘器，纸片、灰尘谁也逃不了。

熊悦天同学带来了"智能出酒精"创意作品，无需触碰，巧避二次污染，酒精可以自动流出来。连劳动教研员马丽华老师也兴趣盎然，向他询问具体的制作步骤和使用方法。

503班的"双HAN组合"带来一个AI擦玻璃"神器"，他们两人共同介绍了制作这款"神器"的创意和操作方法，相声般的幽默表达，把同学们逗得哈哈大笑。

走进位于伍家岗区的宜昌市外国语初级中学，校园内树木葱茏，有樱花、紫薇等多种花草树木。学校将校园作为生态实践场所，让学生通过查找资料，为植物挂牌，标注植物名称、所属科目、习性等。

2022年9月29日，笔者来到夷陵区，东湖初级中学的师生正在开展"绿地认养"和"绿植种养"行动。学生每周一到周五早晨及课后为绿地除草施肥，在种植园参与种植。

该校负责人告诉笔者，学校将绿地划分为20块区域，将987棵绿植分配给20个班级，组织学生进行绿地杂草清除工作，做到认养绿地无杂草、无垃圾，整洁美观。

学生还要进行绿地监护工作，加强对绿地花草树木的监护，如有树苗缺水、枯死等现象，及时上报到学校总务处。杂草清除工作完成后，各班生态委员检查是否达标，学校大队委生态部学生干部每周一到周五的大课间进行检查并做记

宜昌市各中小学常年坚持组织学生参加生态环保实践活动(吴延陵 摄)

录,考核打分。

同学们还拿来自家废弃容器,栽花种草900余株。废纸废料被重新利用,变为京剧脸谱等近百份艺术品。放学前,大家互相提醒:"关灯""关电脑""把水龙头拧紧"。

宜昌市教育局党组书记、局长邓玉华介绍,给"生态小公民"建设提档升级,宜昌教育部门结合"世界水日""植树节"等时间节点,开展生态文明主题实践活动,整合科研院所、厂矿企业及自然保护区等,建设多个实践基地。

宜昌市教育局基础教育科科长王声明说,宜昌将生态文明教育作为中学生德育工作的重点内容,纳入教育事业发展"十四五"规划,并完善了学生综合素质评价指标体系,将学生文明行为习惯和参与生态环保活动情况纳入评价,学生综合素质评价结果折合20分计入中考总分,充分发挥评价杠杆作用,引导学生、老师、家长和社会积极参与生态文明建设,关注学生全面发展。

生态环保知识走进家庭　迸发出巨大能量

"同学们,你们知道废电池的危害有多大吗? 一节1号电池能使一平方米土地永久失去利用价值。如果全世界每人丢一节,被污染的土地会是好几个地球!"2022年暑假,夷陵区东湖初级中学的学生来到社区环保站,向中小学生讲授环保小技能。学生们举例子、摆事实,时不时来点小幽默,让环保知识变得生动有趣起来。致力于讲授环保小技能、进店入户宣传环保知识的该校学生刘沅鹭,是年龄最小的"宜昌楷模"。

早晨7点,宜昌市第八中学的几名学生就和家长一起来到江边,参加"三峡蚁工"沿江捡垃圾活动。在班主任的倡议下,有学生和家长近百人参加"三峡蚁工"活动,他们每周末到江边捡垃圾,近几年从未间断。

2022年6月5日世界环境日,西陵区第六个以"打造清洁能源之都,共建清洁美丽世界"为主题的"生态市民日"活动在沙河公园正式举行,宜昌市第二十五中学创意美术社团组织801班陈雨芳菲等30余名绘画小达人现场绘制沙河美景,通过自己的行动为西陵生态发出"绿色"最强音。

丰富多彩的生态环保实践课程和活动,使环保意识深深植根于中小学生的心灵! 自从上了生态环保课,高新区深圳路小学望小杰同学的生活习惯就不一

宜昌"生态小公民"参加"长江大保护"志愿服务活动(吴延陵 摄)

样了：刷牙只接半杯水，避免浪费；一张草稿纸，先用铅笔写，再用蓝色圆珠笔写，最后用红笔写，可以用3遍；去超市购物，带着自己做的布袋……

　　张富荣同学在家里洗碗，都是用刷子刷干净，不让父母使用洗涤剂；张哲小朋友的妈妈常使用一次性纸巾，没少挨他的批评。

　　周瑞林的爸爸告诉笔者，上学前，小瑞林怕黑，晚上睡觉需要开灯，如果中途熄灯了，醒来后就哭个不停。上学后，小瑞林上了生态小公民课，懂得节约能源，睡觉前按时熄灯，再也不怕黑了。

　　"湖北省环保小卫士"秦一文的母亲胡文回忆说，几年前，她被大公桥小学聘任为学生手工社团辅导老师，每周四义务教学生将废纸盒、旧报纸等垃圾做成精美的手工艺品。后来，社团成员越来越多，很多孩子的家长也慕名加入了环保团队。因表现出色，秦一文被湖北省环保厅评为当年的"湖北省环保小卫士"。

　　"开展'小手拉大手'生态环保行活动，组织孩子为家长、老师讲生态，将生态文明理念传播到每个家庭。如今，越来越多的'生态小公民'，正在为这座滨江之城注入更多绿色正能量。"憧憬未来，邓玉华局长信心满满！

（撰稿：陈维光）

让"高峡出平湖"更具"高颜值"

星垂平野阔,月涌大江流。

2022年中秋节,笔者跟随三峡集团长江大保护宜昌市主城区污水厂网、生态水网共建项目一期PPP工程项目组自香溪河顺流而行,经秭归,穿三峡大坝,过西陵峡,穿葛洲坝,经过主城区,再到猇亭高马河、鸦鹊岭、宜都,在200多公里的长江沿线,实地感受三峡集团为长江母亲河带来的新变化。

"参与长江大保护,是党和国家赋予三峡集团新的历史使命。"三峡集团党组书记、董事长雷鸣山如是说。自2018年以来,三峡集团长江大保护项目累计落地投资超2000亿元,在长江经济带11省市开展治水护江,并探索出一套沿江城镇污水治理的"三峡模式"。生于宜昌、长于宜昌的三峡集团,对宜昌有份特别的感情,把"三峡模式"嫁接到宜昌,为"高峡出平湖"带来"高颜值"!

雨污分流 香溪河水清岸绿景美

金秋十月,金橘飘香,2022年10月9日,兴山县垃圾焚烧发电项目现场,挖机轰鸣,运输车川流不息,一片忙碌景象。

兴山县住房和城乡建设局党组成员、副局长龚世顺介绍,兴山垃圾焚烧发电项目是由三峡集团承建的兴山县香溪河流域生态环境综合治理PPP项目的4个子项目之一,总投资2.8亿元,项目建成后日处理垃圾300吨。

"项目建成后,将对全县生活垃圾以及神农架、巴东、夷陵、秭归等区域的部分垃圾进行无害化处理。"龚世顺对未来无限憧憬。

兴山县委书记曹宏伟坦言,已竣工的一期工程的7个子项目正在发挥生态效益,给当地老百姓带来看得见的利益。

　　家住兴山县古夫镇的李组强感慨,以前,下大雨时很多路段出现积水,天晴时部分排水口有污水流出。尽管古夫镇是新建的城镇,但受当时设计理念的局限,没有充分考虑城区雨污分流。兴山县城镇污水及基础设施PPP项目对城镇管网进行了改造,如今,下大雨地上无积水,城市生活污水全部经过污水处理厂处理后排放,香溪河的水变得更清、更绿了!

　　"兴山县城镇污水及基础设施PPP项目是三峡集团所属三峡基地公司在宜昌地区的首个长江大保护项目,2019年开工,总投资86650.02万元。项目采用'BOT+ROT'运作模式。一个子项目兴山县县城污水管网改造工程涉及香溪大道、高阳大道等县城5条主干道,共完成污水管道改造7790米,雨水管道改造4982米;另一个子项目兴山县县城综合管网改造工程涉及县城5条主干道,共完成给水管道改造8031米,综合管沟升级改造5460米。目前,已全部竣工。"回忆建设情景,三峡基地公司兴山日清公司建设管理部主任雷成德依然记忆犹新。

　　"之前,多个乡镇污水排放不达标,关键原因是之前各个乡镇污水处理能力

兴山县深渡河污水处理厂建设项目(三峡集团 提供)

有限，无法完成全部污水的处理。由三峡集团承建的兴山乡镇污水处理工程竣工后，彻底清零污水，直接排放。"龚世顺信心满满。

"改造后，水月寺镇污水处理厂污水处理能力平均可达1500立方米/天，黄粮镇污水处理厂污水处理能力平均可达1000立方米/天，榛子乡污水处理厂污水处理能力平均可达700立方米/天，峡口镇污水处理厂污水处理能力平均可达1500立方米/天，昭君镇污水处理厂污水处理能力平均可达2200立方米/天，南阳镇污水处理厂污水处理能力平均可达1000立方米/天。"龚世顺如数家珍。

"与污水处理厂配套，兴山县榛子乡、高桥乡等7个乡镇的污水管网也进行了彻底改造，其中污水管主线28558.1米，主井1014个，污水管户线16080米，户井622个，泵站4个，化粪池1个。各家的生活污水无一遗漏。"雷成德对首个污水管网工程颇感自豪。

兴山县城区和乡镇的污水得到彻底治理的同时，香溪河两岸消落区的治理也成绩斐然。

"香溪河流域深渡河段岸线和消落区生态环境综合整治工程新建护岸工程约4000米，新建溢流堰2座，新建深渡河大桥1座、人行便桥1座。"雷成德骄傲地说，消落区的综合治理彻底改变了当地的生态环境。

"之前，这一段是乱石滩，杂草丛生，雨污混流，两岸隔离。如今，深渡河大桥像一道彩虹，两岸树木葱茏，乱石滩蝶变成水泥护坡，岸上彩色步道、花坛、石凳、微型景观……应有尽有，成为兴山县城的外滩！"深渡河岸边的移民王东先对两年内这一带的变化赞不绝口。

"古夫河段、南阳河段生态环境修复项目完成了河道疏浚、岸线整治、生态修复、水土流失治理等，不仅使沿河两岸的生态环境变美了，而且还保持了生物多样性，翱翔的白鹭群增多了。我们从环境改造中得到了实实在在的实惠，环境美了，游客多了，生产的农产品在家门口兜售，农家乐生意火了，腰包也鼓了。"杨正豪说，环境的变化给他们带来了实实在在的好处。

"已经完成兴山县城镇污水及基础设施PPP项目的7个子项目正在发挥良好的生态效应，三峡集团又投入二期4个子项目的建设。长江大保护，三峡集团担当'骨干主力'，为筑牢三峡生态屏障发挥了中流砥柱的作用！"曹书记感叹道。

兴山县城居民朱斌指着刷黑的宽敞马路告诉笔者，县城道路改造拓宽、道路黑化、人行道和健走步道功能分区、绿化提档升级，呈现在市民眼前的是一个全新的县城，人民获得感、幸福感大大提升。

正在踢球的张先生说，这里是香溪郡片区运动公园，有两个篮球场、两个五人足球场，还有多个羽毛球场、乒乓球场、门球场、太极广场，运动场周围服务设施配套完善，有洗手池、直饮水机、售货亭、座椅、挂衣钩等，非常便利。

"在县城后河片区，还有两个滨河运动公园正在抓紧施工。"张先生的脸上充满自豪。

来到雷成德的办公室，他向笔者展示了后河拦水坝的效果图：左岸，高铁呼啸而来，208.5米的拦水坝截断清澈山泉水，高铁倒映在湖面，好一幅人间仙境。

兴山县城，城在水中，水在城中，城在山中，山水城共融。游客一出高铁站，就邂逅美人城。

深秋季节，兴山满山红叶绽放，香溪河流域古夫河段生态环境综合治理项目正在如火如荼进行，拦河坝、运动公园已初具规模，发挥综合效益指日可待。

如今，高铁贯通，环境宜人的兴山正在迎接四方宾客，三峡移民新城正在展示山清水秀、宜居宜旅宜业的魅力！

综合治理　换来茅坪河的"高颜值"

"更立西江石壁，截断巫山云雨，高峡出平湖……"从兴山顺江而下，笔者来到"高峡出平湖"的秭归。

作为三峡坝区第一县，秭归肩负着特殊的生态重任。打造山水林田湖草生命共同体，秭归生态修复从茅坪河开始。

三峡集团所属三峡基地公司秭归日清公司建设管理部主任高华山介绍，茅坪河是湖北省境内三峡库区南岸的一条支流，落差大（有1110多米），坡度大（平均坡降23.4‰），防洪标准低（以十年一遇标准设计），防洪能力差，洪灾频发，当地人民生命财产受到严重威胁。该支流生态基流无法保障，露滩现象较严重，水生动植物稀少，雨污混流，居民生活环境差。

"河流落差大，留不住水，今年天干，河水断流，但如果下大雨，上面的雨水倾盆而下，又会冲毁周边庄稼。"茅坪河河岸居民何宝民向笔者倾诉，"这里年年受灾，非涝即旱，附近农民苦不堪言……"

秭归曲溪污水处理厂（三峡集团 提供）

"茅坪河PPP项目并不是'头痛医头、脚痛医脚'，而是将山水林田湖草作为共同体，实施辨证论治，整体医治。"高华山的话异常坚定。

"茅坪河流域内的河道系统整治方案出炉后，对堵塞淤积的河道进行疏浚、清障，对滑坡的河岸通过设置挡土墙、防滑网和削坡等手段进行治理，在易断流河段设置生态堰，建交通桥化解周边干旱缺水难题，在人口密集的村庄建设生态广场、人行步道、休闲公园，提高老百姓幸福指数……通过新建城镇截污纳管、进行雨污分流，让清澈河水汇入长江，提高流域内河道防洪的调控能力和生态环境水平。"正在秭归县茅坪河流域综合治理PPP项目现场指挥的高华山信心满满。

10月10日，笔者来到秭归县城污水处理厂扩建工程现场。现场一片忙碌，工人们正在安装高效沉淀池管网、应急事故池设备等。

高华山介绍，秭归县城污水处理厂扩建工程为将污水处理设施的日处理规模由3万立方米提高到4万立方米，主要新建调节池、应急事故池、氧化沟、二沉池、高效沉淀池、滤布滤池、鼓风机房等；对一期二期现有部分设施进行改造，改造现状设施包括进水泵房、脱水机房、加药间、变配电间、中控室等。目前，已完成新建氧化沟、二沉池、鼓风机房、精密滤池、应急事故池的主体结构施工。

这边热火朝天，秭归县二水厂废水处理改造及管网完善工程施工现场也一片忙碌。

现场工作人员郑景山介绍，该项目管网改造不仅包括秭归中心城区管网改造，而且配水管网延伸至陈家冲村、泗溪村、建东村、陈家坝村、溪口坪村、九里村和杨贵店村7个村，共17.93千米。

陈家坝村村民陈家宽看到污水管网铺到自家门口，兴奋地拉着施工人员的手，非得给工人师傅炖自家的腊猪蹄子吃。

据秭归县住房和城乡建设局工作人员介绍，该子项目建成后，不仅可以解决主城区污水处理的问题，还可以彻底根除农村污水随意排的顽疾，保库区山清水秀。

"秭归县茅坪镇长岭村、月亮包村、溪口坪村、建东村、陈家坝村、金缸城村、陈家冲村、花果园村、泗溪村等9个村全部纳入秭归县茅坪河流域农村污水治理工程，项目建成后，加强农村生活污水收集、处理与资源化设施建设，避免因生活污水直接排放而引起的农村水体、土壤和农产品污染，确保农村水源的安全和农民身心健康，是新农村建设中加强基础设施建设、推进村庄整治工作的重要内容，也是改善农村人居环境迫切需要解决的问题。"秭归县住房和城乡建设局党组书记、局长林松评价说。

高华山介绍，该项目新建污水处理站32座、检查井1327座、跌水井399座、化粪池424座，铺设DN300污水管网37204米、DN150污水管网31725米，还配套建设了自控及通信系统等。目前，项目完成95.90%。

秭归县相关负责人告诉笔者，秭归PPP项目总投资17多亿元，通过污染物防治、生态修复、水安全治理、生态风貌提升等措施，建设山水林田湖草生命共同体，打造水清岸绿河畅景美宜居的生态城乡，助力秭归再腾飞。

牢记嘱托 工业区"蝶变"成后花园

虎啸猇亭烽烟嗅，万古风吹火焰稠。一桥再跨荆门路，两岸飞车水自流。

穿过三峡大坝，越过葛洲坝船闸，笔者一行来到猇亭。

猇亭区，宜昌市第一个化工业承载地。这里曾经烟囱林立，尘烟飞扬，晴天一身灰，雨天一身泥，最严重的时候，许多工人宁愿坐一个多小时的车到城区住，

治理后的猇亭生态湿地(三峡集团 提供)

也不愿意住在工厂宿舍……

猇亭区生态环境治理迫在眉睫。

"宜昌市是三峡集团'长江大保护'先行先试项目落地的首批试点城市,猇亭区很荣幸成为宜昌市首个试点区。"为此,猇亭区副区长向光富颇感骄傲。

"雨污分流,综合治理,是猇亭区生态修复的两把钥匙!"猇亭污水处理厂扩建工程项目负责人陈朝政为猇亭生态修复把脉。

他介绍,扩建后猇亭污水厂处理能力将由4万吨/天提升至8万吨/天,包括细格栅、曝气沉砂池、膜格栅、事故调节池、水解酸化池、A^2/O生物池、MBR膜池、接触消毒池、巴士计量槽、鼓风机房及配电间等10个建筑物的新建以及粗格栅、污泥脱水车间、碳源车间、加氯加药车间4个构筑物的改造。采用A^2/O+膜生物反应器工艺,出水满足GB18918—2002一级A排放标准。

"猇亭污水处理厂已建成投产,截至目前,累计处理污水300多万吨,满足了猇亭南部工业园区、北部工业园区和猇亭中心区22.7平方公里、5.68万人的排水需要。"猇亭区住房保障中心党组副书记、副主任冯俊峰颇感自豪。

10月14日,在兴发集团新材料产业园,园区工作人员张清平告诉笔者,园区产生的废水经过净化达标后再通过管道输送到污水处理厂,再次进行处理,最后达标排放。

"如今,不仅污水处理厂的处理能力满足要求,几百公里的污水管网实现了雨污分流,不管是天干还是洪涝,都没有污水直排,彻底解决猇亭区黑臭水问题,也解除化工企业的后顾之忧!"向光富对今天猇亭的污水治理能力颇为自信。

三峡集团带给猇亭区生态治理第二把钥匙就是综合治理。其中,高马河水环境综合治理项目带来的变化看得见、摸得着。

10月15日,笔者来到高马河,一条条道路蜿蜒通畅,清澈的河水穿村而过,花草奇石相映成趣,白墙黑瓦远近点缀……如今的猇亭区高马河,让人心旷神怡、眼前一亮。

高马河是长江的一级支流,全长约9.6公里,发源于太子岗水库,流经高家店村、磨盘溪居委会和高湖村,从龙盘湖汇入长江。

"我们以前最怕过夏天。"高家店村三组村民周淑芹在高马河边住了30年。一想到过去,她就面露难色:"每到汛期,这里就容易发大水,隔壁养的猪都被冲走了几头。周边的几个养殖场,臭味熏天,平时门都不敢开。"

变化始于2019年12月。猇亭区高马河(刷子溪)水环境综合治理工程被纳入湖北省三峡地区山水林田湖草生态保护修复工程,由三峡集团携手猇亭区政府负责推进。

"从长江流域生态系统的整体性出发,我们把高马河以及闵家溪、孙家冲两条支流一并纳入整治范围,并按照美丽河道、美丽乡村、美丽庭院、美丽宜道、美丽田园'五美'的要求实施整治。"猇亭区农业农村局党组成员、副局长罗家年说。

一年多来,猇亭清淤疏浚河道13.2公里,修筑岸坡22.4公里,修建机耕桥16座、涵桥22座、生态坝11座,改建高速公路、高速铁路2.1公里;在岸坡上种植草皮,在堤顶、巡查通道旁种植香樟、红叶石楠等,沿线布置花海、桃花岛等5个景观节点……不仅破解了防汛难题,还有效改善了生态环境、人居环境。

环境改善后,高湖村的人气更旺了,观赏、采摘、垂钓等休闲农业发展得如火如荼,农家乐开了一家又一家。

"村里环境变好了,有摄影师组团来拍白鹭,有三五成群来旅游的,基本上不愁客源。""烟火农家"农家乐的主人李银花笑着告诉笔者。

如果说高马河流域的综合治理是雪中送炭,那么织布街江滩的综合整治就是锦上添花。

织布街江滩综合整治工程位于猇亭古老背古镇。织布街建于元末明初,是宜昌市城区保存较好的历史文化古街区,有楚文化与徽派建筑文化相融的特色民居,现存明清古民居群、明清码头遗址、马家溪新石器文化遗址等。

2018年,三峡集团与猇亭区携手,站在历史与未来的双向高度,依托织布街历史文化资源打造了织布街江滩景观工程。

"由于古码头及江滩步道常年失修,部分条石挡墙、护岸垮塌,导致道路连通不畅,污水横流,垃圾遍地,危及江滩边的房屋建筑,极大地影响了老街周边居民的日常生活。"猇亭居民程文婷回忆。

织布街江滩综合整治工程的项目负责人尹刘川介绍,该区域的长江岸线生态修复方案充分融合了延绵不断的古老背码头文化,按照重新打造"三点一线一面"的古码头容貌的思路进行修复,便于人们在欣赏生态绿色的同时,也唤起对历史的回忆,修复面积约17000平方米,其中绿化面积约4000平方米。

如今,猇亭织布街从码头变"网红"地。岸线清理,滩涂复绿,新建污水管网收集居民生活污水,避免污染入江,打造了10.3公顷的江滩景观。

公园里,松下听涛、雨水花园、临江览胜等多个风景错落有致。公园中央,一座造型别致的雕塑格外"吸睛"——银色的圆规屹立在蓝色飘带上,寓意"共抓大保护、不搞大开发"的规矩立在母亲河上,表达人们对一江清水永续东流的无限憧憬和美好展望。

科技助力 宜昌工业废物集中处置

2023年3月22日,春光明媚,桃红柳绿,笔者走进宜都市高新技术产业园。一辆特殊的运输车停在一个巨大的焚烧炉前,工人们正熟练地将运过来的特殊废物送进焚烧炉。

焚烧车间的李国强师傅告诉笔者,这是湖北兴瑞硅材料有限公司送过来的有机硅高沸物裂解废渣,易燃,有刺激性气味,遇水或潮湿空气水解生成具有腐蚀性的盐酸,目前,最好的处理方式就是焚烧。

　　大约一小时后,又一辆特殊的运输车驶向焚烧车间。湖北宜化化工股份有限公司宜都分公司的技术员王敏介绍说,宜昌市危险废物集中处置中心建成前,公司产生的废活性炭要运到荆州市去处理,距离远,风险高,运输成本高。如今,宜昌市危险废物集中处置中心就在园区附近,附近的公司可以就近处置工业废物,十分便捷。

　　据介绍,宜昌市危险废物集中处置中心是三峡集团旗下宜昌七朵云环境治理有限公司规划和承建的。

　　项目总投资4.5亿元,占地208亩,处理类别涵盖《国家危险废物名录》中的40个大类和405个小类,覆盖焚烧、稳定化/固化、物化、安全填埋等处置方式,为工业企业提供环境污染第三方治理服务。设计处置规模达9.1万吨/年,其中:焚烧处理的危废量45000吨(一期15000吨,二期30000吨);物化处理的危废量2950吨;稳定化/固化处理后填埋的危废量42615.4吨,直接填埋的危废量11.6吨,填埋场总库容108万立方米。

　　在固化填埋处置中心,工人师傅正在对湖北中油优艺环保科技集团有限公司产生的飞灰进行固化。现场技术人员介绍说,危废焚烧的飞灰,含水率低,呈浅灰色粉末状,含有大量水溶性盐、苯并芘、苯并蒽、二噁英等有害物质,具有极大毒性,如果不进行固化就填埋,有毒物质会渗入地下,造成二次污染,只有固化后再填埋,才能做到无害化。

　　为推动宜昌能源资源高效利用,助力污染防治,在市发改委的支持下,产业园于2019年9月申请、11月获批成为全国第一批环境污染第三方治理试点园区。宜昌市危险废物集中处置中心既是园区环境污染治理的基础设施配套项目,也是长江经济带绿色发展省级重点项目和长江大保护危险废物综合治理示范项目,更成为园区环境污染第三方治理实施方案中的重点项目,获得中央预算内补助资金1341万元。

　　如今,中心不仅可以为园区及周边区域的企业提供危险废物的无害化、减量化、资源化处置服务,更为宜昌周边地市州提供专业化服务。

　　近年来,宜昌正在以"高端化、精细化、循环化、绿色化、国际化、安全化"标准打造一流化工园区,推进化工产业绿色发展,而宜昌市危险废物集中处置中心正是宜昌绿色发展的重要一环。

"以技术创新推动产业升级,以专业管理提升服务水准,实现'立足宜昌、进驻武汉、覆盖湖北、沿江发展'的战略发展目标,建设行业一流的绿色固废服务标杆企业。"整个中心弥漫着催人奋进的气氛。

城区攻坚 数百名建设者夜以继日

相比兴山、秭归、猇亭、宜都等县市区,宜昌市城区污水管网体量更庞大,管网更复杂,处理难度更大。

"长江大保护,越是硬骨头,我们越应该不惜一切代价啃下来。前面的路再艰辛,我们都要踔厉奋发、勇毅前行!"宜昌市主城区污水厂网、生态水网共建项目二期PPP工程现状管道清淤检测项目负责人邓佳赤的话掷地有声。

2022年10月16日晚11点20分,市民渐入梦乡,伍家岗区恒大华府西南200米处的工地上灯火通明,几台大型黄色高压冲洗车格外醒目。

戴上安全帽,在现场工作人员的带领下,笔者来到附近一个污水管道现场。还没有走近,就闻到一股刺鼻的恶臭,两层口罩都挡不住。走近一看,几米深的污水管全部被黑色淤泥堵塞,有的已经凝成半固体状。

现场工作人员李浩告诉笔者,污水管长期结成的污垢,非得高压冲洗车才能洗掉。为了不影响交通和周边居民生活,施工队只好在夜间施工。

"宜昌位于长江中上游接合部,地处鄂西山区与江汉平原交会过渡地带,地形复杂,高低相差悬殊,山区、丘陵、平原兼有,管网依托地形而建,造成排水管网埋深落差大,不仅容易淤积,而且走向复杂,给排查带来巨大困难。"邓佳赤坦言。

"尽管如此,施工队还是用大功率污泥泵进行抽水降排,潜水员下沉清淤,清理管底固体垃圾,高压冲洗管内淤泥等办法,为后期机器人探测管道损伤部位扫清障碍!"邓佳赤一边介绍,一边对已下到井下8米深处的潜水员竖起大拇指。

李斌对"战友"的行为赞不绝口。他说,底下能见度低,恶臭,潜水员作业环境非常恶劣,但他们没有丝毫怨言。

项目负责人聂菲介绍,宜昌市主城区污水厂网、生态水网共建项目二期PPP工程总投资38.99亿元,截至2022年8月,二期项目已完成主城区市政排水管网清淤检测约691.2千米,剩余120千米疑难管段因现场情况复杂,常规技术手段无法进行有效的清淤检测。

"埋深普遍在6—12米，流量平均每小时超5000立方米，封堵危险系数较大且难以抽水导排的，清淤难度大，需要相关部门协同降水后再使用大型移动泵车导水临排，人工与机械配合清淤作业；年久失修的管道，腐蚀、渗漏、破裂、塌陷、错口、沉积等问题较多，尤其是管道淤泥板结、硬质沉积，常规水利疏通设备难以清除结垢物，就使用更高压力与流量的清洗车，配合特种喷头反复清洗作业；部分年代久远的箱涵，长期高水位运行，底部淤积较多，而且长距离无检查井，用常规技术手段无法有效清淤与降水，加上CCTV检测机器人、全地形检测机器人等检测装备难以应用，就定制专项清淤检测方案。"聂菲态度坚决，对难度大的区段拟定了相应对策。

现场施工人员王平介绍，管道"洗干净"后，便派出市政管道CCTV检测机器人在管道内"潇洒走一回"，管道的材质、管径如何，哪个部分有渗漏，哪里变形了都尽收眼底。接下来，设计人员便依据检测结果给管道"对症下药"，提出修复方案。

"以CIPP紫外光固化为首的管道修复技术是宜昌首次应用的新技术。与传统开挖修复相比，使用这项新技术更为方便，开挖工作量基本为零，避免了因频繁开挖、填埋和铺设造成的交通拥堵、环境污染及资源浪费，又能修复管道缺陷，同时减少了管道接口，避免渗漏风险。修复后的管壁光滑，抗摩擦、抗化学腐蚀性能卓越，可保证100%不透水；材料与原有管道超紧密贴合，能有效解决老化管道的功能性和结构性问题。"邓佳赤对新技术颇感自豪。

整套检测清淤修复完成，路面随后也被清理得干干净净。或许第二天早上，路过的行人并不会知道这里前一天晚上发生过什么。

笔者离开时已经凌晨两点，工友们还在收拾现场。正是有管道诊断工作者们默默无闻的付出，附近小区的居民才可以放心用水，雨天不用担心内涝问题。

环境关乎后世，为了碧水蓝天，三峡集团展现国企担当，治水患，兴水利，清淤泥，谨记使命，脚步不停……

变废为宝　生活垃圾焚烧发电

2023年2月28日，小鸦公路上，一辆辆崭新的白色生活垃圾车"头"戴大红花,鱼贯驶向夷陵区鸦鹊岭镇凤凰观村。这里,宜昌市生活垃圾焚烧发电特许经营项目正准备试车。

在现场工作人员的指挥下,8车垃圾迅速倾倒进垃圾焚烧池。"首车垃圾顺利进厂,使该项目向试投产迈出了重要一步。"宜昌市三峡环清能源有限公司董事长袁军用洪亮的声音宣布。

据该公司负责人介绍:宜昌市生活垃圾焚烧发电特许经营项目占地约168亩,是三峡集团投资建设的第一个生活垃圾焚烧发电项目,也是宜昌市主城区首个垃圾焚烧发电项目。由三峡集团所属长江环保集团长江清源节能环保有限公司等联合组成的宜昌市三峡环清能源有限公司,负责投资、建设和运营。

据了解,该项目采用先进机械炉排炉和中温次高压技术,充分燃烧和分解生活垃圾,利用余热高效发电,设计日处理生活垃圾总规模为2250吨,正在建设的一期项目日处理规模为1500吨,预计每年发电约1.7亿千瓦时,可供20多万人一年的生活用电。项目建成后,将助力宜昌解决垃圾处置能力不足的难题,从源头上推动城乡垃圾减量化、资源化、无害化处置,切实提升当地城市品质和人民群众生活质量。袁军指出,宜昌生活垃圾焚烧发电项目首车垃圾的顺利进场,标志着宜昌市的生活垃圾处理方式将发生根本性的改变,城区生活垃圾单纯靠填埋的处理模式即将成为历史。作为三峡集团首个垃圾焚烧发电项目,此次垃圾顺利进场也标志着三峡集团在宜昌市水环境+固废综合治理的大保护工作新格局中正式开始发挥效益。

3月28日,宜昌市生活垃圾焚烧发电特许经营项目正式点火,标志着宜昌市城市生活垃圾采用以焚烧代替填埋的处理方式进入倒计时。

这一天,宜昌市城管委固废处置管理中心的向先华等了20多年。

向先华是市城管委固废处置管理中心孙家湾垃圾填埋场的重型机械作业手。每天早上6点多钟,他就从家里出发,一到岗,便跨上挖掘机挨个仔细检查水、机油是否足够,各类仪表状态是否正常等。他还兼任填埋处理作业组组长,负责现场指挥调度。

向先华回忆说,20年前,他就在夷陵区黄家湾垃圾填埋场从事垃圾填埋工作,从黄家湾到孙家湾,他一干就是20年。"当年,由于条件有限,黄家湾垃圾填埋场气味很大,不仅作业工人受不了,周围居民也受不了,几乎月月投诉。后来,填埋场搬到孙家湾,采取了除臭、封闭等措施,气味大大减少!"回忆20年的变化,向先华比常人更向往垃圾焚烧项目早日投产。

孙家湾附近的居民张明告诉记者:"垃圾填埋场就在村子附近,尽管现场进行了膜焊接和药剂除臭,但依然能感受到垃圾场的'专属味道'。"

眼看孙家湾垃圾填埋场马上要完成历史使命,村民奔走相告。"看到村民们一双双期盼的眼光,我们感觉肩上的责任更重,只有'5+2,白+黑'地工作,才能早日还一片净土给子孙!"袁军的话充满期待。

保护长江　三峡集团担当"骨干主力"

2018年4月24日,习近平总书记视察长江,首站来到宜昌,并到三峡集团所属三峡电厂看望干部职工,留下殷殷嘱托,寄予无限期望。两天后,深入推动长江经济带发展座谈会(以下简称座谈会)在武汉召开,习近平总书记在会上提出,三峡集团要发挥好应有作用,积极参与长江经济带生态修复和环境保护建设。

也就在当月,国家发改委和国务院国资委联合下发《关于印发中国长江三峡集团有限公司战略发展定位意见的通知》,要求三峡集团在促进长江经济带发展中发挥基础保障作用、在共抓长江大保护中发挥骨干主力作用。

同年5月,推动长江经济带发展领导小组办公室(简称"国家长江办")召开会议,审议通过《关于支持三峡集团在共抓长江大保护中发挥骨干主力作用的指导意见》,进一步明确了三峡集团参与共抓长江大保护的重要意义、指导思想、基本原则、主要目标、重点任务和保障措施。

中央座谈会直接"点将"三峡集团,国家部委发文件明令支持,三峡集团由此成为推进长江大保护的"骨干和主力"。

"作为骨干和主力,三峡集团人深知,长江大保护使命光荣,任务艰巨。"雷鸣山指出,三峡集团的发展史,就是一部紧跟国家战略、服从服务国家战略、做强做优做大的"奋斗史"。

他说,作为一家"生于长江、长于长江、发展于长江"的清洁能源企业,三峡集团按照党和国家的统一部署,坚定不移地承担起"服务长江、反哺长江、保护长江"的重任,让"黄金带"更具"高颜值"。

在国家发改委的支持下,三峡集团迅速行动,以城镇污水处理为切入点,以摸清本底为基础,以现状问题为导向,以污染物总量控制为依据,以总体规划为龙头,坚持流域统筹、区域协调、系统治理、标本兼治的原则,遵循"一城一策",突出整体效益和规模化经营,通过"厂网河湖岸一体""泥水并重"、资源能源回收、建设养护全周期等模式开展投资建设和运营,促进城镇污水全收集、收集全处理、处理全达标以及综合利用,保障城市水环境质量整体在根本上得到改善。

按照国家发改委的统筹规划,三峡集团把九江、芜湖、岳阳、宜昌4座城市确立为长江大保护先行先试项目落地的首批试点城市。从此,三峡集团开启从"建设三峡、开发长江"向"管理三峡、保护长江"的战略性转变。

作为长江中下游水源安全保障的源头、三峡库区的重要生态屏障,宜昌在长江生态保护中担负着特殊的重任。从此,三峡集团在其发源地宜昌浓墨重彩地书写长江大保护的绚丽篇章,守护一江清水,把越来越多的蓝天、碧水、绿荫,涂抹在城市水环境治理的画卷上,留在城市居民的心里!

(撰稿:王茂盛)

第四篇 宜昌信念

湖北兴发化工集团党委书记、董事长李国璋:

厚望如山！总书记指引我们奋勇前行

2022年10月22日，党的二十大"党代表通道"第二场采访活动在人民大会堂举办，图为湖北兴发化工集团党委书记、董事长李国璋（中国网记者董宁 摄）

他胸怀"不让一滴污水流入长江"的志向，22年如一日，带领技术人员探索绿色发展新路径，实现废水、废气回收利用率达99%，固体废物回收利用率达100%。

他牢记习近平总书记的殷殷嘱托，把长江大保护作为头等大事，积极践行生态优先、绿色发展理念，以壮士断腕、刮骨疗毒的勇气和决心，先后关停、搬迁临江价值12亿元的生产装置32套,投资10.05亿元进行环保装置升级改造,并将腾退出的950多米岸线进行生态复绿。

他带领团队放眼国际,瞄准高端产业,成功开发食品级、医药级、电子级等化工产品15个系列591种,走出了一条"产业绿色化、产品高端化、营运国际化"的高质量发展之路。

他情牵长江大保护,心系宜昌化工业转型升级。在全国人民代表大会上,他提出多个有价值的议案,促使宜昌化工业转型升级,列阵国际化工业前沿,以实际行动诠释了一名共产党员不忘初心、牢记使命的担当。

他就是党的二十大代表、全国人大代表、"全国五一劳动奖章""湖北省杰出人才"获得者——湖北兴发化工集团(以下简称"兴发集团")党委书记、董事长李国璋。

2022年10月22日上午,党的二十大代表,兴发集团党委书记、董事长李国璋走上"党代表通道"并发言。

当好舵手　立下绿色发展宏愿

殷殷嘱托,厚望如山。牢记嘱托,砥砺前行。

金秋十月,丹桂飘香,宜昌市猇亭424公园绿树掩映,江风徐徐。再忙再累,隔一段时间,李国璋都要在公园走一走,到长江大保护教育基地看一看。

时光回溯,2018年4月24日,习近平总书记考察长江,视察湖北,首站到宜昌,一下飞机,就径直来到兴发集团宜昌新材料产业园,在这里作出指示:"长江经济带开发建设,首先定个规矩,就是要搞大保护、不搞大开发。不搞大开发不是不搞大的发展,而是要科学地发展、有序地发展。对于长江来讲,第一位的是要保护好中华民族的母亲河,不能搞破坏性开发。"

在率领干部职工学习领会习近平总书记讲话精神时,李国璋指出:"兴发集团每一步发展都不容易,但回过头来看,我们始终沿着绿色发展、精细化工的道路前行,态度坚决,步履铿锵!"

他说,兴发集团得益于磷矿资源,兴旺于长江流域经济大发展,应做好保护长江母亲河的表率。

他时常告诫同事们:"我们不能忘记,1984年,兴发集团刚诞生时只是香溪河畔的一家小黄磷厂，第一代生产基地——平邑口化工厂产品单一、技术落后。得益于三峡工程开工建设，在白沙河和刘草坡建设了第二代化工园区后，兴发集团才初露锋芒。"

企业规模小，发展空间窄，技术装备落后，安全隐患大……一道道难题怎么解决？ 1999年，李国璋接过这副重担！

上任之初，在一次干部大会上，李国璋立下壮志："不让一滴污水流入长江。"

他带领兴发集团的生产技术人员大搞技术创新，自主开发出黄磷尾气回收利用、水淬渣汽、磷泥水分离等8项新技术，破解了黄磷生产"三废"处理的世界性难题，将其作为行业中革命性技术创新，在全国推广运用。

23年过去，李国璋兑现了当年的承诺：兴发集团所属化工企业废水、废气回收利用率达到99%，固废物回收利用率达到100%。公司三大主导产业相关地区或企业分别荣获"国际小水电绿色发展示范基地""国家级绿色矿山试点单位""石油和化工行业绿色工厂"称号。

"为了保护三峡库区的绿水青山，要走出去；为了企业更好地发展，也要走出去。"李国璋不愿躺在功劳簿上，他的眼光一直瞄准世界，兴发集团要做全球化工业的引领者！

着眼保护三峡库区生态，兴发集团大力实施"走出去"战略，先后在湖北保康、南漳、神农架、猇亭、宜都、远安以及重庆、江苏、新疆、贵州、河南、内蒙古、四川等省市区建立规模化生产基地。

在兴发集团所有的基地中，李国璋耗费精力最大的是宜昌新材料产业园和宜都绿色生态产业园。

"企业搬出去，红利飞进来，既保护了三峡库区的绿水青山，又挣得了金山银山，探索出在保护中发展、在发展中保护的新路！"兴山县委书记曹宏伟感慨道。

"20年来，我们始终坚持产业绿色理念不动摇，始终坚持产品高端战略不放松，始终坚持创新驱动思想不懈怠，推动了兴发集团由县域小厂到中国企业500强的蜕变。"李国璋用执着揭示了小黄磷厂蝶变为"绿色化工巨人"的奥秘。

壮士断腕 破解"化工围江"难题

2016年1月5日，习近平总书记在重庆主持召开推动长江经济带发展座谈会，明确提出要把修复长江生态环境摆在压倒性位置，共抓大保护、不搞大开发。

李国璋带领兴发集团以"共抓大保护、不搞大开发"为规矩和导向，吹响守护一江清水永续东流的集结号。

他说，共抓大保护，关键在落实。

首先，兴发集团整体关闭古夫后河化工厂、神农架阳日化工厂，淘汰总产能14.85万吨/年的落后装备，实现机械化、大型化、智能化升级。

面对种种顾虑，他解释道，关闭旧产能，虽然有一时的损失，但绿色发展才是出路。

2017年，宜昌对134家沿江化工企业列出整改清单。当时，兴发集团实力并不算强，整改搬迁要付出巨大经济代价，众多职工有忧虑，李国璋斩钉截铁地说："我们是国有企业，长江大保护，我们不带头，谁带头？"

随后，他多次召开干部职工代表会，引导大家算经济账和环保账，把思想统一到保护长江生态的大局上来，丢掉"等待、观望"的幻想，拿出刮骨疗毒的勇气和立行立改的作风，果断关停、搬迁临江价值12亿元的32套生产装置。

雷厉风行！ 2018年9月9日14时49分，兴发集团宜昌新材料产业园的兴瑞第一热电厂烟囱爆破拆除，这也是宜昌破解"化工围江"的难题、实施绿色发展的"第一爆"。

李国璋说，保护长江是企业义不容辞的责任和义务，这一"爆"让兴发集团告别过去，加大园区环保改造力度，争当长江经济带绿色转型发展的领头雁。

拆除长江岸线一公里所有的化工设备，留下的几百米岸线怎么办？李国璋拍板，在拆除的地方建424公园，让子孙后代永远记住长江大保护的起点和伟大意义，增强市民的环保意识。

今天，走进424公园，绿树成荫，鲜花烂漫，微风习习，望着滚滚东去的一江清水，好不惬意。

兴发集团还花重金对污水处理装置进行扩能改造。"我们采取末端控死措施，变废为宝。现在污水处理装置的日处理能力是实际需求的1.5倍，多花了点钱，但值得。"李国璋坦言。

"如今，兴发集团宜昌新材料产业园内，污水口被永久封堵，污水自我处理达标后，再输送到市政二次污水处理系统。"李国璋自豪地说，他兑现了昔日"不让一滴污水流入长江"的承诺。

净化不如优化，为了彻底消除污染隐患，兴发集团变废为宝，实施封闭内循环，将"四废"吃干榨尽。

近年来，兴发集团把循环利用搞得有声有色，全链条产品综合利用率95%以上；外排废水有机磷含量控制在0.2 mg/L以下（国家标准为0.5 mg/L），废气二氧化硫含量控制在5 mg/m³以下（国家超低排放标准为35 mg/ m³）。

李国璋集中力量建设大园区的梦想成真了。他说，充分利用大园区不同产品间共生耦合、衍生衔接的关系，围绕资源利用最大化的目标，引进、创新生产工艺，综合利用水电热资源，让每个产品的副产物都是下游产品的原材料，让每一克资源都转化为企业产品和效益，最终形成环环相扣、链链生金的"兴发魔环"，构建绿色体制，实现本质清洁。

转型升级　树立绿色化工产业标杆

李国璋回忆，2018年习近平总书记来到兴发集团时，对兴发集团为保护长江生态所做的努力给予了充分肯定，勉励兴发集团"在科学发展的道路上，在可持续发展的道路上越办越好"。

"牢记总书记的殷殷嘱托。这些年来，虽然经历了自我革命、壮士断腕的阵痛，但以破解'化工围江'的攻坚战为契机，兴发集团实现了产业的转型升级，催生了绿色发展新动能，成功开发出食品级、医药级及电子级等化工产品15个系列591种，多个产品填补国内空白和化解'卡脖子'困境。"细算一下关转得失，李国璋觉得非常值得。

"培育绿色发展新动能，最佳途径是创新。只有不断提升科技创新的能力，改变过去拼资源、拼消耗、拼生态的粗放发展方式，聚焦新技术、新产品、新市场，建立从前端研发到终端市场的产业体系，才能从根本上推动化工产业向产业基础高级化、产业链现代化的方向转化。"李国璋说，总书记告诫我们，绿色发展可以倒逼企业转型升级。

坚定不移把科技创新作为企业发展的第一动力，兴发集团持续加大前沿技术开发力度和科技投入，2021年一年投入研发资金8.42亿元。

在李国璋的带领下，兴发集团近10年来累计研发投资高达34亿多元。

联合中国科学院、知名学校等先进院、所开展9个前沿技术及行业"卡脖子"技术攻关，牵头组建重大创新平台湖北三峡实验室，投资5.2亿元建成研发中心，打造专职研发团队。

在引人留人用人上，聘请中国氟硅有机材料工业协会副理事长王跃林、硫化工行业著名专家郭克雄、中国科学院过程工程研究所副所长杨超、武汉工程大学教授池汝安担任首席科学家。

成立由董事长担任组长的技术创新工作领导小组，出台《研发系列技术人员管理办法》《科技成果奖励办法》等系列文件，实行"揭榜挂帅""赛马"制度。

截至2021年，兴发集团有各类专业技术人员1154人，专职研发人员264人，共聘任首席科学家4名、技术顾问13名，逐步建成一支素质过硬、规模适度、结构合理的高素质专业研发团队。

"与一流研究机构和重量级的专家携手，多年持续投入，兴发集团科技水平迈上新台阶，一大批新产品取得突破。"提及这些年的科技成就，李国璋如数家珍。

精细磷酸盐生产为全国磷化工企业中产品门类最全、品种最多、获得海外认证最多的产销基地。食品级三聚磷酸钠、六偏磷酸钠、次磷酸钠产销量全球第一，高端磷酸盐品质国际领先。高纯黄磷清洁生产关键技术获"湖北省科技创新技术发明"一等奖，黄磷生产连续10年被评为全国重点行业能效领跑第一名。

电子级磷酸、硫酸、混配系列产品打破国外技术封锁，以8万吨/年的生产规模在行业居首位，品质为国际一流，成为国内外多家半导体企业的稳定供应商。其中，高纯黄磷提纯精馏技术从源头上解决了我国电子化学品制备的杂质难题。

大力发展微电子新材料，产品由电子级磷酸向电子级硫酸、混酸等多个领域拓展。D蚀刻液、E蚀刻液、多晶硅蚀刻液等新产品为芯片国产化提供配套，打破国外垄断；"芯片用超高纯电子级磷酸及高选择性蚀刻液生产关键技术"获得国家科学技术进步奖二等奖，使兴发集团成为国内具有较强竞争力的电子新材料生产企业和供应商。

草甘膦产能为18万吨/年，规模全国第一、世界第二。绿色高效合成新工艺攻克行业重大环保难题，并率先解决了生产不连续、能耗高等难题，成本控制和清洁生产水平国内领先，使兴发集团成为全国首批通过草甘膦环保核查的四家企业之一。

目前正与中国科学院深圳先进技术研究院合作,开展超级新材料黑磷的研发,已实现公斤级制备,正在武汉、宜昌两地加快实验。

与此同时,成功发展微电子新材料、有机硅新材料、绿色生态除草剂等优势产业,开发电子级、医药级、食品级主导产品,60%的高新技术产品出口全球116个国家和地区。

同样是磷产品,产业链却今非昔比。李国璋说:"淘汰洗涤剂等工业级产品,转而生产食品级、医药级产品,每吨售价增长6倍。成功研发出用于芯片制造的电子级化学品,每吨售价再增长5倍。科技含量更高、应用价值更大的黑磷产品,每克4500元,产品实现从论吨卖到论克卖。"

产业转型催生发展新动能。2021年,兴发集团实现销售收入459.19亿元、利税61.22亿元、出口创汇11.05亿美元,经营业绩创下历史之最。

"绿水青山就是金山银山。"李国璋用"清澈的产值"向母亲河交了一份精彩的答卷,用"可持续发展"向党和人民做了真切汇报!

桑梓情怀　人大代表心系长江

李国璋常说,长江大保护不是哪个企业、哪个地方的家务活,而需整个长江流域齐心协力。为了长江全流域、化工产业全行业更好地保护生态环境,李国璋以全国人大代表的身份提交了多份有价值的议案。

当选第十三届全国人大代表以来,李国璋奔走在长江沿线的田间地头、企业车间,围绕长江经济带生态环境保护、产业发展、解决库区产业空心化等问题,先后向全国人大提交议案、建议12件。

磷石膏综合治理事关长江生态保护和磷化工产业高质量发展,2022年全国"两会"上,他提交了一份《关于加快推进磷石膏综合利用的建议》。

"磷石膏污染防治、综合治理,不是'选择题',而是'必答题'。"磷石膏是利用难度较大的一种酸性工业固体废弃物,其利用是一项世界性难题,全球综合利用率不到8%。目前,堆存仍是大量化处置的主要方式。

由于我国磷化工企业主要集中在长江沿岸,磷石膏的堆存对长江生态造成一定影响。

为推动湖北省磷石膏综合治理和磷化工产业转型升级,2022年2月中旬,省人大常委会组织开展专题调研,拟通过专项立法推动磷石膏污染防治,李国璋参与其中,踊跃建言,出谋划策。

"实际上,磷石膏的应用相当广泛。"李国璋说,磷石膏可用作化工生产原料、建筑材料原料、土壤改良剂、公路路基材料,以及用于高端领域,但目前在利用上仍然存在不少问题。

为此,李国璋建议,禁止开采天然石膏用于建材,大力培育磷石膏的市场接受度,鼓励磷石膏分解实现硫循环利用以及钙在水泥行业的大规模利用或替代,完善税收及财政相关政策,通过这些举措加快磷石膏的综合利用,保护长江生态环境。

针对我国部分高端磷化工产品出口一直没有退税政策,有些产品甚至没有单独的商品编码,产品以全口径成本出口,削弱了国际市场竞争力,不利于产业健康发展的现状,2022年全国"两会"期间,李国璋提交了《关于对部分出口磷化工产品增列税目及提高出口退税率的建议》。

他提出,通过增列部分湿电子化学品和部分食品添加剂税则号,给予相对应的出口退税率,促使企业优化产业结构,提升产品科技含量,增加产品附加值,推动我国磷化工产品由简单的数量竞争转向科技和质量竞争。

"今天,党的二十大胜利闭幕了。我们将认真贯彻大会的会议精神,继续加大科技投入的力度,在微电子新材料、有机硅新材料、新能源材料方面,用最短时间达到世界先进水平,为建设世界一流化工企业,继续撸起袖子加油干!"李国璋心系长江,始终不忘桑梓情怀。

(撰稿:王茂盛)

湖北三峡实验室首任主任、首席科学家池汝安：

攻克磷石膏世界难题
助力宜昌"清洁能源之都"建设

池汝安教授(陈维光 提供)

2022年7月21日，走进湖北三峡实验室(以下简称三峡实验室)，研发中心大厅墙壁上镌刻着几行醒目的大字："创新是引领发展的第一动力，科技是战胜困难的有力武器。"

习近平总书记2022年6月28日在湖北武汉考察时的殷殷嘱托，深深鼓舞着宜昌科技一线的创新者们。

"总书记指出，如果我们每一座城市、每一个高新技术开发区、每一家科技企业、每一位科研工作者都能围绕国家确定的发展方向扎扎实实推进科技创新,那么我们就一定能够实现既定目标。我们这一代人必须承担起这一光荣使命。"三峡实验室首任主任池汝安教授说,这些话语说到了科技工作者和企业的心坎里。

牢记习近平总书记的殷殷嘱托,怀揣宜昌人民的深深期盼,2021年12月21日,三峡实验室在兴发集团研发中心揭牌。

主帅出征　宜昌抢得省级实验室先机

依靠丰富的磷矿资源,宜昌多年来端"化工碗"、吃"化工饭",但同时不得不面临这把"双刃剑"的"反噬"——每制取1吨磷酸,会产生约5吨磷石膏,这种灰白色或灰黑色的粉末,容易对水和土壤造成污染。磷石膏的无害化处置和综合利用,成为一道世界难题。

同样,依靠丰富的磷矿资源,兴发集团做到磷化工全行业第一,但也面临转型。兴发集团党委书记、董事长李国璋说,"保护母亲河,共建美丽长江"对兴发集团来说不是"选择题",而是"必答题"。正因如此,未来的化工要干什么、怎么干,也是兴发集团必须深度思考的问题,"它必须是绿色的、位于产业链和价值链高端的、可持续的"。

无论是宜昌解决磷石膏世界难题,还是兴发集团迈向价值链高端,都需要科技创新,更需要大科研平台支撑。

池汝安教授坦言,宜昌求贤若渴,兴发集团更是借智发展。2010年以来,兴发集团与武汉工程大学在绿色化工领域深度合作,共建了武汉工程大学资源与安全工程学院(兴发矿业学院),联合承担"固废资源化"国家重点研发计划项目,共同获得"芯片用超高纯电子级磷酸及高选择性蚀刻液生产关键技术"国家科技进步奖二等奖。

2021年2月18日,湖北省科技创新大会上,首批七个湖北实验室揭牌。池汝安教授敏锐地意识到在宜昌布局建设湖北实验室的可能性,并积极组织谋划相关事宜。

随后,兴发集团和武汉工程大学很快就达成在宜昌组建湖北实验室的意向,并且立即向当时正在出差的宜昌市政府主要负责人汇报。

分秒必争,在回宜的车上,时任宜昌市委副书记、市长张家胜马上指挥宜昌市科技局负责人,以最快的速度商讨在化工领域组建湖北实验室的方案。

2021年5月初,宜昌市委、市政府主要领导亲自出马,就支持宜昌建设湖北实验室的工作分别与省科技厅主要领导沟通交流,提出了宜昌市依托兴发集团、联合相关高校和科研院所组建湖北实验室的工作思路。

与此同时,宜昌有关方面迅速邀请中国科学院过程工程研究所、清华大学、中国科学院深圳先进技术研究院、四川大学、武汉大学等省内外高校院所专家来宜昌研讨实验室的方向和定位。最终,专家们就绿色化工研究方向达成一致意见。

池汝安教授回忆,意见一致后,他立即牵头组建专班,起草《湖北三峡实验室建设运行方案》(以下简称《方案》),于6月中旬在武汉工程大学进行了集中修改完善。

其间,宜昌市委副书记、市长马泽江为实验室建设进行了专题办公,多次召集市发改委、市经信局等单位会商完善《方案》。

2021年9月9日,湖北省科技厅组织湖北三峡实验室建设运行方案论证会。由中国工程院党组成员、秘书长陈建峰院士为组长,段雪院士、陈芬儿院士、王玉忠院士等11位专家组成的专家组反复论证,最终得出结论:湖北三峡实验室发展定位准确,建设目标任务清晰,建设方案合理可行,一致同意实验室建设运行方案通过论证,建议尽快启动建设。

2021年11月24日,湖北省政府第118次常务会通过组建湖北三峡实验室。

2021年12月3日,湖北省政府正式发文批复组建湖北三峡实验室。

2021年12月21日,湖北省副省长肖菊华、时任宜昌市委书记王立共同为三峡实验室揭牌。

揭牌现场,武汉工程大学资源与安全工程学院(兴发矿业学院)院长池汝安教授接到湖北三峡实验室首任主任的聘书时,激动地流下热泪。为了湖北三峡实验室的成立,池教授及其团队辛苦奋斗了大半年。

院士领衔 瞄准六大前沿方向猛发力

池汝安很自信地说,三峡实验室一"出道"就是巅峰,因为它不是凭空而建,而是依托兴发集团研发中心。该中心建筑投资5.2亿元,总建筑面积5.16万平方米,可容纳500名科研人员,累计科研设备原值达1.2亿元,配备专职研发人员

222名,其中博士12名、硕士150名。

池汝安说,三峡实验室除了自身实力强劲外,还与国内众多高校建立密切联系,携手全国化工领域的众多院士"大咖"。

2022年8月21日,池汝安向笔者提供的实验室学术委员会成员名单显示,19名委员中,"两院"院士有8人,包括中国科学院过程工程研究所科学家张锁江、北京化工大学教授段雪、中国地质大学(武汉)校长王焰新、复旦大学教授陈芬儿等。

池汝安介绍,为了更好地借智,三峡实验室采用"揭榜挂帅"方式,启动开放基金和创新基金项目工作,收到了包括清华大学、中南大学、西北大学、中国科学院等高等院校和科研院所在内的115份申请材料。

"三峡实验室有了硬实力,就有了制定高目标的底气。"对实验室选定的突破方向,池汝安充满信心。

他说,三峡实验室瞄准行业六大研究方向,向磷石膏综合利用、微电子化学品、磷基化学品、硅系化学品、新能源关键材料和化工装备集中冲锋,每个领域由2至3名院士、专家担任首席科学家。

磷石膏综合利用是世界性难题。池汝安表示,三峡实验室将主攻磷化工全产业链的磷石膏源头减量、过程净化、综合利用、硫循环利用和无害化处置等研究,力争2024年新增磷石膏达到"产—消—用"动态平衡。

其中,开发新型选矿药剂及工艺,提高磷精矿品位,实现磷石膏源头减量;加快磷石膏产品研发,让磷石膏变废为宝,作为建筑材料、道路基层材料、轻质骨料、充填材料等得到大规模应用。

在电子级蚀刻液方面,三峡实验室将探明电子级配方产品的性能调控机制,筛选高效添加剂,开发添加剂精准调控与协同作用新技术,研制3D存储芯片专用高选择性蚀刻液、高性能硅、金属蚀刻液、清洗液等。

在黑磷及磷系阻燃剂等高端磷化学品方面,三峡实验室将研发黑磷规模化制备、高效储锂黑磷负极材料和黑磷复合催化剂,实现黑磷新材料规模化制备和广泛应用;开发有机磷阻燃剂的清洁生产技术,实现生物可降解阻燃剂和高性能阻燃材料的绿色合成。

在硅石直接氯化和烷基化制备单体硅烷方面,三峡实验室将以硅石为原料制备甲基氯硅烷、烷氧基硅烷等有机硅单体,构筑有机硅短流程合成工艺。

创新机制　树立校企联手科创新标杆

"企业也好,研究院所也罢,硬实力再强,如果没有一套先进的运行机制,没有软实力凝聚,就无法握成拳头。"提及三峡实验室先进的运行机制,池汝安颇为自豪。

他介绍,三峡实验室由湖北兴发化工集团股份有限公司牵头,武汉工程大学作为高校第一参建单位共同组建,为独立事业法人,实施企业化管理,市场化运作。

实验室既有牢固的依托——兴发集团,又联合中国科学院过程工程研究所、武汉工程大学、三峡大学、中国科学院深圳先进技术研究院、中国地质大学(武汉)、华中科技大学、武汉大学、四川大学、武汉理工大学、中南民族大学和宜化集团等单位,共建共享。实验室主任实行任期聘任制。

"事业单位实行企业化运作模式。事业单位性质,保障了政府在实验室建设期间给予运行经费的合法性,也保障了实验室的公益性;企业化运作,使得实验室在人才引进、技术开发、经费管理等方面打破体制机制藩篱,提高运行效率。"池汝安精辟地总结了这种模式的优越性。

池汝安说,三峡实验室在这种机制运行下,既有突出的特点,又有明显的优势和较强的竞争力。

需求市场导向是三峡实验室最突出的特点,科技创新活动以产业需求为导向,积极对接国家重大战略和地方发展需求,产学研深度融合。

政企支持是三峡实验室最大的优势。在建设运行过程中,三峡实验室得到了宜昌市委、市政府、市直各部门的鼎力支持和帮助,实验室牵头单位兴发集团建成的研发中心大楼、搭建的科研平台和人才储备以及资金投入,为实验室的实体化运行提供了基础保障条件。

在"政府+企业"的双重支持下,三峡实验室整合了领域内众多优质科研资源,在建设初期就具备了完备的研发基础条件和较强的科研水平,有较强的竞争力。

资金来源于政府定期补助、企业资助和实验室科技创新与服务相结合的三元投入,这一创新模式有利于提高科研的实效性。针对企业需要的技术,可以落地开展研究,也为这些研究成果在企业尽快应用打下了坚实的基础。

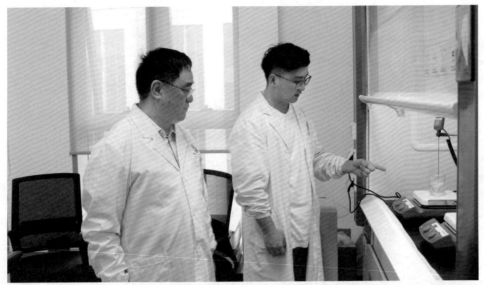

2022年9月,池汝安(左)在指导实验室科研人员(池汝安 提供)

设立了开放创新基金,实行"揭榜挂帅"等制度,与中国科学院过程工程研究所、三峡大学等单位开展广泛合作。目前,合作进展顺利。开放创新基金项目年初立项了63项,涉及磷石膏综合利用、磷基高端化学品等多个方向,实施已有半年,产出了一批科研成果。

初战告捷 实现吸纳人才、创新双丰收

大师出手,果然不同凡响。

挂牌伊始,池汝安便把磷石膏作为主攻方向,迅速取得令行业艳羡的阶段性成果。在池汝安的指挥下,三峡实验室汇聚了6个磷石膏利用技术研究团队,将磷石膏综合利用技术细化为磷石膏源头减量、过程净化、综合利用、循环利用和无害化处置五大课题,重点开展磷石膏无害处置技术研究。与中国科学院过程工程研究所联合开发磷石膏低温分解制备高活性氧化钙技术,已形成100吨的中试装置;开发磷石膏超溶解分离新技术,正开展实验室小试和中试验证工作。力争两年内将湖北磷石膏综合利用率提高到60%,实现"产—消—用"动态平衡。

坚持"不求所有,但求所用"。在借智方面,三峡实验室广纳贤才,仅用半年时间,成功聘请中国地质大学(武汉)王焰新院士、复旦大学陈芬儿院士、四川大

学王玉忠院士和华南理工大学瞿金平院士等11位专家为三峡实验室首席科学家,并实施首席科学家项目。王焰新院士、陈伟教授、杨超研究员等8个首席科学家团队共49人参与揭榜研发。

采取双聘和柔性引才等方式。2022年上半年,从中国科学院过程工程研究所、中国科学院深圳先进技术研究院、武汉工程大学和三峡大学双聘高层次人才48人,其中博士36人、硕士12人、教授/研究员8人、副教授/副研究员15人。

大力培养宜昌本土人才。三峡实验室快速加强自身建设,2022年上半年招聘了3批人才,已有28人正式入职,包括博士4人、硕士20人。

2022年,三峡实验室启动实施产业化项目、重点研发项目、首席科学家项目和创新基金/开放基金项目,总预算8.7亿元,其中亿元以上特大项目1项,1000万元以上重大项目16项。

2022年上半年,三峡实验室主导组织申报了2022年度国家重点研发计划"循环经济关键技术与装备"重点专项——"磷石膏源头提质及规模化消纳技术及集成示范"和"战略性矿产资源开发利用"重点专项——"磷资源绿色高效利用及耦合制备高质磷化产品技术"两个项目。

目前,实验室发表科研论文40篇,其中SCI论文34篇,中文核心论文6篇;申请发明专利17件。谈及取得的成绩,池汝安严肃的面孔终于露出一丝微笑。

尽管这么短的时间就取得如此多成果,但池汝安不敢有丝毫懈怠。他感激地说,三峡实验室承载着太多领导的关怀和支持。从三峡实验室立项、申报、定向甚至取名,书记、市长都亲力亲为,多次到实验室现场办公,帮助解决实际问题。兴发集团董事长李国璋承诺,要钱给钱,要人给人,全力以赴支持三峡实验室攀登科学高峰。

"习近平总书记的殷殷嘱托,各级领导的大力支持,为三峡实验室注入磅礴的力量,激励三峡实验室科研人员勠力前行,立誓早日攻克磷石膏世界难题,助力宜昌'清洁能源之都'建设,加快建成国家级实验室步伐,为宜昌建设长江大保护典范城市提供智力支持!"池汝安的话坚定而自信。

(撰稿:王茂盛)

夷陵区太平溪镇许家冲村原村支书望作战：

甘做三峡坝头库首生态"筑堡人"

望作战(右)代表许家冲村接受"美丽庭院"表彰(望作战 提供)

盛夏7月，骄阳似火，酷暑难耐，却消解不了全国各地游客和高校青年学生奔赴宜昌市夷陵区太平溪镇许家冲村的火热激情。2022年7月5日，时任该村党支部书记望作战接待了华中农业大学学生暑假实践队，次日，华中师范大学学生暑期实践队又不约而至。望作战亲自为两校大学生党员举行了主题党日活动。

扛起绿色大旗　甘做库首生态"筑堡人"

夕阳西下，夜色朦胧，忙碌了一天的望作战来到许家冲村三峡大坝观景台放松身体，远方叠翠的山峦仿佛犁开粼粼的波光，迎着前方那辉煌的灯火驶去……只见漆黑的天幕下，三峡大坝那辉煌的灯火，一丛又一丛地浮荡在烟波浩渺的"平湖"之上，闪闪烁烁，绚丽迷人……

白天热浪滚滚，夜晚凉风习习，广场上游客越聚越多。那夜，星月交辉，灯火如昼，风平浪静，水天一色，那美丽的"平湖"夜色下，虫鸣在空中回响！

"忙碌一天，看到这么美的夜色，吹着徐徐江风，顿觉心旷神怡！"望作战蓦然回首，一排排别致的民宿在灯火阑珊处。

一路走来，望作战时常想起习近平总书记的殷殷嘱托：乡村振兴不是坐享其成，等不来、也送不来，要靠广大农民奋斗。村党支部要成为帮助农民致富、维护农村稳定、推进乡村振兴的坚强战斗堡垒！

夷陵区太平溪镇许家冲村是地地道道的移民村。1993年，为支持三峡工程建设，原许家冲村、西湾村、覃家沱村的村民舍小家为大家，除了搬迁到外地的，剩下的1000多人从平坦的河滩地举家搬到长江三峡大坝左岸半山腰。

刚搬迁时，几个村的人居住在一起，半山缺水，资源贫乏，村民们对未来感到彷徨，很多人有情绪。

那段时间，村民谁也不愿当村干部。在这个远近闻名的"扯皮村、上访村"，村干部开展工作总是困难重重，当地人说："移民村里不好管，扯皮拉筋无人干。"

如此艰难，老村支书硬是顶下来了，为许家冲的发展奠定了坚实基础。前几届村支书的艰辛和功绩，望作战一直牢记在心。

"许家冲村是三峡坝头库首'桥头堡'，我辈甘做生态保护'筑堡人'。"上任第一天，望作战就把这句话记在日记本上。

上任之初，望作战清楚自己肩上的担子，他每天都寝食难安，时时刻刻都在思索许家冲村的出路和未来。

2016年1月5日，习近平总书记在重庆召开的推动长江经济带发展座谈会上强调："推动长江经济带发展必须从中华民族长远利益考虑"，"走生态优先、绿色发展之路"。习近平总书记的讲话让望作战茅塞顿开，也为他谋划许家冲新农村建设指明了方向。

他说，许家冲村是"三峡坝头库首第一村"，不仅是三峡大坝和上游最后一道生态闸门，肩负着保护长江的生态重任，而且，三峡大坝每年吸引数百万国内外游客数，许家冲村的生态环保就像一面镜子，是各地游客了解中国生态大保护的一个窗口。"许家冲村生态环保搞得好，生态理念会更快进入千家万户，深入人心。否则，许家冲村就会拖长江大保护的后腿，为国家抹黑。"望作战的态度格外坚决。

牢记殷殷嘱托 建设绿色生态村

"许家冲村几任党支部书记就像接力赛队员，始终把乡村发展作为第一要务，坚持把绿色生态放在首位，守望相助，代代相传，成为生态村的'五化人'——污水净化，道路硬化、黑化、村庄绿化、亮化。"曾经，望运平是村里的"刺头"，如今，他发出如此感慨！

2018年4月24日，习近平总书记来到许家冲村，看到村民在水池边用棒槌洗衣服，饶有兴趣地走向前，亲手用棒槌试着捶洗衣服，对许家冲村村民的环保意识点赞。

这几年，当时棒槌洗衣的村民谭必珍逢人便说："习近平总书记非常随和，亲民爱民。"她回忆道，得知大家用无磷洗衣粉和肥皂洗衣服，洗衣污水也会集中处理后排放，习近平总书记非常高兴，还接过棒槌试着捶洗衣服。"看得出来，习近平总书记为我们老百姓自发保护长江母亲河而高兴。"

"村民用棒槌在池边洗衣服，不仅环保，还有一丝丝乡情。大家边洗衣服边聊天，邻里友好气氛就起来了，乡里乡亲的感觉就出来了，互帮互助、团结友爱的情感就有了……"村党支部副书记朱崇军非常推崇这种传统的棒槌洗衣方式。

提及棒槌洗衣，望作战指着村边巨大的污水处理厂说："以前，村民家生活污水随意排放，随雨水流进长江；村民洗衣也在村边河沟里，洗衣粉、肥皂泡沫随水冲进江里，对环境影响大。"

既要照顾峡江人的生活习俗，又要保护生态环境，2012年，许家冲村引入山泉水兴建了4座便民洗衣池，洗衣池里的污水和生活污水经过污水处理厂净化达标后再排入长江，在保护环境的同时，也尊重了村民的生活传统。

"为了方便村民，村里还在洗衣池边安装了电灯和遮阳棚、晾晒场。在这儿洗比在家里洗得干净，水也不要钱，关键还可以聊聊天，和大家拉拉家常。"村民唐秀珍一边笑着向游客介绍，一边捶洗衣服。

既要乡村田园生活，又要都市生活气息，许家冲村让垃圾分类的新风劲吹田野：建立垃圾分类、积分兑换，户分类收集，村统一转运，镇集中处理的垃圾分类处理机制。村委会购置垃圾清理车，并分发干湿分类垃圾桶500多个，实现垃圾日清日结。

"当年，移民过来时，村民最关心的是田地，那时，人均不到三分地……刚进村，争先开荒成为村民增加收入的首选。可是，在山坡上见缝插针地开荒种地，肯定有大量水土流失……"提及村民退耕还林，望作战感慨万千。

"为了生态保护大局，为子孙后代留下青山绿水，必须退耕还林、还草。"当年村委会绿化山坡的决心坚定不移。

经过严格的退耕还林，如今，许家冲村森林和草皮覆盖率超过90%，整个村找不到一块裸地，到处绿树成荫，草木葱绿，白墙黛瓦。

"刚刚搬过来时，大部分路都是泥巴路，天晴一身灰，下雨一身泥，车子停在泥土上，一下雨就陷进坑里，需要几个人推着走……今天，村里道路全部硬化、黑化，生态停车站村民自用绰绰有余，大部分停车位留给游客。"看到村里的巨大变化，村民刘正清颇感骄傲，对几任村支书呕心沥血保护村里生态环境的作为赞不绝口！

发展绿色经济　生态保护治本之策

"村民只有富裕起来了，生态环保意识才会越来越强，否则，环保就是无源之水，无本之木！"望作战感叹道，环保意识建立在绿色产业的基石上，才能枝繁叶茂。

望作战说，既要稳住移民人心，又要搞好生态环保，行易知难。只有抓住了绿色经济这个"牛鼻子"，才能深刻领会习近平总书记"绿水青山就是金山银山"思想的精神内核。

常言说，靠山吃山，但许家冲村有个不同的"吃"法：不是向山坡要产量，而是站在山腰看峡江，瞰大坝，发展特色旅游经济；不是家家户户搞养殖，而是发展民宿；不是靠长江便捷的航运挖矿办厂，而是弘扬峡江深厚的民间传统文化——牵花绣……

村民望运平曾经一家人吃低保，在村委会的鼓励帮助下，他创办双狮岭茶叶专业合作社，集茶叶生产、加工、销售于一体，年产销干茶2000吨，带动就业80余人，不仅实现了他自己的致富梦，也让合作社社员茶园每亩增收近千元。在望运平的鼓动下，女儿望华鑫毅然返乡创业，站在电商直播风口大展身手，在合作社开启的网络直播间带货，给天南海北的网友们介绍家乡的好茶。

在许家冲村，望运平一家并不是特例。共产党员、移民妇女谢蓉靠着手工刺绣闯出了一条致富路。村里支持她组建宜昌绣女工艺品专业合作社，培训出具有合格牵花绣技艺的坝区移民妇女300多人，生产的绣品不仅在景区有售卖专柜，还打开了线上销售渠道，带动移民妇女在家灵活就业。

同时，谢蓉还用这些特色绣艺产品打造"三峡·艾"特色民宿品牌，吸引国内外游客前来。

"这几年，随着全国众多媒体的报道，许家冲村成为'网红'村，游客越来越多，谢蓉的生意越来越好，牵花绣的知名度越来越高，形成良性循环。"望作战介绍说。

这些年，不仅牵花绣火了，肖氏茶依托许家冲村"三峡茶谷"东大门的区位优势，重金打造茶叶文化基地，集采茶、品茶、购茶服务于一体。许家冲村还借势举办茶叶种植、园林绿化、电焊氧焊、农家乐、牵花绣、家政服务等技能培训，让更多村民掌握一技之长，成为致富能手。

"谁不希望家乡美？富裕起来的村民环保意识越来越强，从以前的'要我干'，到现在的'我要干'，人人成为环保能手。"漫步绿色家园，即使再忙再累，望作战心里也乐呵呵的。

甘做"三种人"　带动红色旅游

"火车跑得快，全靠头来带！人心要振，党员干部屁股要正！"望作战这句通俗的话揭开许家冲村全国先进基层党组织的秘密。他说，我们班子成员每个人都有一个绰号，而且是大家最心仪的绰号。

村党支部书记望作战被群众称为"扫把书记"，因为他每天都会提前一个小时上班，到岗的第一件事就是拿起扫把打扫党员群众服务中心前面的广场；村党支部副书记朱崇军则被称为"厕所所长"，因为他负责包干村委会公共厕所的卫生；而村党支部委员廖珍祥则被戏称"马桶委员"，因为她定期上门照顾一位独居五保户，帮老人剪脚指甲、倒马桶。

"如果说第一任村党支部书记李文洪是用三颗门牙赢得民心，后几任村党支部班子成员则是用实际行动赢得村民的点赞，获得上级党组织的认可……"谈及这届村"两委"班子，村民覃文菊竖起两个大拇指！

在许家冲村委会干部党员学习室，墙上两排红字写着《党员公约》："坝头库首第一村，三峡茶谷东大门。党章党规是根本，明示党员亮身份，哎嗨呦哎哎嗨哎嗨呦……"

村民望华鑫回忆，当年，习近平总书记来到村委会，看到墙上朗朗上口的《党员公约》，对这种生动活泼的党员教育形式充分肯定。

习近平总书记视察许家冲村，给全村党员干部注入极大动力，村民精神面貌焕然一新。伴随着乡村振兴的激昂鼓点，许家冲村把整个村子作为红色教育基地来打造，确立了"党建+旅游"的发展方向，一方面主推"移民精神讲堂"的红色旅游线路，一方面配套开发特色餐饮、精品民宿等新业态，38家具有三峡地方特色的民宿开得红红火火。

"会唱歌的游客，我们为他打造'许家冲民宿红歌馆'；会讲故事的游客，我们就为他打造'许家冲民宿故事馆'。大家取长补短、统一协作，保证品质的前提下发展各自特色。"望作战介绍。

如今，各地党员干部络绎不绝地来到许家冲村开展主题党日活动，村里旅游接待越来越红火，红色传承越来越旺！

今天，许家冲村人均年度纯收入2.7万余元，许家冲村成了一个既富又美、诗意栖居的地方。望作战说，这也许就是当年总书记对许家冲的期盼！

今天，沿着习近平总书记指引的路线，许家冲村的村民正在绿色生态的康庄大道上，迈着矫健的步伐奋勇前进！

在三峡库区桥头堡，许家冲人甘做生态"筑堡人"！

（撰稿：王茂盛）

三峡最美中华鲟"催产师"张德志：

"长江之子"托起中华鲟繁衍之梦

张德志喂养中华鲟幼鱼(陈维光 提供)

"从子二代出生到子二代性成熟，是13年的漫长等待。今年11月，中华鲟子三代就要出生啦，我终于可以抱'孙子'了，想一想都激动！"2022年7月22日，烈日炎炎，守护在中华鲟子二代孕妈妈"产房"旁，有着最美中华鲟"催产师"之称的张德志难掩心中的喜悦。为了这一天，在夷陵区小溪塔河心岛上，他默默地做了28年中华鲟"保姆"。

炎热的阳光下，这位荆州汉子黝黑的额上渗出豆大的汗珠，他坚毅的面孔倒映在池中，印在100多公斤的中华鲟肥硕的身体上，以池水为画布，勾画出一幅科学家倔强而执着地奋斗的画面。

常年加班 鲟鱼研究工作常态

当天上午7时10分，张德志第一个来到水池，与往日一样，他熟练地将一个个中华鲟宝宝转移到邻近的池子，再关掉水池间的闸门，将池子里的水排干。他走下池子的那一刻，夏天的酷热裹挟着池底中华鲟粪便发酵的味道，一股难闻的腥臭扑鼻而来。

张德志拿起专用工具，认真清扫每个角落，然后用清水冲洗干净，尽量给中华鲟宝宝提供干净舒适的环境。

张德志是三峡集团中华鲟研究所宜昌实验站站长，也是这里当中华鲟"保姆"时间最长的专家。清污、喂食、排污、测量水质、检查鱼类活动情况和健康状态，是他每天必须要做好的基础管理工作。

"中华鲟每三到四个小时就要进餐一次，这样，它们才长得快。如果我们8点半上班，然后按部就班地打扫好卫生再喂食，上午10点后，中华鲟才能吃上早饭。这样，它们每天就只能吃三餐，比现在少吃一餐。因此，长期以来，研究所有个硬性规定：员工必须7点半之前到岗！"张德志的声音斩钉截铁。

张德志的妻子是他的同事，她告诉笔者，20世纪90年代，宜昌中心城区到中华鲟研究所的公交车很少，路况也不好，每天天没亮，张德志就骑着一辆28式永久牌自行车上班，晴天一身灰，雨天一身泥，一路颠簸，到实验站后，屁股疼得不能坐凳子。

"你不能只忆苦不思甜呀，后来，我们不是买了车，快速路也修好了吗？每天来回，一路通畅，从未体验到堵车的感觉吧？"张德志在一旁打趣道。

是呀，近些年，因为私家车增加，很多上班族都为上班堵车烦恼。可是，张德志从来不知堵车的滋味。因为他们每天7点15分到实验站，晚上7点15分回家，有时更晚。这段时间，正好错过了早晚高峰。

如果上班时间长一点儿还能忍受，那么，几十年来，张德志基本上没有节假日，这是常人无法忍受的。他说，中华鲟繁殖时间长，从卵成熟，到排卵、受精，再到育苗成长，每个阶段都很漫长，每个细节都很关键，尤其是夏季到秋季。因此，他每天都觉得时间不够用，一天也不愿离开心爱的宝贝。

张德志是一位优秀的员工，也是一位顶呱呱的专家，但是，他很难称得上是合格的丈夫、父亲和儿子。

"不仅上班早，下班回家晚，即使回家了，他不是手不释卷，就是抱着笔记本电脑不放，即使偶尔走亲戚，他的心也没到场，满脑子都是中华鲟。平时，他不会分担家务，不能抽身辅导孩子的作业，更不谈陪孩子玩一玩，一家人一起出门旅游简直就是奢望……"谈及自己深爱并且崇拜的丈夫，妻子的眼神也难掩几分抱怨。

每年新员工上岗，张德志总要向他们灌输他的新"三从四得"理论。所谓的"三从"：日常作息时间要服从中华鲟生活习惯，休假要服从鲟鱼繁殖规律，身体要服从中华鲟耐冷耐热的习性。"四得"是：像武警战士一样站得——观察鲟鱼有时一站就是一整天，没有"腿功"不行；像和尚打坐一样坐得——在显微镜下观察性腺切片、鲟卵、受精等情况，一坐数小时，屁股上不抹点"黏胶"不行；像钓鱼的人一样等得——眼睛盯着中华鲟瞅一天，看不到任何动静，也要乐此不疲，明天，太阳照常升起，你得继续瞅；像爱斯基摩人一样冻得——冬天，跌倒在鱼池是家常便饭，没关系，爬起来继续干。

无论春夏秋冬，齐腋下的长筒塑胶水衣是他们的"标配"。这玩意儿不透气，夏天作业完上岸，衣服里可以倒出半矿泉水瓶的汗水。当旁观者为他们可能虚脱、中暑捏一把汗时，张德志轻描淡写地说一句："没事，夏天，下水前我们都喝了生理盐水，也备足了人丹、薄荷等中暑药，可防万一。"

"夏天只是闷热，习惯了就好，大不了浇点水在身上冲凉，最害怕的是冬天，为了鲟卵快速成熟，池水要接近零摄氏度。池子里100多公斤的大家伙，尾巴特别有力量，闹情绪时稍微一摆尾，像扫地一样，轻而易举地就能把人拍倒在水里。"尽管是酷暑，在池边听到张站长的介绍，也仿佛感到一阵寒冷。

四次突破　是对张工最好的奖赏

"张德志是典型的'双面人'，钻进实验室，他孜孜不倦，始终锚定世界中华鲟技术前沿，他的每次'闯关'，都是对中华鲟研究的突破，都会引领全球中华鲟的研究方向；脱掉白大褂，他变身勤杂工，鱼池打扫卫生、河边拔草、配料、喂食、水温监测、协助排卵和受精……他都亲力亲为。"张德志的同事刘勇如此评价他。

"人最痛苦的不是长途跋涉，而是在漆黑的夜晚漫无目的地摸索……"张德志说，相比日常工作的辛苦，科研上遇到的瓶颈才是最煎熬的。

"刚参加工作时，有幸在长江上见到野生中华鲟产卵，尾巴一摆动，几十万粒黑色鲟卵喷涌而出，江面上一大片，多个研究机构奋力捕获……"回忆起当年的情景，张德志依然激动万分。

"还记得，前几年一个渔民打捞了一尾被螺旋桨打伤的中华鲟，送到研究站时，它已经奄奄一息，不仅身上多处受伤，连脊骨也断裂了。大家都以为它凶多吉少，但经过精心呵护，受重伤的中华鲟竟然奇迹般康复了！"提及中华鲟，张德志始终保持敬畏之心。

中华鲟是地球上最古老的脊椎动物之一，距今已有1.4亿年历史，素有"活化石"之称，也被称为"水中国宝"。受自然环境变化和人类活动影响，中华鲟自然种群急剧减少，处于极度濒危状态，被列为国家一级重点保护野生动物，2010年被《世界自然保护联盟濒危物种红色名录》列为国际极危物种。中华鲟是长江旗舰物种，也是长江生态的"晴雨表"。

过去，长江生活着很多中华鲟，随着经济发展，长江上频繁的捕捞、挖沙、通航、桥梁建设等活动，一定程度上破坏了中华鲟繁衍的生态环境，中华鲟越来越少。为了研究保护中华鲟，1982年，现中华鲟研究所前身——葛洲坝中华鲟研究所应运而生。1994年，张德志大学毕业，加入了这个光荣的团队，逐渐扛起中华鲟繁衍的大旗，开始攻破多个世界难题。

"中华鲟上岸后就排不出卵，鱼憋得难受，研究人员看在眼里，更是憋得慌！"虽然那段艰难的岁月过去了很久，张德志依然不堪回首。

"那几年，我们几乎吃住都在所里，能想的办法都想了，也出去考察了，但就是没有任何突破。当时，大家几乎绝望到崩溃的边缘！"张德志回忆说。

山重水复疑无路，柳暗花明又一村。一个偶然的机会，让张德志获得灵感。他们随船从上海跟踪一条中华鲟到宜昌江段产卵，发现中华鲟在整个长江洄游过程中不进食，到宜昌时身子瘦了一圈。

中华鲟特殊的生育特点打破了传统脊椎动物受孕及产卵期间增加营养的传统，它是"反其道而行之"。

"饥饿疗法！对，饥饿疗法！"张德志提高了嗓门。他说，他们在鱼卵成熟之前，提前一段时间不给中华鲟喂食。果然，这样做的效果很好。

"还记得那是一个深秋的下午，天气格外寒冷，大家都守候在鱼宝宝产房，谁都不想错过这个珍贵的历史性时刻。等待了近10个小时，大家不要说吃饭、喝水，连小声说话都不敢，生怕错过转瞬即逝的机会，一辈子都遗憾。下午5时许，时间几乎凝固了，瞬间，整个产房沸腾了。有了！有了！鱼卵像挤牙膏一样，一坨一坨出来了！"高兴之余，同事们把张德志抛向空中，然后扔到另外一个水池。当时，张德志虽然冻得直打哆嗦，但内心热乎乎的。

和他一同被抛下水的同事张建明告诉笔者，因为常年在水里浸泡，在潮湿的环境工作，再加上冬天经常被中华鲟用尾巴拍倒在水里，张德志身上多个关节患有慢性炎症，一发作就锥心地痛，但他没有因为疼痛耽误一天的工作。

这次突破给张德志及同事们带来了极大的信心。如果说以前的工作多少靠纪律约束，这以后，大家都自觉地投入挽救中华鲟的宏伟工程中，投身长江大保护的伟大事业中。

科学往往从偶然中获得灵感，然后被有准备的头脑抓住，成为必然。第二次突破依然如此。2008年，南方大部分地区几周的寒冷天气，意外地让中华鲟亲鱼性腺从Ⅱ期到Ⅲ期的转化率（通俗地说，是卵成熟率）提高了。张德志及团队敏感地发现——低温可以提高中华鲟性腺转化率。

"经过无数次试验，我们终于摸透了中华鲟亲鱼性腺转化率与温度的关联度。"这种突破对张德志是极大的鼓舞，对中华鲟的研究意义非凡。

一座山翻越了，等待张德志他们的是一座座新的高峰。成熟卵的受精率如何提高？受精卵的孵化率如何突破？幼鱼培育成活率怎么提升？每个环节，都是中华鲟人工繁殖效率提升的一道闸门。

接下来，张德志带领团队，连续闯关成功。以前，受精率60%左右，孵化出苗率20%左右，培育成活率30%左右。如今，受精率提高到90%以上，孵化出苗率达到60%，培育成活率提升到50%左右，全部都是目前全球最高纪录。

鲟鱼满江　是对父亲最好的告慰

说起长江，这个倔强的中华鲟"催产师"瞬间温柔了。他说："我是长江的儿子，祖祖辈辈靠打渔为生，小时候跟父亲下江打渔，回家鱼满舱。我还记得，父亲经常提到他小时候在江中见到过'鳇鱼'（中华鲟在当地的别称），后来越来越难看到。"

也许是对长江母亲河的天然之爱，也许受父亲的耳濡目染，张德志对鱼类特别钟爱，高考第一志愿他选择了水产专业，毕业后就业，他首选中华鲟研究所。

一年后，父亲看到他带回老家的照片："志娃子，这不就是鳇鱼吗？"张德志至今还记得父亲当年惊喜的样子。

得知儿子在研究自己在长江中寻找了一辈子的鳇鱼，父亲倍感欣慰，对张德志说："你们一定要下死功夫，把多年不见的鳇鱼找回来，有生之年，我希望能看到鳇鱼满江！"

父亲的期望是儿子最大的动力。张德志说，尽管在攀登科学高峰的路上荆棘丛生，但他始终初心不改，一路上披荆斩棘，百折不挠。每次有了突破，他都第一时间电话告诉父亲。接到儿子的电话，老父亲快活得像个孩子似的。

但是，父亲没有等到鳇鱼满江的那一刻。父亲的离开，对张德志是个不小的打击。当时，科研正在节骨眼上，他来不及尽孝。

"当前和今后相当长一个时期，要把修复长江生态环境摆在压倒性位置，共抓大保护，不搞大开发。"2016年1月5日，在长江上游重庆，习近平总书记召开推动长江经济带发展座谈会，提出走生态优先、绿色发展之路。

习近平总书记的讲话拨动了每个长江大保护科研人员的心弦，那是一场及时雨，滋润了中华鲟科研人员的心田，全体中华鲟科研人员欣喜若狂。

张德志在日记中这样写道："习近平总书记的讲话吹响了我们再攀中华鲟研究科学高峰的集结号！"

随后，中华鲟研究成果层出不穷。2016年11月24日，在葛洲坝下游约400米处，江面上漂浮的一小团黑灰色颗粒引起了同事们的注意："是中华鲟卵！终于找到了！"

这意味着，野生中华鲟种群仍然在顽强地生存。随后一周，中华鲟卵又被陆续找到。还有一次，在宜昌江段捕捉到了一条成年中华鲟的影像。在双频声呐灰黑色的背景噪声中，一条中华鲟的白色身影缓慢游过屏幕，这让大家激动了好久。

近年,好消息接踵而来,研究人员对中华鲟在近海的分布有了初步判断:"我们正在努力寻找中华鲟近海分布的集中区域,目前发现中华鲟在浙江舟山附近海域出现得比较频繁。"

从建所到现在的40多年,中华鲟研究所的接力棒一代传给一代,完成了中华鲟全人工繁殖技术的迭代,共向长江投放500多万尾中华鲟。

2021年,是投放中华鲟最多的一年,当数辆大卡车拉着几万尾中华鲟缓缓驶出中华鲟研究站,张德志这位铮铮铁汉眼睛湿润了。

他说,每次送走中华鲟,就像嫁女儿一样,既为她的幸福高兴,又依依不舍!

张德志自信地说,中华鲟是长江旗舰型物种,随着"十年禁渔"政策的严格执行,长江鱼类生态将逐渐恢复,父亲生前的愿望一定会实现!

(撰稿:王茂盛)

"大国工匠"、宜昌桥梁专家周昌栋：

生态建桥 为中华鲟让路

周昌栋在工程施工现场(周昌栋提供)

跨越深山沟壑，飞架长江天堑，他始终站在世界建桥技术的前沿；挑战身体极限，突破年龄藩篱，72岁高龄，他仍然头发乌黑、身姿挺拔、思维敏捷；学富五车、荣誉等身，他依然淡泊名利；中国建设工程鲁班奖、中国土木工程詹天佑奖，权威期刊论文、桥梁学术专著……累累硕果见证了他不凡的实力。

恰同学少年，他立下为民建桥梦；年富力强时，他圆了跨江大桥梦。一生筑桥梦，永无梦醒时，坚持生态理念，追求环保梦想！

他就是"大国工匠"、宜昌知名桥梁专家——周昌栋。

青春梦想——建一座长江大桥

2022年7月25日，宜昌的高温已经持续了半个月，伍家岗长江大桥桥面温度突破80摄氏度。天气如此炎热，中铁大桥院二院院长舒思利带领核心技术团队专程来宜昌拜访周昌栋，探讨将要建设的宜昌第一座公铁两用大桥的技术难题。这位顶着名校博士头衔、主持过多座特大桥设计的知名桥梁设计院院长，在周昌栋面前依然谦逊得像个学生。

接待完客人回到办公室，水都来不及喝一口，周昌栋拿起放大镜，仔细研究砖头厚的学术著作，为宜昌未来公铁两用大桥做技术储备。

"从宜昌长江公路大桥到至喜长江大桥，从秭归香溪长江公路大桥到伍家岗长江大桥，国内外多家知名桥梁设计院的院长多次来宜昌，我们一起切磋，一同攻关，为的是把宜昌桥梁建好，造福子孙后代……"周昌栋谦虚地说。

周昌栋这时已72岁，与桥梁打交道50年，早已功成名就。可如今，他依然每天朝九晚五地忘我工作。身边的人劝他多休息，他总是笑着说："每一座桥都像我的孩子一样，桥梁早已融入了我的生命。"

周昌栋与桥梁之间的情缘要从他半个世纪以前的知青经历说起。

1969年，19岁的周昌栋到宜昌市长阳榔坪公社（现长阳土家族自治县榔坪镇青岭头村）插队。在下乡途中，他和同伴遭遇大雪，徒步3天才到达目的地。

"这里交通太闭塞了，村里大部分人没出过村，见过汽车的不超过10个人。"周昌栋回忆，由于山高路陡，打一次酱油、买一袋盐要花大半天时间。

看到满山的核桃、板栗、木瓜等山货烂在树上，周昌栋心痛不已，他暗下决心："修桥铺路，让山里的老百姓走出大山！"

机缘巧合，他做了一段时间的养路工，但梦想依然遥不可及；命运垂青，1972年10月，周昌栋有幸进入湖北公路工程学校（现湖北交通职业技术学院）学习。

再次走进校园，周昌栋如饥似渴，研读了图书馆所有公路桥梁方面的书籍。这还不够，他把攒下的生活费全部用来买书。"我国的桥梁建设必须要有自己的专家队伍。"半个世纪过去，老师的谆谆教导还时时在周昌栋耳旁回荡。

两年后，周昌栋学成归来，在宜昌地区公路总段，他跟着老技术员一头扎进山里，架桥梁，建涵洞，乐此不疲，进步神速。机会总是留给有准备的人，1976年

9月，宜昌最大的石拱桥——秭归县水田坝乡跨径50米变截面拱桥的设计重任落到他的肩上。

那段时间，周昌栋时而成竹在胸，时而忐忑不安。毕竟，这是他独立设计的第一座大桥，不能有半点闪失。作为技术总负责人，周昌栋每天吃住在工地，晚上还点着煤油灯看图纸。

一年后，石拱桥顺利建成通车。周昌栋感受到初恋似的甜蜜，从此进入建桥的第一个"蜜月期"。但是，再甜蜜的爱情也需要精心呵护，补充养分。技术水平越提高，他越感觉知识的积累不够。1984年，周昌栋迎来了第二次充电机会……

"如果永远墨守成规，我们又怎么能进步呢？"世界建桥技术日新月异，他怎能关起门来闭门造车？当年，全省交通系统计划选派3人外出深造，却有几十人报名。短暂几周，周昌栋一天当两天用，最后，在强者如林的竞争中，他通过笔试，斩获第二名，如愿以偿进入重庆交通学院(现重庆交通大学)学习。

这所出过几位桥梁工程院士的知名高等学府成为周昌栋摄取知识的海洋。他拿出十二分的劲头，打基础，拜名师，系统地掌握了数学、力学、工程学、图论等桥梁建设的必备知识。这次充电后，他更加成竹在胸，豪情万丈！

到岗后，周昌栋烧的第一把火就是推翻普溪河大桥"重力式挡土墙"的设计方案，提出新方案。

"这种方案不仅能节约大量耕地，造价也低，桥建成后还更美观。"周昌栋的想法虽然很好，但身边的朋友依然劝他："初来乍到，还是保守点好，万一出了点差错，这辈子就……"

生活上周昌栋和蔼可亲，技术上他可是个"犟驴"。"新方案有科学依据，按科学方法建造，何来差错？"周昌栋的话铿锵有力！

在他的坚持下，经过严密的科学论证，新方案获得了评审会专家的一致认可。

1986年10月，普溪河大桥正式开工，周昌栋带着行李住进了工地。别看周昌栋说话轻声细语，但一到工地现场，他就"变脸"了：每个细节他都不放过，半点马虎他都不能容忍……

功夫不负有心人，1991年，这项工程获得了湖北省科技进步奖三等奖。

之后，周昌栋建桥的机会越来越多，荣誉也纷至沓来。但他心底的梦想，是建一座长江大桥。

梦圆时分——一桥飞架南北

站在磨基山巅，俯瞰滚滚江水，风急雨骤，轮渡船在江心漂，两岸的市民顶酷暑，冒严寒，在江边排着长龙。看到这样的画面，周昌栋的心就像刀子绞。作为一名宜昌土生土长的路桥专家，他何时能实现建长江大桥的梦想？

好运再次眷顾宜昌，1996年，北京传来好消息，交通部正式批复修建宜昌长江公路大桥，周昌栋被任命为大桥指挥部的总工程师。

宜昌南北交通的"缺口"被补上，两岸齐飞的"痛点"即将得到解决。听到这个消息，周昌栋高兴得像个孩子，喃喃自语：这座大桥，宜昌盼望得太久了！

不鸣则已，一鸣惊人！一上来，周昌栋就开始挑战大跨度悬索桥这个世界性难题。难不难？难！敢不敢？敢！青春的梦想在脑海里回响，机不可失，时不再来，人生能有几回搏？

周昌栋为自己立下了一个目标：攻克大跨度悬索桥关键技术难题，推进和提升我国桥梁建设技术水平。

周昌栋和他的技术团队不仅攻克了索塔、锚碇、主缆等施工技术难题，还创造了20多项特大型悬索桥关键技术成果；他主持编制的《宜昌长江公路大桥工程专项质量检验评定标准》，为我国制定特大跨度悬索桥质量检评标准提供了许多有价值的参考依据，填补了多项技术空白。

"宜昌长江公路大桥，是我国第一座完全由中国人自主设计、自主施工、自主监理、自主监控、自主管理的特大跨度悬索桥。"2001年9月，宜昌公路长江大桥正式通车，成为当时世界第六、全国第二的悬索桥。

2002年，周昌栋代表宜昌长江公路大桥建设指挥部，在人民大会堂接受了中国建筑行业工程质量最高奖"中国建设工程鲁班奖"，之后该桥又以技术创新获得"中国土木工程詹天佑奖"。

一系列顶级的学术成果，一大堆"天花板式"的成就荣誉，周昌栋本可带着"国务院政府特殊津贴"解甲归田，颐养天年，但2012年，在他62岁这年，修建宜昌至喜长江大桥的千钧重任又再次落在他的肩上。这一次，不再是他主动请缨，而是宜昌市委、市政府经过深思熟虑，对全国桥梁专家进行大范围比选后，选择了他。

恰在当时，广州一家大型民营企业开出百万年薪邀请他出山。从经济角度，待遇孰厚孰薄，一目了然。可是，把建桥看作抚养儿子，把造福市民视为生命的周昌栋，毫不犹豫选择了留在宜昌，担任宜昌至喜长江大桥建设指挥部总工程师。

作为世界上第二座钢板结合梁悬索特大桥，至喜长江大桥的建设施工面临前所未有的挑战。为保护主缆钢丝不生锈，周昌栋带领团队在国内首次采用锌铝合金镀层技术；为攻克地质不稳、强透水层条件下建设锚碇的难题，他创造性提出"圆形连体防渗墙"的施工方案……2016 年 7 月，至喜长江大桥建成通车，多项技术属国内首创。

2019 年，周昌栋再次走进人民大会堂，第二次捧回"中国建设工程鲁班奖"。湖北省楹联学会会员、市民邹立欣然提笔为周昌栋写了一副对联：拓研新技，不辞风雨勘河谷；婉谢高薪，拼却身心为路桥。横批：造福人民。

常言道，金杯银杯不如老百姓的口碑。多年来，周昌栋在宜昌建桥事业上呕心沥血，不仅获得令业内艳羡的"金杯银杯"，更获得了老百姓发自内心的称赞。

一桥通南北，车流便万家，少时凌云志，追梦赤子心。宜昌建桥，舍我其谁？年近古稀，周昌栋以排山倒海的勇气将建设宜昌伍家岗长江大桥的重任再次扛在肩上。

当别人问他这么大年龄怎么还不休息时，他回答，再困再累，只要建桥，浑身就有使不完的劲儿。

伍家岗长江大桥主跨 1160 米，主桥设计为钢箱梁悬索桥，共有 77 节钢箱梁，每个节段 15 米。

周昌栋说，过去，世界通用做法是工人先把所有的钢箱梁一节一节吊至桥面，再通过技术手段"线形调平"后，统一焊接。"这种方法施工耗费时间长，效率比较低。"

"创新都是逼出来的。"周昌栋笑言，面对工期倒逼、成本压力，他创造性地提出主桥钢箱梁两两焊接新技术。经过精细的计算和谋划，采用一边吊装、一边焊接的方法，为我国桥梁建设增添了新的工法。

经西南交通大学理论分析及大量科学实验佐证，该技术符合设计要求，并在伍家岗长江大桥上成功运用，使主桥钢箱梁吊装工期比原计划少两个月。经多个权威机构认定，这项"被逼出来的"钢箱梁两两焊接技术为全球首创。

2021年8月2日，伍家岗长江大桥正式通车。据统计，该桥梁有12项创新技术被写入中国建桥史。2023年1月，周昌栋捧得第三座"中国建设工程鲁班奖"！

生态建桥——创新保护"长江精灵"

2022年7月的宜昌格外火热，周昌栋一边对伍家岗长江大桥进行收尾，一边为宜昌首座公铁两用大桥进行技术储备。笔者问他："在您众多创新中，您最满意的创新是什么？"周昌栋毫不犹豫地回答："是环保理念！"

有幸的是，在宜昌每座周昌栋参与建设的大桥中，周昌栋的生态环保理念不仅得到了体现，而且已经显现出巨大的生态效益和良好的经济效益。

之前，长江上所建的大桥都是梁桥，技术成熟。设计方案时，宜昌长江大桥很自然地选择保守的梁桥(墩桥)。看到图纸时，周昌栋不淡定了，他挺身而出，"舌战群儒"，推翻了之前的方案，决定采用一跨过江的悬索桥方案。

周昌栋回忆，当年，800多米跨径的钢板结合梁悬索桥在技术上没有可借鉴的经验，风险很高。但是，为了保护中华鲟，为了过往船只交通通畅，必须这样做。

"所谓的技术难题，对建桥的人来说，就像母鸡下蛋，是分内的事。作为一个桥梁工程师，追求创新，永无止境！"周昌栋的话掷地有声！

最终，838米悬索桥一跨过江，江心没有桥墩，中华鲟、江豚等长江珍稀鱼类没有被打扰。

"不要提及生态环保就觉得要多花钱，搞得好，正如习近平总书记所说，绿水青山就是金山银山！"周昌栋用实际行动践行了习近平总书记的生态环保理念！

在生态环保上，周昌栋不放过任何一个细节。之前，桥上的路灯与道路上的路灯一样，高高挂起。经过细心观察，他发现，晚上当桥上路灯灯火通明时，光线直刺江面，严重干扰长江中的鱼类生活。为此，他提出建设护栏路灯，不仅提高路面照明度，节约了用电量，而且不影响鱼类生活，夜晚还是一道亮丽的风景，一箭多雕！

至喜长江大桥三江桥墩建设时，他力主采用泥浆护壁建造法，大大减少土石方开挖量，既节约又环保。施工时，他亲临现场，对泥浆池实施封闭管理法，不让一滴废泥浆、废油流出江面，几万吨废渣全部运走。如此大的工程，没有给长江带来污染，真乃奇迹！

在桥面板安装时，他要求在混凝土下垫一层天然橡胶垫，尽管当时预算增加了一点，但这个做法将桥面板的寿命提高一倍不说，还大大起到了缓冲作用，降低了行车震动噪声对长江水生生物的影响。

在桥面排水方面，周昌栋也别具匠心，他力推雨污分流，让流进长江的水都是清澈的。

有了前几座桥梁的经验，在伍家岗长江大桥的建设中，周昌栋把生态环保理念推向极致。他倡导的"花园式"工地建设，让以前"晴天一身灰，雨天一身泥"的工地井井有条，一滴污水也不漏。

雨水、施工水、生活水三大巨型沉淀池，变废为宝，污水在此净化后可以直接排出，还可以边施工边绿化，用循环水浇地，就是常年使用的空气喷浴水，也是自我净化的。

在桥面沥青铺装时，他创新使用两层铺装法：底层用3厘米的冷铺法，增加路面强度；上层采用4厘米的热铺法，增加路面弹性。实践证明，夏天，路面温度80摄氏度，冬天，路面温度在零下几度，路面丝毫不变形，既环保又延长路面寿命。

伍家岗长江大桥建设时，江北岸是使用重力锚还是隧道锚，一时争论不休。如果使用重力锚，就得挖掉桥头的一座小山，不仅爆破污染环境，而且30多万立方米的土石方堆放在哪儿都会影响环境。

"山体是天然的重力锚，我们为何不利用山体自身重量拉住大桥主缆？"2014年，大桥设计之初，周昌栋就在寻找"捷径"：能否不移山，建设一个隧道锚？经过无数次尝试，模拟实验终获成功。数据显示，隧道锚的锚塞体承受力是大桥主缆拉力的6倍。

为了吸取以前道路施工声屏障隔音不好经常被投诉的教训，对伍家岗长江大桥两端的声屏障建设，周昌栋非常重视。他亲自出马，亲自把关，经过反复比较，发现成都庆坤声学工程公司声屏障研发中心的赖庆国是清华大学声学专业毕业的，周昌栋特聘国内权威声学监测机构对该公司产品进行检测，发现比国内同类产品降噪率高40%。

"物美价廉，就用它！"在这个问题上，周昌栋非常果断。大桥通车以来，该声屏障隔音效果非常好，周边居民十分满意，无一投诉。

　　两年后,周昌栋的设计变成现实,跨径千米的特大桥在长江边的软质岩上首次成功使用隧道锚。

　　如今,站在桥头,周昌栋看到自然山体中伸出两支"巨臂",将百万吨的巨桥牢牢拽住,特别欣慰!

　　"路曼曼其修远兮,吾将上下而求索!"作为宜昌桥梁建设的"主心骨"和"定海神针",周昌栋依然没有慢下来的趋势!

　　将来,宜昌还有6座新的过江通道和桥梁,等待他运筹帷幄!

(撰稿:王茂盛)

"全国绿化劳动模范"、枝江市守堤老人薛传根：

初心一片　守护"长江绿"

薛传根仔细察看疏花水柏枝生长情况(薛传根 提供)

2022年8月18日，骄阳似火，宜昌市枝江顾家店段有一座简易低矮的白房子，很不显眼，但屋檐下一排红色的字——疏花水柏枝管护哨所，在阳光下格外耀眼。岸上有位72岁的老人薛传根，每天，他风雨无阻地来这里，然后划船到对岸的无人小岛——关洲岛，精心呵护他的心肝宝贝——有"植物大熊猫"之称的疏花水柏枝。

2022年8月18日，全国绿化委员会、人力资源社会保障部、国家林业和草原局联合发布《关于表彰全国绿化先进集体、劳动模范和先进工作者的决定》，枝江市守堤老人薛传根获评"全国绿化劳动模范"。

不忘初心　一片赤忱护江堤

薛传根老人年过古稀,头发早已花白,但长期奔波、常年劳作反而强健了他的体魄。巡查在26公里长的顾家店江堤上,吹拂着徐徐江风,他步伐铿锵,精神矍铄。

"过去,江堤坡下是一片庄稼地。顾家店人多地少,尤其在实施家庭联产承包责任制后,江堤内的田地都承包给了农民。那个年代,没有出门打工的习惯,农民视田地为生命,在自家的一亩三分地上,一年轮种两到三季。每当下雨,田里大量泥土被冲到江里,江水长期泛黄。这种情况如果不立即改变,久而久之,整个堤坝有被江水掏空的危险,到时候,后果不堪设想……"望着面前18万株榆杨护卫的江堤,往事历历在目,薛传根的眼中闪烁着当年的焦虑。

他一边吟唱郭沫若的诗词"峡尽天开朝日出,山平水阔大城浮",一边指着滔滔的江水感叹:"出西陵峡,江水冲积出美丽富饶的广袤平原;出宜昌城,汹涌的江水像脱缰的野马,在江汉平原上肆意狂奔,历史上多次酿成滔天洪水……"

生在长江边,薛传根与水打了一辈子交道,他熟悉江水的脾气。那时,眼前的严峻形势与历史上的洪涝灾害交织在一起,令薛传根寝食难安。面对严峻的现实,1988年,40岁的薛传根毅然接下顾家店镇堤防管理段段长的重担。

天降大任于是人也!从此,以天为房,以堤为床,与风浪为伴,几十年如一日,在长江枝江顾家店段,薛传根携手他的追随者们起早贪黑,夜以继日,与时间赛跑。

经过30余年不间断地植树造林,薛传根组织群众在长江岸堤共栽植18万株榆杨,东西绵延26公里,总面积达到2800亩;带领护林员常年在江堤巡林管护,使这里成为宜昌长江段长势最旺、管护最严、效益最好的长江防护林,为长江岸线筑起了一道亮丽的绿色生态屏障。

当地村民指着伟岸挺拔的江堤榆杨骄傲地说,顾家店江堤防护林是顾家店的地标,也是一张亮丽的名片,车船行至此地,岸边参天大树就像战士,向四方来客行注目礼!

看着眼前护卫江堤的参天榆杨,薛传根说:"江堤上种树虽然辛苦点,但并不难,难的是说服农民退耕还林,苦的是为植树四处筹款,险的是护林时与盗伐者斗智斗勇。"

上门规劝　一劝就是整三年

20世纪80—90年代,家家户户靠种粮生活,要说服大家弃粮栽树,简直就是异想天开。为了说服村民退耕还林,薛传根磨破了嘴,跑断了腿,操碎了心。

平时,平齐的小寸头,黄白色的旧草帽,沾满泥土的自行车,是他的"标配"。"每天一大早,背上干粮,带上水壶,骑着一辆'永久'牌自行车,老薛高高兴兴地出门,挨家挨户做村民的思想工作。"晚上,看到老薛拖着疲惫的身子回家,一脸的倦意和无奈,有时,我忍不住会调侃他一句:'今天又碰壁了?'老薛直接把话岔开:'肚子早就咕咕叫,还不赶紧吃饭?'几分钟的工夫,他扒完了两大碗饭,接过我沏好的一杯茶,品上一口,白天的烦恼便一扫而光……"薛传根的老伴回忆说,这样的日子过了3年。

"挨家挨户上门做工作,村民对付我的办法有三招:不见面,不谈判,不妥协。在路上,老远看到我,他们马上躲到邻居家不回家,或者赶紧关上大门不开门,或者绕着走,尽量不碰面……"事过多年,薛传根依然记得当年的无奈。

"眼看家里有灯,敲门不下5分钟,村民终于开门了,一看是我,又立即关上门,这样的事情司空见惯;如果遇上熟人,他们不好意思不开门,等我进去后,就不接我的话,一耗几个小时;一个好久没有走动的亲戚,见我去了非常客气,当我开口说退耕还林时,他就黑着脸,只剩没有掀桌子。当时,我又不能与他们赌气,但那顿饭吃得真不是滋味……"望着巍然耸立的防护林,薛传根心中的委屈瞬间化为乌有。

光阴似箭,转眼间快一年了,村民们的思想工作依然没有多少进展。急火攻心,薛传根突然病倒了,但他是个倔老头,越是阻力大,越是迎难而上,干劲十足。当时,很多亲戚朋友劝他,这么大年龄了,既不缺吃,也不缺穿,何必为了保护江堤到处碰壁,四处求人?

"保护江堤"这个词突然给薛传根带来了灵感,他不再一味地说好话、求情,而是把"长江堤防大于天"的理念挂在嘴边。策略上,以大道理服人;人员上,劝党员干部率先垂范。

年年夏季的洪水威胁让村民们逐渐认识到：皮之不存，毛将焉附？经过薛传根的劝说，大部分村民还是懂道理的。

同样是农民出身的薛传根设身处地为农民的切身利益着想，想尽办法争取补偿农民。当时，他提出"段、村、农户股份合作"，收回河滩建设防浪林，林木收入按比例分成的想法，逐渐被村民接受。

两年后，虽然说服了大多数村民，但依然还有极少数"钉子户"悄悄搞破坏。

薛传根回忆，当时，好不容易种植的树扎了根，可一夜之间被人拔掉，或者掐死。为了防止类似的毁树事件发生，他带领伙伴们风餐露宿，严防死守。可是，长期这样也不是办法，他联合有关部门制定出一个严格的处罚办法：谁家田地的树苗被砍伐或破坏，就对谁损一罚十(栽10棵)，另外每棵被毁树苗再罚100元。

筹款种树　一走就是一万里

三年的苦口婆心，无数次的强忍委屈，薛传根做通了群众的工作。但是，摆在面前的是另一个天大的难题——筹款。

30年来，薛传根拿起铁锨种树，放下铁锨筹款。

过去的顾家店镇沿江堤防属于民垸民堤，1998年之前，排障整险和抗洪抢险都得由地方自筹资金解决。

1995年，同勤垸险段崩塌非常严重，在多方求助无果后，薛传根想到当地枝城长江(铁路)大桥属襄阳铁路局管辖，于是远赴襄阳寻求援助。

薛传根回忆："路费靠工资，宜昌襄阳来回奔波几个月，有时候连馒头都吃不上。功夫不负有心人，我终于拿到了20多万元的赞助。"这次成功，为薛传根带来极大的信心。从此，一发不可收，从省里到乡镇，从公司到个人，他四处奔波筹款。

"第一次到武汉筹款，走的是老汉宜公路，当时正是麦收季节，汉宜公路上到处都是农户铺盖的麦子。车子走得很慢，我早上出发，晚上9点钟才到武汉。第一次到武昌付家坡长途汽车站是晚上，我两眼一抹黑。当年没有手机，事先联系好的人联系不上……那天，我在车站坐了一整夜。第二天，通过朋友牵线搭桥，我转了几次车才到湖北省水利厅。"时隔多年，在薛传根心中，往事历历在目。

"一个基层的小段长，跑到省厅来要钱，有点异想天开。"当时，薛传根听到有人在一旁议论。

一次碰壁就来两次，两次被拒就来三次，不记得一共来了多少次，薛传根一连跑了4个月。当年，省厅是按计划和预算层层拨款的，但精诚所至，金石为开，省水利厅为薛传根的筹款护堤行为破例开了口子，直接给他负责的预算外防洪护林新项目拨款。

搞定了省水利厅，薛传根又把目标定为省林业厅。照葫芦画瓢，他采取行之有效的老办法——磨。

几个月后，省林业厅也被薛传根"拿下"了，连续几年给他的江段护林工作拨款。但省厅拨付的资金只是杯水车薪，薛传根先难后易，回头又找宜昌市、枝江市政府以及市县水利、林业部门争取相关项目资金。

除了找政府部门拨款，薛传根更擅长寻求企事业单位赞助。经过三番五次上门做工作，枝城港务管理局慷慨解囊，大方赞助几万元支持长江环保事业。

三宁化工是枝江的明星企业，当时正处于改制困难期。听了薛传根的来意后，企业领导被他感动了，咬牙支持了5万元。还有恒友化工，尽管企业规模有限，也热情赞助，直接开了2万元支票……

时隔多年，薛传根早已记不清当年找了多少家企业，也忘记了每家企业和个人的捐款数目，只记得到账的总金额是550多万元——当年，这简直是个天文数字。筹来这么多款，他没有私下用一分一厘，至今，家里半抽屉的车票没报销一张。

跑10年腿，行万里路，种下18万株树，老薛无怨无悔。

守堤护林　三次与死神擦肩而过

2008年夏，顾家店镇因强降雨导致山洪暴发，沿江山洪堤外水位迅速升高，在堤上撕开一条6米长的豁口。

时年60岁的薛传根赶到现场，连衣服都没来得及脱，第一个跳进水里，打桩、挡门板、垒土袋。村民们看到薛传根那么拼命，也纷纷跳进水里，众志成城，大伙拼搏了半个小时，终于堵上豁口。

时隔多年，顾家店镇的村民回忆说，薛传根就是顾家店的"王进喜"，当年如果不是他第一个跳下去舍命堵决口，后果不堪设想。

守堤坝，防盗伐，多年来，薛传根骑着破旧的自行车，每天奔波在巡堤的路上，跳下自行车，他又耕作在防护林间。护堤34载，他骑坏了十余辆自行车，坚守的河道堤防管理段从未发生过因堤防安全导致村民人身财产受损的情况。可是，他本人又两次与死神擦肩而过。

为了守护江堤，防止盗伐，薛传根经常半夜三更带领队员巡堤、抓贼。为了提高效率，晚上巡堤，他总是头戴电筒骑自行车赶路。

老伴回忆说，骑车巡堤，薛传根身上经常摔得青一块紫一块，甚至还骨折过。有些轻伤，薛传根不放在心上，她也习以为常。唯独一次让她心惊的是，一天夜晚，巡堤的路上，雨后云散，月亮高悬，薛传根心情不错，也许骑快了，也许放松了警惕，车一打滑便翻滚到江水里……幸好他及时抓住一根藤蔓，不然就被江水卷走了！尽管如此，老薛还一直"嘴硬"：我水性好，没事。

江堤肥沃，树木长势好，几年后就成材了，盗伐者也开始惦记了。尽管年近古稀，不管风里雨里，白天黑夜，老薛总是坚守第一线。多次，他把盗伐者逼到角落，对方拿起斧子威胁他，他总能临危不惧，对着盗伐者高喊："来吧，我死了是守堤英雄，你死了是狗熊！"最后，气势汹汹的盗伐者束手就擒。

但有一次例外。一天晚上，盗伐者开了一辆大卡车出来砍树，被发现后，不弃树逃跑，还要把树拖走。太嚣张了！老薛迅速布置人马分头堵截。

在一条村间岔路上，老薛把盗伐者连人带车逮了一个正着。老薛站在路中间挥动手电筒高喊："快停下，你们跑不了。"这次，盗伐者不仅不减速，反而狠踩油门。千钧一发之际，身边队员一把将老薛拽倒在水田里，他这才捡回一条命。

一路走来，他与盗伐者斗智斗勇，回忆起来依然让人感到惊心动魄。

孤岛护柏　老当益壮公益行

疏花水柏枝素有"植物大熊猫"美誉，是我国少有的能适应长时间浸泡和暴晒等恶劣生长环境的国家级珍稀植物，主要分布在长江中上游水域。2003年后，疏花水柏枝的野生种群在三峡库区极度濒危。

2016年底，卸去干了近40年的顾家店镇河道堤防管理段段长职务后，薛传根发现儿时常见的疏花水柏枝愈发稀少，他自发组建了顾家店镇关洲珍稀动植物和珍贵文物管护站，投身疏花水柏枝和关洲地下文物保护工作。

比起护堤，育疏花水柏枝看起来轻松一些，但薛传根从来没有闲过，他依然是那个"爱做公益的爷爷"。74岁的薛传根,每隔一天,就乘着小船登岛察看疏花水柏枝的长势,捡拾上游漂来的垃圾。

"疏花水柏枝能长时间适应浸泡和暴晒,有'死而复生'的本领,是江堤最好的卫士。不过,该植物濒临灭绝,抢救保护刻不容缓。"炎炎夏日,汗珠顺着额头而下,薛传根一边弯腰捡拾着垃圾,一边介绍。

在他的精心呵护下,孤岛上的疏花水柏枝长势喜人。春天,登上顾家店段江心的无人小岛——关洲岛,一簇簇疏花水柏枝沐浴着暖阳,新枝绿叶,葱郁盎然。

为了让疏花水柏枝能在江堤上生长,经过反复试验,薛传根发现,疏花水柏枝喜欢石缝。了解了它的习性,宜昌引种成功。他预计,不久的将来,在长江江堤上,到处可以看到疏花水柏枝守卫着我们的家园。

薛传根老当益壮,把更多的精力放在公益事业上。如今,走进关洲江滩公园,鲜花竞相绽放,健身器材一应俱全,"好人广场""神奇关洲"两块石碑十分醒目,旁边竖起了疏花水柏枝和江豚的宣传牌,建起了管护小哨所和广播站。

每到傍晚时分,村民们从四面汇聚而来,散步、跳广场舞、聊天,各得其乐。为建这个休闲广场,70多岁的薛传根拿出当年筹款的闯劲,满世界飞奔……

守岛护堤,屡做公益,他的事迹被广为传颂。由于在长江大保护中的突出贡献,薛传根先后被中央文明办评选为"中国好人",湖北省委授予"优秀共产党员"称号,湖北省委宣传部、省文明办评选为"荆楚楷模"等。虽然荣誉等身,但老薛并不看重。之前,他喜欢村民称他"水利爷爷",现在,大家喊他"水柏枝爷爷",他心里乐滋滋的。

"守一方水土,护一段林木,保一方平安。"这是薛传根的人生格言,也是支撑这位老党员继续为民服务的理想信条。

党的十八大以来,党中央以前所未有的力度抓生态文明建设,在顾家店的江堤上,蔚然壮观的防护林正是长江大保护的生动注脚。

"我是在这里土生土长的。这几十年,我都与长江河道打交道,亲眼看见生态环境在长江大保护后的变化。作为一名拥有近40年党龄的老党员、老水利人,我希望长江大保护让生态环境越来越好,所有人都能参与长江大保护和生态修复,为子孙后代留下一片青山绿水。"薛传根朴实地说道。

(撰稿:王茂盛)

宜昌市流域水生态保护综合执法支队干部邹良：
青春无悔 守护"母亲河"碧水长流

邹良(左)正在抽检河流水质(邹良 提供)

2022年7月3日清晨,宜昌市夷陵区黄柏河湿地公园云遮雾绕,沿河而上,红、橙、黄、绿、青、蓝、紫渐次铺开,树木、田园、公路和村庄在云雾间若隐若现,让人沉醉。

中午,风吹芦苇,水草依依,随风摇曳,鱼儿在水草间嬉戏,鸳鸯在河里戏水,野鸭子追逐着小鱼,无忧无虑地寻觅着美食。

傍晚,一对父子挡不住清澈河水的诱惑,尽情地品尝了几口甘甜的河水。父亲情不自禁地对儿子说:"到河边饮水还是儿时的记忆,今天,你幸运地赶上好时代。前些年,河水泛绿,水体发臭,不要说饮水,岸边连水草都不长。"

这一刻,仰视父亲——守护黄柏河流域的生态干部邹良,儿子心中的抱怨和不解烟消云散,崇敬和骄傲的泪花在眼中闪烁!

青春岁月　环保情怀悄悄萌发

大学毕业后,邹良来到东风渠,开启了他与水打交道的人生。每周,他都会沿河道徒步巡查,守护宜昌百万人口的饮用水源……

这份工作看似平淡,但肩上有千斤重担,环保情怀开始在邹良心中悄悄萌发。不知从何时开始,遍地开花的磷矿开采,见缝插针的石材采集,村村围圈的生猪养殖,雨污不分的排放旧习,快速成长的城市……威胁着100万人的饮水安全。

黄柏河水质污染日益严峻,流域水库水质由之前的Ⅰ~Ⅱ类降至Ⅲ类,甚至Ⅳ类。

黄柏河污染了!上级警钟长鸣,频频督办;下面民怨频生,纷纷投诉。查询污染原因,寻找治理良药,成为当务之急。

经科学检测,黄柏河的污染是总磷超标所致。为加强流域生态保护,宜昌市政府及相关部门制定了强化磷矿开发利用环境监督管理、磷矿年度开采总量控制、严格限制污染产业发展等措施。一时间,河道管理、水土保持、水污染防治、渔业管理、城镇规划和建设等部门齐上阵。

但是,这种多头执法、多层执法,权能交叉、职责不清的局面,导致执法效能低下,"九龙治水"最后成了"无龙治水"。

刻不容缓,2015年底,宜昌设立宜昌市黄柏河流域水资源保护综合执法支队(现宜昌市流域水生态保护综合执法支队),破解了"九龙治水"的困局。

临危受命,邹良背起行囊,和七名同事一起来到这个执法大队。从此,在山巅沟壑之间,保护黄柏河生态的攻坚战打响了。

跋山涉水　百个矿洞原形毕露

2022年7月8日,在邹良简易的办公桌上,摆放着一本2022年最新版的《黄柏河东支流流域磷矿企业基本信息资料》。从2016年起,它每两年一更新,这是第四个版本。

翻开新书第180页,41家企业139个硐口的坐标一清二楚,另外,企业的联系方式、生产工艺、排水量、在线设施、排水去向、矿石堆场布局等信息也一目了然。邹良说，有这本书，政府决策有据，队员执法可依。

说时易，做时难。2016年，邹良第一次走进企业，发现企业环保资料空白，环保意识几乎为零。打井、抽水、采矿、堆积、排水，再自然不过，谁会关注环境污染？

建立企业环保台账刻不容缓。在邹良的紧密上门宣传和严格执法的高压态势下，企业很快建立并上报废水排放台账。

来不及庆祝，邹良便着手对台账进行仔细查实。"面对群山沟壑，除了地毯式摸排，别无捷径可走。"邹良暗下决心，挖地三尺也不放过一个小硐口。

面积巨大的山体，加上茂密的森林，查找一个排污口如同大海捞针。风餐露宿，翻山越岭，跌打损伤，蹚水过河……是家常便饭。

2016年清明节后，为了查清某企业排污口，当地一位向导说，要么翻越1200多米布满荆棘、坎坷的高山，要么穿越5公里的废弃矿洞。为了节省时间，邹良选择了穿越矿洞。

"一进去，洞内臭气熏天，寒冷刺骨，里面最窄的地方只能爬过去，大部分地方淤泥到膝，水深的地方齐腰，还时不时有石头掉下来，吓你一身冷汗。队员们手拉手，摸黑慢慢地匍匐移动……"即使受过严格的野外作业训练，那天的经历依然让邹良不寒而栗。

踏破铁鞋无觅处，得来全不费功夫。穿过废硐的一刹那，就听见哗啦啦的声音，排污口就在脚下。顾不得饥肠辘辘，邹良果断开机拍照取证。

面对邹良这群"拼命三郎"，自感躲不过去，企业便主动交代了另外几处排污口。

半年内，车行万里，跋涉千里，邹良携伙伴们丈量了樟村坪镇所有的沟沟坎坎，光荣地完成了黄柏河磷矿业排污口的溯源任务，并于当年底制作了宜昌市首本《黄柏河东支流流域磷矿企业基本信息资料》。

从此，黄柏河治理污染有迹可循。

百米深硐　检查污水沉淀池

溯源后就要进行清源，不让一滴废水"逃之夭夭"。邹良多次下到几百米深的矿井,亲自查看井下废水的处理情况。

越往下走,矿井渗水越大,地下水越浑浊,水里含磷量越高,如果直接排放,污染不可控。邹良见证了宜昌市第一个井下沉淀池的达标。

经过井下沉淀,大部分磷矿细粉沉淀下来不被排出,沉淀后的渗水回到地面,再进行第二次沉淀,在环保物质的作用下,废水就能达标。

如今,走近宜化集团某矿井的地上三层沉淀池,最后一个池子鱼虾满塘,生机勃勃。在三宁化工的沉淀池,笔者甚至见到了2米多长的中华鲟,这个对水质极挑剔的家伙在池内悠然自得地游来游去。

如今,宜昌市矿井断面全部由高清探头监控,并且联网。但这些丝毫不能让队员们感到轻松自在,只要系统报警,大家就要第一时间前往查证。

2020年国庆长假期间,邹良发现肖家河一磷矿企业在线监测数据异常,便当即决定放弃休假赶往现场核查。

进矿山的唯一道路被洪水冲毁了,当天又突降大雨,他们冒雨顺河道蹚水徒步2个多小时,才到达企业排水口。现场检查发现,数据异常是因总磷监测设备遭到雷击,元器件出现损坏。邹良立即指导企业对设备进行了修复。

临别时,矿长动情地握着他们的手说:"你们这次真是帮了大忙!要不是你们冒雨过来帮忙,不仅超标的事儿说不清,还会影响我们生产,影响磷矿指标分配。"

邹良说,一个沉淀池少则几十万元,多则几百万元,环保设备开机也费钱,有些企业为了省钱,总想方设法打擦边球,要么增产不增沉淀池,要么以各种借口停运环保设备……所以,执法队始终绷紧执法弦,没有节假日,没有休息,一天24小时,一刻也不放松警惕。

刹车"失灵" 贴着石壁滑行千米

长期穿越在崇山峻岭之中,邹良早已成为"钢铁战士"。他的妻子说,认识邹良时,他是个白净的书生,怕冷又怕热,还晕车。经过多年的锤炼,如今,他在38摄氏度高温下可翻山越岭,在零下12摄氏度的山巅能吹风,不怕蚊子咬,更没恐蛇症……唯独害怕道路结冰。

樟村坪镇平均海拔1200多米,每年有近半年时间是道路结冰期,而邹良又不得不行走在这些容易结冰的路上。

每遇道路结冰,邹良总会异常小心谨慎,备好所有防滑设施。尽管如此,惊心动魄的剧情还是会经常上演,与死神擦身而过的瞬间每年都有。给邹良印象最深的一次是车子不受控制,在结冰的路面上滑行了近千米。

2021年4月,寒潮袭来,樟村坪山巅大部分道路结了冰。那天,车子安装了防滑链,他也开得很慢。可到了一处长下坡路,车子刹车突然失灵,车上人一阵尖叫。短暂的心惊肉跳之后,邹良很快冷静下来,他紧握方向盘,让车子尽量靠着山体行驶。

眼看车子越滑越快,他试着用车身摩擦山体,车速虽有所减缓,但依然处于失控状态。车上人已吓哭了,唯独邹良镇定自若,他逮住机会,让车冲到坡上,撞上一棵松树才停下。下车后,他的背心全部湿透了。

情法分明 为违法者纾难解困

造成黄柏河污染的除了磷矿开采,还有养殖业排放的废水。邹良上任之初,流域范围有数百家生猪养殖户,而且很多没有环保措施。

邹良依稀记得,2017年,他查封的第一家规模养殖户就是一名村支书。时至今日,这名村支书见到他还有些"不依不饶":"这几年行情好,要不是你当年关了我家的养殖场,我早已发大财了。"

当时,在处理关闭养殖户时,法与情也曾让邹良纠结不已。2018年底,他查处一家养殖户,户主郭大姐闻讯泪如雨下。邹良走访得知,郭大姐家境十分困难,养猪是其家庭主要收入来源。那一晚邹良没有合眼。

他多次遇到这样棘手的抉择!一转身,邹良立即成为"服务队员"。接下来的几个月,除了本职工作,邹良使出浑身解数帮助郭大姐,找村里帮忙划拨土地,让畜牧业局提供技术支持,然后联系镇里、区里、市扶贫办……能想的办法都想了,能找的单位都找了。

在邹良的帮扶下,郭大姐家里的猪舍成功搬迁,并建造了发酵池,铺设了防渗墙和地板。达标一年后,郭大姐的猪场开始赚钱。她不仅还清了贷款,还解决了丈夫和孩子的看病问题,过上了幸福生活。

既按政策办事,又要帮扶困难家庭或挽救企业,做到两全其美,谈何容易?

但是，邹良做到了。

2019年，长江流域实行"十年禁渔"政策，邹良便化身"拆违队员"，开始全面拆除网箱。夏日，每天，他冒着烈日，携带油锯、破拆斧、断线钳等专业拆除工具，攀登陡壁上岸，剪断系着支架的缆绳，锯断水面上的支架和浮杆，然后拆毁网箱。一个多月夜以继日的奋战，邹良和队员历史性地清除了黄柏河流域所有网箱。

黄柏河流域环境越来越好，鱼儿多了，就连消失多年的珍贵冷水鱼"洋鱼条子"也成群结队。为了保护鱼儿，邹良又化身"特工队员"。

电鱼者很狡猾，都是深夜行动，并且避开有车的地方。为了抓住电鱼者，邹良总是深夜蹲守。有一次接到群众举报，邹良立即开车前去抓捕，但电鱼者看到他的车灯，就拔腿朝山上跑。

邹良与同事赶紧上山围堵，因地形不熟，还是让电鱼者逃跑了。回去的路上，邹良看到路边有辆车，断定是电鱼者的。通过交警查询，次日找到了车主。但因找不到电鱼工具和鱼，没能立案。

眼看一晚工夫白费，邹良改变策略，开始与队员分头蹲守，守株待兔，鱼多的河沟，就多蹲守几天。

"河沟蹲守，夏天热，蚊子多，深秋、初冬寒冷刺骨。有几次蹲守时，几条毒蛇从身边爬过……"这样的故事常在邹良身上发生。

2021年3月，经过好几个晚上的蹲守，他们终于抓住一个电鱼者。邹良开车到他家罚款时发现，他的八旬老母卧病在床，妻子出走，家徒四壁，罚无可罚……

邹良说，大多数电鱼者都是因为家庭生活困难才铤而走险。于是，他又开始扮演两种角色，既是处罚者又是帮扶者。

无悔坚守 只为黄柏河清澈见底

作为湖北环保执法的优秀代表，2019年，邹良因多年的卓越表现被抽调到河北省参与"蓝天保卫战"。作为保定市第三组组长，他负责的范围涉及2县1区，376家企业。

时间紧、任务重，他在顺平县和唐县之间来回穿梭，基本上都在车上睡，路边吃。短短6天，邹良和组员们完成了45家重点污染企业防治、42家工业窑炉企业的调查。

工作上，邹良是个不折不扣的"六边形战士"，在家里，他却算不上好的家庭成员。孩子中考，他都缺席了，更谈不上平时为孩子辅导作业；父母住院，妻子坐月子，他都无法陪护……

几年的辛勤付出，黄柏河东支流域Ⅱ类水水质达标率超过98％，长江宜昌断面水质稳定达到Ⅱ类标准，有力保障了城乡居民饮用水安全和改善了长江水质。

黄柏河流域卓有成效的综合执法工作，被作为流域执法样板在全国推广，宜昌正把"黄柏河综合执法模式"复制到柏临河等流域……青山绿水有所期！

"人生能有几回搏？有生之年，能参与'长江大保护'这个伟大工程，让山常绿、水常清、天常蓝，是吾辈的福分，为此，牺牲一点个人利益，又算得了什么？"这种理念一直支撑着邹良和他的同事们，在高山峡谷之间，他们的工作成为全国的样板。

"近年来，夏日的傍晚，黄柏河畔的夷陵城区频频出现绚烂的晚霞，为整个夷陵城区披上一件五彩斑斓的衣衫。看，那斑斓夺目的彩霞掠过波光粼粼的黄柏河，将岸边城区居民楼镀得金碧辉煌。此时此刻，恬静的霞光飞溅，将天空烧得火红，构成一幅壮丽的画卷。"经常在黄柏河边散步的市民秦先寿用镜头留下了这个美丽的瞬间。

能为子孙后代留下青山绿水，能把黄柏河守护得清澈透底，吾辈坚守无悔！作为一名模范党员，明天，邹良要翻越几座大山，将来，他还要参与治理另外几条大河……

（撰稿：王茂盛）

宜昌市国土资源局地质环境科科长黄照先：

20年坚守　创三峡地灾防治"零死亡"奇迹

黄照先(左一)在现场查看地块塌陷情况(黄照先 提供)

"今年汛期遇到历史上少有的干旱，大家都说热得睡不着，但我难得睡了几个好觉！"2022年8月17日，刚从兴山县巡山回宜昌市城区的黄照先，尽管后背湿透了，依然不忘幽默一下。

20年来，黄照先一直保持这样的习惯。风餐露宿、披星戴月，用脚丈量宜昌的沟沟壑壑，查看山山水水，收集第一手信息。每年汛期，都是泥石流和地质灾害(简称地灾)多发期，如果半夜听到雷声，黄照先就再也睡不着了，他担心什么地方会出事。

2021年整个汛期,宜昌干旱少雨,黄照先难得睡了一段时间的好觉。但是,大旱之后有大汛,黄照先时刻准备着……

入汛查险　救灾车成"流动床"

"宜昌位于鄂西山区,三峡库首,地质灾害防治责任重于泰山。"谈及肩上的担子,黄照先用"责任"作开场白。

20年前,科班出身的黄照先主动请缨,并立下誓言,用一生守护三峡库区,保一方百姓安全。

上任之初,他就给自己立规矩:除了出席重要会议,其他时间都要待在山上。至今,他依然每个月大部分时间都在上山采样,收集资料。他脑海里有张活地图:哪里容易滑坡,什么地方滚石多……标注得清清楚楚。

黄照先回忆,2016年,受超强厄尔尼诺气象影响,入汛以来,宜昌出现5次区域性强降水和7次局地短时强降水,诱发较大规模地灾218起,小规模地灾数以千计。

整个汛期,他就在这些大大小小的滑坡体上来回奔波。

7月20日晚,五峰土家族自治县牛庄乡松木坪村报告重大滑坡险情,西部4个乡镇交通中断,通信中断,供电中断,形势异常严峻。

灾情就是命令! 时间就是生命!

凌晨5点钟,黄照先从宜昌城区出发,绕道巴东,经过5个多小时的艰难跋涉,终于赶到现场。

现场就是战场! 科技人员就是战士!

拖着疲惫的身躯,黄照先一马当先,仔细查看现场,不放过任何蛛丝马迹。

遇到悬崖峭壁,他攀岩而过;路上荆棘丛生,他披荆斩棘;有的地方泥泞不堪,他脱掉靴子赤脚踩过去……口渴了就喝一口山泉水,饿了就啃几口干粮,手脚划破了就撒一点随身携带的云南白药……衣服汗湿了又干,干了又湿,到后来,整个后背都白花花的。鞋子进水了就倒出来,下山后,脚被泡得像个白馒头……

经过8个小时不间断地观察、测量、分析、计算,黄照先锁定了滑坡的边界和滑坡体量,并且准确判断了灾情的发展趋势。

这时,天早已黑了,大家都劝他到宾馆吃个饭好好休息一下。两天了,他仅仅睡了3个小时。

"车子上睡觉不算睡觉吗？干我们这一行，救灾车就是'流动卧室'，夏天，以地为床，以天为被，非得躺在床上才算睡？"老黄的倔劲又上来了。

简单地吃完晚饭，他顾不上连续奋战的疲劳，连夜撰写应急调查报告，直至凌晨3点。

7月22日中午，在从牛庄乡返回的途中，老黄突然又接到长阳榔坪镇社坪村发生滑坡的消息：此时滑坡体仍在蠕动，已阻断318国道的通行，同时还威胁宜万铁路的安全……

十万火急，顾不上休息，他立即让司机调转车头赶往榔坪。

一路上，他催促司机快一点，再快一点！尽管道路湿滑，山路崎岖……

见到黄照先，现场的人悬着的心落下了。多年来，哪里有险情，只要黄照先科长到场，基本上可以化险为夷。20年来，他就是大家心中的"定盘星""主心骨"！

又是一个通宵达旦，又一次"满血归来"，黄照先像穿山甲一样在山上钻来钻去，量去测来……别人害怕不敢进到核心区，他却泰然自若。

现场查看了，测量完毕了，记录清楚了，领导们等待他下结论。不负众望，黄照先拿出笔，镇定地在地图上画了一个圈，就是这一块，范围不会扩大，灾情不会加重……

大家纷纷回家睡觉，他留下来，认真地撰写当日的灾情处理报告。

刚回宜昌，7月25日，长阳九龙村报告，当地存在重大滑坡险情，请求专家组前往会商。

九龙村是长阳"边穷高"的不毛之地，海拔1000多米。黄照先会同专家在38摄氏度高温烘烤下，攀爬于潮湿的灌木林中8个多小时。

在滑坡体调查完毕后，电闪雷鸣下起了大雨。如果大雨持续，溪沟势必涨洪。黄照先大喊一声，赶紧加快速度！经过3个小时的连滚带跑，一行人才到达安全地带。

每次危险 黄照先一马当先

"滑坡变形威胁着数十人甚至整个村子的生命财产安全，责任重于泰山。作为一名老共产党员，一个地质科技工作者，一位负责地灾的科长，我不上谁上？"黄照先的话掷地有声。

"每年的梅雨季节，就像头顶上的一把剑，让我寝食难安……自从20年前参与这个工作，每年春夏雨天，不在灾情现场，就是在去现场的车上，我就没有睡过一个安稳觉。"

每次发生险情，不管是什么时候，黄照先都毫不犹豫起身，驱车到第一现场。现场的滑坡体非常危险，但黄照先总是第一时间、第一个进入滑坡体研判灾情，为当地政府救灾提供科学决策依据。

"现场就是战场，险情就是敌人，我是共产党员，我不当敢死队员，谁当敢死队员？"这就是黄照先的生命诺言。

"冒着山体随时滑动的危险，在山上一爬就是几个小时。滑坡经常发生于陡峭的山区，要准确判断灾情的特点和发展趋势，需要对滑坡体前后左右近距离调查、勘测，并且经常无路可走……"尽管每次都是与死神擦肩而过，但回忆起这些往事，黄照先总是云淡风轻。

翻开他的汛期工作日志，平均每月野外调查时间都超过一半，几乎没有节假日，并且总是白天现场调查，晚上连夜撰写调查报告。

对从事地质灾害防治工作的人员来说，在道路泥泞、山高坡陡的恶劣环境中开展应急调查，磕磕碰碰、摔跤擦伤是经常的事。

有一次，黄照先在察看长阳田家坪滑坡时，因摔倒造成胸肋骨骨裂、全身多处软组织挫伤，不得不住进医院。

但灾情紧急，想到滑坡不能及时诊断预警，老百姓就可能付出生命的代价，一个星期后，他在病床上再也躺不住了，缠着绷带、佝偻着身子，又回到工作岗位。

他常说，搞地质灾害防治的人要枕戈待旦，一旦接到滑坡信息，要第一时间克服重重困难赶到现场，研判灾情，把老百姓的安全放在第一位。

有一次，五峰发生泥石流，巨大的泥石流从落差很高的山沟滚滚而下，周围的人早就躲开了。

到了现场，黄照先抬眼望了一下凶悍的泥石流，异常平静。接着，他攀爬硬岩石，拉住大树枝，绕道进入上游核心区。后边的人大喊："黄科长，小心点，等泥石流完了再上去！"

千钧一发,岂能观望等待? 越是危险的地方,越是容易找到泥石流发生诱因的观测点,越能诊断出泥石流的"病根"。

丰富的一手资料加上高超的诊断经验,黄照先常常可以"治未病",帮助地方政府提前采取措施,防止泥石流和滑坡发生。

从事地质灾害防治工作20年,担任地质环境科科长10年,面对突发险情,他总是身先士卒,勇赴抗灾一线,用实际行动抒写一曲曲抗灾抢险的壮歌。

据不完全统计,20年来,他先后参与并成功处置地质灾害险情近500起,其中包括秭归杉树槽滑坡、五峰宋家湾滑坡、夷陵陈家湾滑坡等特大型滑坡,保障了滑坡体上数万名群众生命财产安全,为实现三峡库区和重点地质灾害点连续15年"零死亡"做了大量艰苦细致的工作。

虽然黄照先总是默默付出,但党和人民却从没有忘记这位三峡库区的"守护神"。2007年,他被表彰为"全国农村地质灾害防治知识万村培训行动先进个人";2016年被省国土资源厅表彰为"湖北省地质灾害防治先进个人";2017年被省委、省政府表彰为"湖北省抗洪抢险工作先进个人";2018年入选"荆楚楷模"1月上榜人物;2021年被宜昌市委表彰为"优秀共产党员"。

20年坚守　创造地灾防治奇迹

常年在最危险的地方调研,黄照先掌握了大量的第一手资料,结合扎实的专业知识,他总能对地质灾害进行准确的预测。

他告诉笔者,每次滑坡都涉及很多企业的生产安全,涉及人民群众的生命安全。作为现场的地质专家,本可以做出保守的预判,扩大转移的范围。但是,这样做劳民伤财,如果能做出准确的预测,转移的范围缩小,时间也可以大大节省。

"老百姓的生活很不容易,政府的财力也有限,我们做应急调查,就是要准确研判灾情,准确划定险区,既要确保老百姓安全,也要尽量避免不必要的转移,减少老百姓和政府的负担。"

20年来,由于黄照先准确的预判,经济损失减少了,创造了三峡库区地质灾害防治一个又一个奇迹。

宝剑锋从磨砺出,梅花香自苦寒来! 20年磨一剑,黄照先练就"火眼金睛",一出手就能找到"病根",更能做到"药到病除"。同事们说,黄照先就是三峡地区地质灾害诊治的"神医"。

干一行爱一行,钻一行精一行,认准地灾防治这份事业,黄照先一头扎进去潜心钻研。

同事评价说:"晚上,黄科长办公室的灯经常亮到深夜;白天,他的屁股就像抹了油,坐不住,非得到一线去考察。岁月不饶人,尽管鬓已微白,但他总是被热血和豪情所萦绕。"

每每回忆起地质灾害防控路上的点点滴滴,黄照先不会想到什么荣誉,作为老党员,他心里装的是人民。

别人问他,这么苦,这么累,幸福吗? 他说,在地质灾害防控道路上,为人民做些好事,为社会做些实事,所谓"幸福"莫过于此。

老黄的话朴实无华,却道出一个共产党员的心声:为了长江大保护,为了三峡库区人民的安逸,为人民筑堡,共产党员责无旁贷!

地灾防治工作专业性强、技术要求高。面对各类复杂的灾害险情,他总是不断学习、思考、总结、提高。

每到汛期,即使没有险情,他也会深入各地地灾隐患点,了解地灾隐患成因及相关防治措施,遇到难题查询资料,或连线更高层的地质专家,或组建攻关小组。

2020年7月,五峰城关镇、牛庄乡两处发生泥石流,造成农户房屋损毁,威胁附近30余户居民的生命财产安全。

在城关镇柳林村,泥石流沟坡度超30度,暴雨一来,山洪夹杂大量泥沙石块向坡下汹涌奔腾,直接威胁山坡居民。

7月9日,黄照先立即赶往事发地,一到现场,他不畏艰险,沿着泥泞的沟谷,向上攀爬、探寻,经过大半天的努力,终于锁定了泥石流的物源是山腰的滑坡。而滑坡发生的诱因是后缘的一股地下水,滑坡在其长期冲刷下失稳滑动,最后成为泥石流的物源。

他立即提出了滑坡前缘挡墙支挡+后缘涵管排水疏导的治理措施,真的是"药到病除",经过紧急处理,隐患解除了,有效保障了人民群众生命财产安全。

在牛庄乡的泥石流现场,他根据现场勘查资料,分析判断是由于坡体横向公路汇水外溢冲刷斜坡,造成顺向坡面松散堆积物滑坡,最终在坡脚形成泥石流。

他提出的疏通公路内侧排水沟,并在公路外侧砌筑拦水墙,坡脚下方采用U型槽排水沟疏导等应急处理措施,造价经济,施工快捷,效果良好。

2020年7月,长江右岸点军区谭艾路内侧山体遭受暴雨袭击,坡面表层松散体溜滑,形成明显沟槽,既威胁车辆和行人安全,也破坏了山体生态植被。

在治理过程中,针对陡坡防护和植被恢复的难题,他多次深入现场调查坡体结构,测量裂隙,研究岩石组构和物理力学特征,提出了创新思路,采用锚杆支挡+植生袋+主动网固坡的方式,消除了安全隐患,短时间内恢复了良好生态。

关注每一个环节,钻透每一个疑难,把握每一处细节,精准发现问题,深入解决问题,为地灾安全工作护航。

三峡地质灾害的大规模治理,涉及资金数亿元,从招标开始,每个细节他都严格把关。施工阶段,他入驻现场,用专业智慧指导、监督施工。

有一次,他发现施工单位和监理单位人员吃在一起、住在一起,立即要求他们保持距离、保证质量。他常说:"施工单位和监理单位的关系要清清白白,否则工程质量就会糊里糊涂。"

项目管理科学严谨,他却始终两袖清风。数亿资金的项目,说情的,托关系的,一律拒绝。但工作细节、关键节点,一个也不放过!

"看他野外那全神贯注、细致入微的劲儿,便知道他对这份工作有多用心。"同事说。

哪有什么岁月静好,是有人负重前行!连续15年,黄照先创造分管区域地质灾害防控"零死亡"奇迹;20年来,他用共产党员的忠诚、地质专家的素养,守护着一方百姓!

(撰稿:王茂盛)

宜昌市稻草圈圈生态环保公益中心负责人刘敏：
保护江豚　留住迷人的"长江微笑"

刘敏（右一）带领宜昌市稻草圈圈生态环保公益中心参与护江公
益行动（陈伟康 提供）

清晨，当第一缕汽笛声响起，刘敏从睡梦中惊醒，推开窗户，一阵江风扑面而来，她惺忪的睡意一扫而光。"江豚！江豚！"早已顾不上什么矜持，刘敏叫出声来！

几年来，早已不记得是第几次推窗看到江豚，但每次刘敏都像见到自己的孩子一样，母爱油然而生，自然而亲切！

这位爱护生态、热衷公益的"妈妈"，尽管工作繁忙，事务缠身，还是挤出时间做公益。

也许是机缘巧合，也许是水到渠成，她与"长江精灵"——江豚结下不解之缘……

加入阿拉善SEE生态协会　创建"稻草圈圈"

也许是经常做公益的缘故，也许是因为身边有很多热心公益的企业家朋友，2017年1月，在朋友推荐下，华美达宜昌大酒店董事长刘敏决定加入阿拉善SEE生态协会。

阿拉善SEE生态协会是全国影响力最大的NGO组织之一。2004年6月5日是世界环保日，近百名企业家聚集在内蒙古阿拉善腾格里沙漠，望着漫天黄沙，发起成立阿拉善SEE生态协会——中国首家以社会(Society)责任为己任，以企业家(Entrepreneur)为主体，以保护生态(Ecology)为目标的社会团体。

"听朋友介绍，觉得很契合自己的心意，便毫不犹豫地加入了。"回忆起当时的决定，刘敏会意地一笑。

阿拉善SEE生态协会是个组织严密、社会责任感超强的公益组织，一旦加入，就不能只挂名，不办事。刚开始，刘敏的压力很大。因为，她不仅是个母亲，家里有老人孩子，更重要的是，她管理了一个大型企业。平时事务缠身，她十分繁忙。

既来之，则安之。没有条件，创造条件，没有时间，挤时间，刘敏从不落下一次公益活动。

可时间一长，刘敏觉得，一个人的力量终究是有限的，为何不发动更多的人参与？只可惜，这个组织的入会门槛有些高，非得企业家不可！

换个思路，刘敏开始琢磨在宜昌筹建一个公益组织，不仅可以借助阿拉善SEE生态协会的力量，而且可以让广大市民参与进来。

与刘敏一样，宜昌市当时还有一些企业家加入了SEE，他们对刘敏的建议非常支持。有朋友的支持，刘敏说干就干，而且干劲十足。

为了更好地开展具有宜昌地方特色的公益环保活动，刘敏女士发起成立宜昌市稻草圈圈生态环保公益中心。

她张罗筹建时才发现，根据当时的政策，要注册创建一个公益组织十分困难。首先，必须有主管单位；其次，必须具备相当的财力；最后，还要获得民政部门认可……

　　经过不懈努力,宜昌市生态环境局同意作为主管单位。经市生态环境局审核、市民政局登记审批,最后顺利注册。2017年4月12日,宜昌市稻草圈圈生态环保公益中心正式成立。至今,它仍是宜昌市首家也是唯一一家环保公益组织。

　　成立后,刘敏开始马不停蹄地给组织定方向、谋项目。经过苦思冥想,刘敏把目光锁定在保护江豚上面。

　　在刘敏的记忆中,长江江豚和白鱀豚一样,已经在长江中生活了数十万年。20多年前,白鱀豚被宣告功能性灭绝。如今,江豚也濒临灭绝。2012年科考宣布,长江江豚仅剩1040头,数量还正在以每年13.7%的速度下降。

　　"作为长江生命系统的旗舰物种和重要指示生物,江豚的生存状况,是评价长江生物多样性程度、生态系统稳定性的重要标志。如果长江无法让江豚生存,何谈长江大保护?保护江豚,其实是保护我们自己的家园!"刘敏坦言。

　　"除了保护江豚,组织引导居民进行垃圾分类也是我们着重开展的工作之一。"刘敏介绍说。

　　5年来,"稻草圈圈"先后组织志愿者参与点军区五龙社区五龙阳光小区、花径美邻小区垃圾分类试点工作,参与西陵区云集街道垃圾分类宣传教育讲座及现场指导活动;同时,积极深入学校开展垃圾分类现场分类实践教育课程,将垃圾分类、生态环保、绿色生活结合到一起,有力协助了垃圾分类工作的推进。

　　2016年1月5日,习近平总书记在重庆召开推动长江经济带发展座谈会,强调"当前和今后相当长一个时期,要把修复长江生态环境摆在压倒性位置,共抓大保护,不搞大开发",要让中华民族的母亲河永葆生机活力。

　　2018年4月24日上午,习近平总书记从北京直飞湖北宜昌,一下飞机便前往长江沿岸考察调研长江生态环境修复工作。

　　刘敏说,习近平总书记关于长江大保护的谆谆教诲,她时刻铭记在心,也激发了参与长江大保护的无限热情!

守护宜昌江豚　留住"长江微笑"

　　江豚数量是长江生态的"晴雨表",而江豚憨态可掬,是青少年喜闻乐见的"长江精灵",青年人更容易接受和参与江豚保护工作。

　　刘敏准备通过保护江豚,把宜昌市稻草圈圈生态环保公益中心打造成生态保护的"宣传队、播种机、力行者"。

2018年7月，经过精心策划，宜昌江豚协助巡护试点项目(以下简称项目)正式成立。项目由湖北省长江生态保护基金会支持，宜昌市稻草圈圈生态环保公益中心、宜昌市渔政监察支队联合举办。

项目邀请退捕上岸渔民参与，经过渔政部门专业培训后，他们转产转业成为专职巡护员，在渔政部门指导下，驾驶由渔船改装的巡护船，在宜昌长江段葛洲坝以下60公里范围内进行全天候巡查，协助打击违规捕鱼、电鱼、毒鱼等违法行为。其他学生和社会人士作为义务巡防队员，协助劝导、宣传禁捕禁钓行为。

项目的第一批巡护队员刘承林坦言："巡护队可不是散兵游勇，稻草圈圈绝不是一个松散组织，它有严密的组织性和纪律性。巡江时，巡护队员必须开启'江豚管家'APP(以下简称APP)。一是记录巡护里程，里程直接与工资补贴挂钩；二是对巡护过程中监测到的江豚的动态以及发现的违法行为进行信息收集。"

"稻草圈圈"秘书长陈伟康介绍说，宜昌设定的60公里保护区，被划分为5个江段，每个江段由两个人负责。巡护方式分为定期巡护和不定期巡护。定期巡护：每周3次在日间对江豚进行监测，如遇特殊情况，要求全天对江豚进行监测。不定期巡护：根据特定时期工作重点和特殊情况(如接到举报)，临时确定路线进行巡护。

巡护队夜间也坚持巡护，并且没有丝毫懈怠。陈伟康介绍说，每人每月总巡护次数不得低于20，如遇恶劣天气就在巡护日志中记录天气情况及原因。每季度，项目组织1次公安、渔政、协巡队联合行动，沿途进行宣传。

"'稻草圈圈'之所以选择我们这些退捕渔民，是因为我们对长江每个江段了如指掌，对江豚的活动规律清清楚楚，违法捕鱼的各种把戏都逃不过我们的火眼金睛！"竞争上岗后，退捕渔民李士喜对自己巡护队员的新身份非常满意！

何宝兵、谢顺友负责上临江坪至保护区上缓冲区这一近10公里的江段。谢顺友说："何宝兵是我们的队长，他自告奋勇选择这一段，该段离城区较远，我们每天要比其他人早出发半小时。宝兵的情况比我困难，他能克服，我也毫无怨言！"

快艇、救生衣、草帽、APP……2022年8月6日，杨年雄像往常一样出发了。巡护工作既要保证自己的安全，也要保证其他人员的安全，上船时必须穿救生衣，不得找任何借口脱掉救生衣。

"今年,天气特别热,每天所有的队员都穿上厚厚的救生衣巡江,但大家都没有抱怨。"尽管杨年雄身上衬衣湿了又干,干了又湿,他始终没有脱下救生衣。

"APP记录,仅仅半年,巡护队累计巡护里程20328.84公里,发现江豚55头次。清理各类违禁渔具104副、扣押违禁船筏5艘(个),参与渔政执法136次,协助渔政查处非法捕捞案件9起11人,移送公安机关4起8人,没收电捕鱼机8套、非法捕捞船舶8艘。"带队不久就取得如此战绩,何宝兵颇感自豪。

"如果全勤的话,我们一个月工资加补贴,有3000多元钱。虽然这个钱相对早些年捕鱼的收入肯定少得多,但是,为了保护长江生态,让子孙后代有绿水青山,我们必须作出暂时的牺牲。前半辈子,长江养育了我们,对长江、对江豚我有着深厚的感情;上岸后,又能回去守护长江,我会用余生回馈母亲河。"谈起"稻草圈圈"给他带来的新机会,杨哲运眼神里充满了感激!

陈伟康解释说,2019年,阿拉善SEE生态协会宜昌分中心、湖北省长江生态保护基金会为禁捕上岸渔民提供燃油和日常生活补贴。2020年起,本项目纳入政府采购服务,巡护员补贴全部由财政预算承担。

巡江是快乐的,也是艰辛的。"哪里容易下网,哪里放地笼最隐蔽,哪个江段偷钓人数最多,渔民出身的巡护队员们早已了然于胸。但是非法捕捞人员也十分狡猾,他们在暗处,经常神出鬼没,我们就用笨办法应对。夏天蹲在江边树林里,蚊虫叮咬满身是包,冬天寒风呼啸,水汽凝结成冰,守护长江江豚的工作却从未间断。"回忆过去的不易,何宝兵的眼神坚毅而执着。

一次夜间蹲守了近6个小时后,刘承林发现了电鱼者,见对方想溜,他冲上去抱住不放。江边上,两人缠斗许久,直到渔政监察支队和长航公安赶来。

刘承林一下子累得瘫坐在地上,这才发现自己胳膊和大腿多处擦伤,衬衫也被撕破几道大口子。

"身子擦伤是家常便饭,挨骂和遭白眼也是常事。为了保护江豚,保护长江,为子孙后代造福,受点委屈挨点骂,一切都值得!"刘承林的话朴实而令人感动。

三万余人参与 构筑"护江长城"

"稻草圈圈"创立的退捕渔民巡江模式管理规范、效果明显,很快引起各个县市区的注意。"稻草圈圈"也积极前往夷陵、枝江、宜都等县市区"传经送宝",介绍经验，开展培训工作。

为了推广"稻草圈圈"的"护江模式"，2020年8月，宜昌协助巡护工作推广会议在宜昌市农业农村局举行。湖北省长江生态保护基金会、阿拉善SEE生态协会宜昌分中心会员、宜昌市稻草圈圈生态环保公益中心、宜昌市农业农村局、枝江市农业农村局、宜都市农业农村局相关负责人共同谋划，研讨如何将宜昌协助巡护制度推广至各县市区。

当年12月，枝江协助巡护队正式成立，标志着协助巡护制度开始下县市。"稻草圈圈"立即组织市直巡护员前往传授经验，开展培训。

"如今，宜昌九县一市都采用宜昌江豚巡护经验，成立巡护队，吸纳100多名退捕渔民再就业，织就了一条坚不可破的护江长城！"回忆起当年创立的模式被认可推广，刘敏难掩心中的喜悦。

陈伟康介绍说，"稻草圈圈"参与和完善设计的"江豚管家"APP，每名江豚志愿巡护员注册使用后，后台能够调取巡护员每日巡护里程、巡护路线、巡护突发情况，把江豚巡护工作生成为电子档案。

为了让更多市民了解、参与长江生态保护，"稻草圈圈"通过举办活动、举行讲座、发起募捐、帮助退捕渔民等方式汇聚人气。

2021年6月5日是世界环境日，"稻草圈圈"发起人、理事长刘敏参加西陵区"生态市民日"主题活动，发表"宜荆荆恩"城市群生态环保联盟倡议，"稻草圈圈"开始向周边市州辐射。

"虽然一路上困难重重，'稻草圈圈'却越战越勇，老的志愿者在冲锋陷阵，新加入的志愿者踌躇满志，冲劲十足。"强将手下无弱兵，提及自己的队员，刘敏赞不绝口。

刘敏他们的付出有多大？有一组统计数据：4年来，守护宜昌江豚项目组坚持宣传动员，组织以江豚、中华鲟为核心的主题宣讲、实践活动，先后进入小学、中学、大学、社区等，讲解长江生态知识，宣传长江生态保护，举行大中型讲座120余场，影响人数近3万人。

据"江豚管家"APP记录，2021年底，宜昌江豚志愿巡护队累计巡护137459.26公里，协助破获电捕鱼案件19起，协助没收违规渔具、网具3742只(张)，劝阻和制止捕捞或违规垂钓行为超过8000起。

2022年8月7日，与志愿者一起巡江的宜昌市渔政监察支队的副支队长莫宏源自信地说，经过大家几年的共同努力，长江宜昌段电捕鱼几近绝迹，违规捕捞不见踪影，长江"十年禁捕"取得了阶段性成效，生态在逐渐恢复，江豚数量从2012年的8头左右恢复至约20头。2022年，宜昌江段连续观测到小江豚。

"宜昌已成为与南京、扬州并列的能在市中心观测到江豚的城市，沿江居民多次目睹江豚戏水。我为家乡宜昌感到骄傲！"节假日，市民陈菊带孩子参与巡江，观察到江豚时，幸福感油然而生。

除了宜昌市民可以大饱眼福看江豚逐浪，国内外"江豚迷"也慕名到宜昌拍摄江豚。王家河江豚观测点、镇江阁观豚广场成了"网红打卡点"。今天，江豚俨然成为宜昌亮丽的生态名片、"三峡生态名城"的主打品牌。

2021年，在农业农村部长江流域渔政监督管理办公室、湖北省农业农村厅指导的首届优秀长江协助巡护员(队)评选中，宜昌江豚协助巡护队成为唯一获得"最美协助巡护队"殊荣的队伍。

同年10月，第十二届国际淡水豚日，第三届"长江江豚保护日"系列宣传主场活动先后在宜昌举办，这不仅是对宜昌江豚保护工作的肯定，也让全世界江豚爱好者记住了宜昌。

省市领导高度重视长江大保护工作，曾多次调研并指导工作，勉励"稻草圈圈"更好地发挥公益组织的示范带动作用。

刘敏表示，"稻草圈圈"将以更大的热情投入长江高水平保护行动中，为宜昌市建设长江大保护典范城市贡献力量！

（撰稿：王茂盛）

公益组织"三峡蚁工"发起人李年邦：
聚沙成塔　用心守护长江"高颜值"

李年邦在江边捡垃圾(李年邦 提供)

　　长江，是让苏轼生发出"纵一苇之所如，凌万顷之茫然"感叹的母亲河，长江大保护，离不开我们每一个人的涓滴努力。

　　让人感叹的是，在长江之滨的宜昌市，"三峡蚁工"创始人李年邦从2015年11月3日起就开始沿着长江拾捡垃圾。7年多来，以李年邦为首的"三峡蚁工"们，无论寒暑，一年四季活动不辍，在长江边发起拾捡垃圾活动900余次，吸引市民6万人次参与，累计拾捡垃圾1200吨。在这一场场雷打不动的护江公益活动中，"三峡蚁工"人数不断增加，影响力渐长，成为宜昌长江大保护的一个品牌。

"我们每一个人就像一只小小的蚂蚁,蚂蚁虽然力量很小,但是当它们团结在一起的时候,就会产生无穷的能量。"李年邦说。

他被誉为"长江颜值守护人""长江母亲河美容师"。

一个人的善举

一个人的善举,当时只道是寻常,如今真个不平凡。

2022年7月24日,尽管已经入伏,但比之前稍微凉快一些。一大早,在宜昌城区的长江岸畔,100多位市民沿江弓着身子捡拾散落在江滩上的各种垃圾……在这支捡拾垃圾的队伍中,男女老少皆有,他们都是生态环保公益组织——"三峡蚁工"的志愿者。

2015年11月3日,"三峡蚁工"的发起人李年邦开始沿江拾捡垃圾,之后的7年,每逢休息日,不管是"十一"小长假还是春节期间,都有成群结队的志愿者接力李年邦的护江善举。

今年56岁的李年邦,又名李双喜,人称"喜哥",是一家理发店的老板。从小在长江边长大的他,每年汛期看到江面涌来很多杂物垃圾时,心里格外难受,这是中华民族的母亲河啊!

7年前,李年邦在微信朋友圈里看到一位外国小伙每天义务清理河道垃圾的新闻后,想到了身边的母亲河长江。"人家外国小伙能早起半个小时去清理河道,我为什么不能也早起半个小时去江边捡拾垃圾,为流经这座城市的母亲河做一点儿事呢?"李年邦说。

说干就干,当天,李年邦就买来垃圾袋和手套等工具。2015年11月3日早上6点,李年邦来到滨江公园的江边,开始清理垃圾。"从江岸到江滩,只有短短300米,但那一天我却走了很久,感觉这是我人生中走过的最长的一段路。"

回忆当年的情景,李年邦坦言,最难放下的是"面子"。虽然江边没有其他人,但他依然觉得脸上发烧,总担心别人的看法。不管怎样,自己选择的路,再难也要走下去。

起初是不经意的付出,坚持下来,就有了意义。之后,李年邦每天都会打着手电筒去江边捡拾垃圾。早晨5点30分起床,6点来到江边,7点30分将垃圾打包提上来,8点30分到理发店开门,这是那段日子李年邦的时间表。

最初时日,垃圾越捡越多,李年邦先将垃圾集中堆放在江边;没有车清运,他就请朋友开来三轮车帮忙。他将捡拾垃圾的经历发到朋友圈,却招来种种非议:"你是不是在作秀啊?""江水天天冲来垃圾,你捡得完吗?"

面对种种质疑,李年邦不愿多做回应:"我不过只是想为母亲河做点儿力所能及的事,让江滩干净一点儿。"幸运的是,他的妻子和儿子非常理解他,也用实际行动支持着他。从一个人到一家人,人们常常看到他们一家三口清洁江滩的情景。

在妻子和儿子的鼓励下,李年邦决定坚持下去。之后的许多清晨或者节假日,他都和妻子一道行走在江滩和护坡上,将垃圾一一捡起、打包带走。渐渐地,他身边出现了点赞者、致敬者和同行者。

一群人的坚守

当初,李年邦每天早上到江边捡一个半小时的垃圾。冬天的早上6点,天还没有亮,他打着电筒捡,捡到近7点,天慢慢大亮,他将垃圾打包提上岸放在公园垃圾桶旁边就回家了。

第四天早上,负责公园环境的环卫工找到他,问垃圾是不是他放的。因为捡的是江滩退水后的垃圾,全是湿的,每大袋重50斤以上。包片环卫工说,江滩垃圾不属于他们管,谁丢的谁带走。

于是,李年邦每天捡完垃圾都要提到大街上到处找垃圾桶丢,不仅费事,而且像做贼似的(担心又被环卫工看到),这让李年邦有点儿灰心。

一传十,十传百,李年邦自发在江边捡垃圾的事迹被传开,越来越多的人加入他的行列。5个月后,李年邦从只身一人到身边出现了同行者,队伍日渐壮大。从第一个加入的陌生人,到后来建立几百人的微信群,他成了"喜哥"。

志愿者人多了,自然得有个好听的名字。李年邦刚建群时取名"宜昌义工",群里有人提议用"三峡"好些,后来又有人建议把"义"改为"蚁",李年邦充分尊重网友的智慧,定下"三峡蚁工"这个名字。

网友说,取名"蚁工",寓意一是要从平凡的小事做起,做出大成绩来;二是团队要有蚂蚁那样的勤奋品格;三是公益组织要团结协作,要有纪律约束。

为了便于开展大型活动,李年邦决定成立一个正规的公益团队。2016年10

月，"三峡蚁工"志愿者团体注册成立，固定成员有450多人。人一多，责任就大。李年邦的手机里，微信好友从600人增加到了4200人。

如果说，刚开始是李年邦一个人在战斗，后来就是一群人在战斗，整个城市的志愿者都参与战斗。

有了组织，每次活动都是通过朋友圈通知，只要是节假日，"蚁工"们都雷打不动"出工"，而李年邦几乎场场参加。"这几年举办的800场活动中，我只缺席了三次，一次是因为开会，一次是因为参加亲人的葬礼，还有一次是送高三的儿子上学，堵车耽误了。"李年邦掰着手指头说。

"在捡垃圾的过程中，看着那么多垃圾——被渔线缠住的死鱼、塑料布、废旧床垫……我很震撼，以后我一定以身作则，保护母亲河。"读小学3年级的小"蚁工"、9岁的刘安邦说。

65岁的李家法退休前是一名公务员，退休后，他经常带着孙子在江边散步，一个偶然的机会，碰到了在江边捡垃圾的"喜哥"，于是加入到志愿者队伍中来。受李年邦的感染，几年时间，他风雨无阻，总共参加了500余场"三峡蚁工"公益环保活动。

"宜昌是江城，有着长长的江滩，收拾美丽了，住在城市的人心情就舒畅，也可以给游客留下美好印象，双休捡捡垃圾，既活动了筋骨，也清洁了环境，何乐而不为呢？"李家法不仅自己来，还发动家人、朋友参加公益活动。

"有老板提出给我们捐几万元钱，我们不要。我们一般只要垃圾袋、手套和矿泉水。"李年邦说，"有企业提出给我们捐一年的垃圾袋，我们也不要。我喜欢在朋友圈募捐，这样能让更多的人有参与感。""精明"的李年邦看到每个人内心深处都有一份善良，做慈善事业，就需要激发大家内心的善良。

现在跟他去捡垃圾的，最多的一次有1000多人；平时一般有70—200人。其中既有退休干部、公职人员，也有大学生、高中生甚至幼儿园小朋友，还有一家三代人共同参与的。志愿者中年龄最大的78岁，最小的只有2岁。

热心公益并参与其中的袁希梅说："宜昌江滩现在越来越拿得出手了。李年邦和他的'三峡蚁工'，成了一道美丽的风景。"

苏海英女士是一名公务员，平时很忙，自从成为"三峡蚁工"，周末常常参加活动。她说："在成为一名'三峡蚁工'之前，我做过献血志愿者、植树志愿者、创建文明城市志愿者等,也参加过户外群发起的到磨基山捡垃圾的活动,但大都是短暂的、不连续的。自从成为一名'三峡蚁工',坚持公益就成为我的习惯!"

刚开始,苏海英自己参加活动,后来她带上女儿,再后来发朋友圈约朋友们一起参加。通过参加"蚁工"活动,苏海英发现,女儿的环保意识增强了,不但不随手丢垃圾了,也注意水电纸张的节约使用。因为她知道资源是有限的,大家应该珍惜利用,也懂得了公益无大小,随时随地都可以做,比如遇见倒在地上的共享单车,她会主动上前扶起来摆好。女儿在作文里写道:"城市文明,与你我有关。"

已入中年的龙梅女士以前做销售。"一个偶然的机会,我从朋友圈里知道宜昌有'三峡蚁工'公益组织,就毫不犹豫地加入进来,并坚持到现在,成了组织的骨干。"龙梅说,有时,真觉得捡的不是垃圾,而是我们丢失的道德。

像苏海英和龙梅一样,更多的爱心人士因为各种各样的机缘,加入到李年邦的"三峡蚁工"中来。"一个人的能力毕竟是有限的,我在朋友圈呼吁,希望能有更多的人参与,共同在江滩捡拾垃圾,保护长江母亲河。"李年邦说。

一座城的气质

如果说,屈原、王昭君、杨守敬等名人是宜昌的文化名片,三峡大坝是宜昌的时代名片的话,那么如今,走过第七个年头的"三峡蚁工"和李年邦,影响力可谓与日俱增,已经成为宜昌的一张名副其实的公益环保名片。

越来越多的人积极主动参加到清洁长江的"蚁工"活动中来,更多的学生和小孩来到江边体验,有一年假期竟然出现了一场活动过千人的盛况。

"作为一名环保志愿者,我很开心看到这样的变化,因为每多一个人参加活动,'三峡蚁工'就多向外播撒出一颗环保的种子,这无数颗环保的种子会在不同的地方、不同的时候生根发芽,长成参天大树。"这是环保志愿者苏海英女士的由衷之语,"我很喜欢喜哥说过的一句话:公益是没有回头路的,公益就是纯粹的奉献。的确,用伟大的心态做小事,把小事做好,让长江更清洁、宜昌更美丽,是每一名'三峡蚁工'的初心。"

这就是宜昌,这就是文明的呈现,这就是公益的魅力。而李年邦在宜昌环保公益上的筚路蓝缕之功,有目共睹。

　　"就像新生儿发出的触动生命灵魂的第一声，'三峡蚁工'的开拓者的足音也是微小而动人的。"这是李年邦指导编印的《"三峡蚁工"之路》的卷首语中的一句话。是的，微小而动人，微小却可以呈燎原之势。如今，"三峡蚁工"的活动范围已从宜昌城区江滩拓展到"三峡人家"风景区，并在夷陵区、西坝成立了分会。志愿服务内容拓展到生态环保宣讲、清理老旧社区垃圾、整理共享单车等。

　　"凡人为善，不自誉而人誉之"，2019年2月13日，"三峡蚁工"生态环保志愿者协会、李年邦分获"宜昌生态环境保护奖"先进集体、先进个人。李年邦还被评为"荆楚楷模"，入选"中国好人榜"。时任湖北省委常委、宜昌市委书记周霁点赞"三峡蚁工"群体："他们是'可敬可爱的宜昌人'，是宜昌这座全国文明城市的荣耀！"

　　哪里有大型活动，哪里就有"三峡蚁工"和李年邦的身影。几年来，除了保护长江江滩，他们还活跃在宜昌国际马拉松、"生态市民日"主题活动、生态拾荒慢跑、生态环保公益行等大型活动现场。"三峡蚁工"被人们誉为"宜昌实施长江大保护的践行者、全民绿色行动的参与者"。

　　时任宜昌市人大常委会主任王国斌表示，个体的文明程度决定了一座城市的文明高度。修复长江生态环境工程浩大，要让人的行为链与生态链充分咬合在一起，就像"三峡蚁工"，凝聚社会力量最为关键。

　　2022年9月15日，市委副书记、市长、市总河湖长马泽江巡查长江宜昌段时强调，要坚决扛起共抓长江大保护的政治责任，坚持以更大力度、更实举措保护修复长江生态环境，永葆母亲河的生机活力。

　　李年邦说，随着人们环保意识增强，加上志愿者的增加，长江岸边的垃圾越来越少了。但是，长江大保护永远在路上，"三峡蚁工"将围绕市委、市政府的中心工作，开展更多、更有意义的长江大保护公益活动。

（撰稿：王茂盛）

秭归县长江"清漂人"周功虎：

守护一江清水　守好三峡库首生态

周功虎在长江边留影（周功虎 提供）

19岁，他应征入伍，手握钢枪，守卫祖国母亲的边疆；44岁，他退役不褪色，手拿铁耙，为长江母亲河"梳妆"。祖国有他，山河无恙！长江有他，江面清亮！三峡库首"清漂人"周功虎，连续16年把库区水面擦亮。

"江娃子"与长江的不解之缘

因水而生，由水而兴。这是周功虎的人生注解。

2022年7月17日，头伏第一天，酷热难耐，宜昌秭归、三峡大坝前，59岁的周功虎与往常一样在机动船上用强劲的臂膀奋力将清漂专用工具——长柄网舀挥向江面。晨曦中，他振臂挥舞的剪影映在雄伟的三峡大坝前，形成一幅隽永而壮美的画卷。

一江碧水，至此而夷。大河滔滔，遇坝则宁。

三峡大坝蓄水后，库区江水流速变缓，高峡平湖美景形成。"坝上库首第一县"秭归，其长江生态屏障功能凸显。作为三峡库区的最后一道防线，秭归接纳了整个库区上游各地"跑、遗、漏"的漂浮物。

"风里来、浪里走、江上漂、船上捞。"一群常年在江面作业的秭归"清漂人"，潜水排障、涉水打捞，像蛙一般水陆两栖，默默地用艰辛的劳动守护着长江的生态文明。

周功虎，是在江上漂了16年的"老蛙人"，因为常年江水泡灌、风吹日晒，身形矫健而皮肤黝黑，被人们形象地称为"周大黑"。

谈起长江，糙汉子"周大黑"的目光瞬间柔软。

1962年冬季，周功虎出生在秭归县茅坪镇的一个江边小村，周家世世代代靠江吃饭。听涛声依旧，看潮起潮落，他对长江有很深的感情。

周功虎离家参军前，对家乡依依不舍，坐在长江边听了半夜的涛声。入伍后，梦里也是儿时长江的故事。

周功虎回忆，蓄水前长江水急浪高，江中经常有不少漂浮物，除了有人偶尔打捞起用得上的东西，基本上没有清漂的意识。

靠江吃江，二十世纪八十年代，周功虎经常在江边拾上游漂下的柴火，那是他最初的清漂经历。

长江赋予了他豪迈的性格与坚忍的品质，在部队上，他因表现突出在一百多名新兵中率先入党。

退伍之后，本有机会走出大山的周功虎毅然返回家乡。当兵4年，夜夜涛声入梦，周功虎最思念的，是家门前奔腾不息的长江。

"那时的长江比现在狭窄、湍急、浑黄，江面上常常有上游漂下来的木材、树枝，甚至还有上游发洪水漂下来的一些家具、牲口。"周功虎回忆，蓄水前长江性子烈，漂浮物一路被卷至中下游，不少群众在江边打捞用得上的东西，但没有清漂的意识。

三峡大坝蓄水后，周功虎正好从部队退役，他抓住三峡库区移民建设的机遇，相继在几个村镇企业担任管理人员。积累一定经验后，他开始下海经商，在承接土建工程中淘到了"第一桶金"。

周功虎平时不爱打牌、喝酒，看到江滩上的白色漂浮物，他就忍不住弯腰捡起，后来，他干脆拎着蛇皮袋，沿江捡漂浮物。节假日，他还动员两个女儿一起参与。

"生在江边，长在江边，看到江面上、江滩边漂满了垃圾，心里特别难受！"周功虎坦言。

破旧的老屋同昔日的江滩一道淹没在历史的河流中，搬进新盖的小洋楼，望着宽阔宁静的一江碧水，周功虎感到生活幸福惬意。

但这种幸福，很快被淡淡的忧虑取代。由于江流变缓，上游漂浮物在库区越聚越多，尤其是三峡大坝前的回水区，漂浮物常常绵延几百米。

"触目惊心不忍睹！养育我们的长江被弄脏了，我们得尽快动起来，为长江做点儿什么！"还是部队养成的作风，果敢坚毅，雷厉风行！ 2006年4月，44岁的周功虎瞒着家人，拿出两万多元买了一条清漂船，上船干清漂，为母亲河长江"梳妆"。

一开始，以为他只是玩玩而已，妻子来到江边给他送饭、送水，看到他在船上挥汗如雨的身影，很是心疼。后来，得知他铁了心放弃赚钱的机会全心清漂时，妻子哭得很伤心。她说："部队退役时，你没几个钱，连搞工程的本钱都是东拼西凑的，这几年机会好，刚挣了几个钱，就放着好好的日子不过，瞎折腾个啥？"

干清漂，顶着烈日，冒着严寒，忍着恶臭，在船上一泡就是十几个小时，不仅妻子反对，亲朋好友也不理解。但周功虎意志坚如磐石。

他说："我们世世代代吃长江饭，喝长江水，只有把长江保护好了，我们大家才能好吃好喝！"

"老战士"对长江的一片赤诚

与水相伴，为水奔忙。这是周功虎的人生宣言。

"江上漂"的日子很艰辛。一年有10个月在船上，年轻人耐不了的寂寞，体弱人受不了的劳苦，周功虎都咬牙坚持下来了，一干就是16年。晚上上岸，白天下水,周围人亲切称呼他"老蛙人"。

一身戎装一世恩!"钢铁般的意志,咬定青山不放松的决心"是周功虎从部队带回来的口头禅。清漂苦不苦?苦!但他不轻易向人言苦。

烈日下,甲板上温度高达六七十摄氏度,打个鸡蛋都能煎熟。周功虎穿一双不透气的长筒雨靴,不知是网舀带上来的江水,还是脚底沁出的汗水,鞋中晃荡着半筒水,等吃饭歇息时把水一倒,脚已泡得像白馒头。

穿凉鞋、布鞋、皮鞋是舒服些!但这些鞋不经穿,脚被垃圾划伤、熏烂,蚕豆大小的脓疱生满双脚。周功虎一番折腾,宁愿套回闷脚的长筒雨靴。

酷暑的炙烤下,救生衣中的衣服干了又湿、湿了又干,背心变得硬邦邦的,全是盐渍。清漂的网舀一入水,捞起来的东西有三四十斤重,每天重复上千次,不使点力气还真不行。可一使力,"噗——"衣服绷裂了。

周功虎记不清自己一年要穿多少身新衣服了。好在衣服大多是两个女儿买的。两个女儿都已成家,家境不错。每次女儿们过来看望父亲,都劝他,奔六十的人了,经不起这样风里来雨里去。

大女儿决定每年给他几万元养老钱,求他"金盆洗手"。周功虎摇头说:"钱还是你自己保管着,我不缺钱,再说,清漂也花不出去钱。"

秋冬季节蓄水之后,由于风向原因,回水区经常形成漂浮物聚集地。

江风凛冽,寒气逼人,露水或霜在甲板上结上薄冰,稍不小心,人便会跌落于刺骨的江水中。多年的水上作业,令周功虎得了关节炎,冷水一刺激,钻心地痛。

然而这些对周功虎来说只是皮肉之苦,更难的是突发状况时找人组队应急清漂。长江"十年禁渔"之前,"清漂人"的船在闲月里撒网打渔、保养船只。

秋冬季节属于清漂闲月,周功虎明知船主们都指望在这两个月挣点钱、保养下机器,但看到满江漂浮物,他只能硬着头皮挨家挨户上门找人。

有的人渔网刚撒还未收网,有的人船漆只刷了一半,都被周功虎请了回来。大家都在老党员、老战士"周大黑"的号召下干着一份吃力不赚钱的苦差事,但鲜有人抱怨。这一点很让周功虎感动,也是他年近六旬仍在江面坚守的精神动力。

在周功虎心中,长江的地位如母亲一般重要。但为了长江母亲,他对生养自己的老母亲,是心怀愧疚的。

2020年,因上游多轮洪水,加之冬季一场突如其来的大风,江水回溯。一夜之间,近4万立方米的漂浮物乘风堆积到徐家冲港湾。周功虎立刻组织清漂。

在这十万火急的关键时刻,家中却传来87岁老母亲突发脑溢血不省人事的噩耗。一边是长江母亲满身疮痍,随时可能危及三峡大坝发电机组的安全,另一边是亲生母亲随时可能永久告别人间。

是坚守还是撤退?周功虎心中闪过一瞬间的犹豫。他清楚,倘若自己此刻在清漂战场当逃兵,定会终生内心不得安宁。但若不守候在母亲身边,或许又会留下这辈子难以弥补的遗憾。

狂风大作,江水拍打着船舱,飞溅在周功虎脸上,夹杂着泪水的咸。周功虎咬咬牙关,大吼一声:"伙计们,加油干!"

30余条船、100多个"清漂人",在周功虎悲壮的哨声中踔厉奋发,同力协契。网罟的杆断了,接起来再罟。手受伤了,包扎一下再干。连续奋战40余天,清除漂浮物4万余立方米,大家齐心协力,终于护住了一江清水。

而周功虎的母亲,却瘫在了病床上。当周功虎从清漂战场凯旋时,在医院的病房看到了意识微弱的母亲,他沧桑的面庞上老泪纵横:"儿子不孝,唯有今后加倍地弥补!"

从此,周功虎白天在江上清漂,晚上在母亲病床前尽孝。辛苦自不必说,他却从无怨言。这样的日子持续到2022年2月,母亲离开人世。

"有召必回,有战必胜!"虽然离开部队近40年,周功虎从未忘记一个军人、一名战士的职责。"这场长江生态环保战役,我们一定能赢!我们一定能捍卫母亲河,守住长江三峡的生态防线!"周功虎的脸上,是一位老战士的坚毅。

"老队长"为长江一生奉献

一生守护,一江清水。这是周功虎的人生理想。

2016年1月5日,推动长江经济带发展座谈会在重庆召开。"共抓大保护,不搞大开发",习近平总书记铿锵有力的话语让周功虎清漂的干劲更足。他意识到,长江大保护时代来了,几个人的力量是不够的,必须带起团队,发动更多人,守护一江清水。

从四处找船组建临时清漂应急队,到成立"三峡库区秭归县清漂队""退役军人生态环保志愿服务队"等服务团队,周功虎的执着点亮了三峡库首志愿服务的"星星之火"。

"兔子先吃窝边草",周功虎先从自己村里的渔民"下手"。他耐心给大家做工作,组建了三峡库首第一支清漂队,后来规模不断扩大,成为一支由35条私人船只、2只政府自动化清漂船组成的浩浩荡荡的队伍。

清漂是苦活、脏活,没有吃苦精神是干不长的。为了留住人,周功虎总是带头干最多、最苦、最累的活。寒冬腊月,江面的树枝等杂物将清漂船的螺旋桨缠住,清漂船无法行驶,"老蛙人"总是第一个跳进冰冷的江水中清理杂物。

为了让清漂队人心更齐、效率更高,周功虎想尽一切办法发挥"凝聚力"作用,用父兄般的关怀,凝聚清漂队员们的心。夏天天热,周功虎安排每天清晨5点30分出发,中午多休息一会儿;冬天天冷,大家就9点钟出发,中午加把油。

16年来,周功虎带领团队累计出船6000多次,累计打捞漂浮物18万立方米。作为"老队长",他做好了表率!

男人们看到年长的"老队长"干得比年轻人还带劲,就渐渐地习惯了;曾经埋怨男人的女人们,也慢慢地被感动得上船了。

夕阳西下,渔火初起,三峡库首,一只只"鸳鸯清漂船"在平静的江面荡漾,留下一片净美水域,好不浪漫!

秭归县境内的清漂"蛙人"高峰时有近百人。20多名退伍军人在"周大黑"的感召下,投身生态环保志愿服务行列。

2022年3月12日,一群身穿红马甲的志愿者在茅坪镇徐家冲港湾,聆听周功虎讲述清漂"蛙人"的故事与梦想。志愿者们深受感动,现场组织了"保护母亲河"主题志愿服务。

一个人的信念,变成一群人的信念。一个人的坚守,变成一群人的坚守。

"现在长江生态环境越变越好,漂浮物以树木枝叶为主,垃圾少了。"周功虎感叹这十几年来长江的巨变。他点开手机,展示秭归县投资4000多万元建设的日处理量200吨的漂浮物处置生产线项目,并指着泊在不远处的2艘机械化清漂船介绍,为解决漂浮物打捞运转设备简易、清漂效率低等问题,政府筹集资金6142万元建设了秭归县三峡水库清漂及船舶废弃物接收项目,建造2艘机械化清漂船、1艘浮吊船及码头等,专业从事三峡库区秭归段漂浮物清理转运工作。

2022年9月,市委副书记、市长、市总河湖长马泽江到秭归巡查清漂时指出，要大力开展机械化作业，全面提升清漂效率和安全性，让高峡平湖颜值更高、气质更佳；要进一步发挥秭归县三峡水库清漂及船舶废弃物接收项目的作用，提高无害化处理和资源化利用率，扎实做好漂浮物清理和船舶污染防治工作。马市长的重视，政府的加大投入，让周功虎与他的"战友"们清漂的信心高涨，劲头更足。

周功虎常年以党员的身份、党员的形象，行于长江，奉献长江，是群众念念不忘的"好人"。

周功虎默默守护三峡库区环境、保护一江清水的事迹逐渐引起社会关注。新华社、湖北日报等多家中央、湖北省媒体对其进行报道，他也先后获得"宜昌好人""宜昌十大新闻人物""湖北省河长制示范人物"称号，2021年，他还获得第六届"湖北省环境保护政府奖"……

"只要库首还有漂浮物，我就还得清下去！"周功虎的话朴实无华，但掷地有声。他说，自己是三峡移民，也曾是三峡渔民，以前靠江吃江，是长江庇护着自己。现在国家提出长江大保护，自己就应该身先士卒、靠江护江，拼尽全力保护好曾经哺育自己成长的母亲河。

无边落木萧萧下，不尽长江滚滚来。长江是刚烈的，亦是温柔的。周功虎，这个用一生时光呵护长江母亲河的三峡汉子，这个被人民群众誉为"三峡库首清漂人"的老党员，用对长江厚重的情感、岿然不动的定力，把"守护一江清水，守好三峡库首生态"的铮铮誓言挥洒在汗水中，践行在炎炎烈日里！

（撰稿：王茂盛）

远安县民间总河长陈光文：

巡河33条 他是故乡河流"守护神"

正在巡河捡垃圾的陈光文(陈光文 提供)

一河清水，一块绿地；一片蓝天，一个家园。这是群众共同的梦想，也是陈光文不变的执着！

污染的河水清澈起来，断流的河床湿润起来，飞回的鸟儿欢唱起来。曾经，这是陈光文的铮铮誓言；如今，它成为远安河畅、水清、堤固、岸绿、景美的最佳注释！

清晨，带上干粮，背着照相机，大路上，他开着皮卡车，小路上，他步行前进，拍照片，发论坛，捡垃圾，逮电鱼者，抓砍伐者……远安大大小小33条河流，留下他辛劳的背影!

这,是一幅由普通劳动者参与绘就的"长江大保护"时代画卷。

这,是一段镌刻在山林小溪间中华民族生态文明的历史记忆。

"档案员" 建立33条河巡河台账

爱河、护河、治河,首先就要巡河!作为远安民间总河长,远安大大小小33条河流,到处都留下陈光文的足迹!

提及家乡的河流,眼前这位"环保战士"眼里充满柔情蜜意。他说,远安的山山水水就像是我的妻子,我要呵护她一生一世。

1964年金秋,陈光文出生在远安这个美丽的山水之县。谁不说家乡美?在陈光文眼中,远安就是"世外桃源"。

灵龙峡,4亿多年的奥陶系石灰岩地貌构成一个封闭式大峡谷,悬崖高耸,怪石嶙峋,10公里长的河谷中,水流奔涌起伏,险滩多达20余处,"灵龙峡大拐弯"最为惊险奇特,素来享有"湖北雅鲁藏布江大拐弯"之美誉。

"武当远、鸣凤险",鸣凤山有丹霞山水,可度假休闲,美不胜收。

山旁的老树、石阶的青苔都在汲取夏意,青翠欲滴,用绿色在山间搭建出一方清新悠然的秘境。

风景秀美的远安,是宜昌两条重要河流——黄柏河和沮漳河的上游,关系着宜昌三分之二人口的饮水安全,是宜昌不折不扣的天然水塔。

也许是对母亲河深深的眷恋,也许是对远安悠久历史文化的痴迷,带着好奇,2013年7月,陈光文率领热心网友从沮河源头保康县歇马镇油山村的响岭沟开始探访,走遍沿河县市村镇。

他目睹了母亲河一路弯弯绕绕,从此,这个年过半百的男人,把自己融入山水,来抚慰母亲河的累累伤痕。

一个如水的人跟水打交道,其实是在跟自己打交道。探访母亲河、走访东干渠,他乐此不疲。

沿河挖山开矿,沿途围圈养殖,垃圾随意丢弃,生活废水无序排放……沮漳河、黄柏河以及远安境内其他大大小小的31条河流无一幸免,用伤痕累累来形容也不为过。

母亲河病了,而且病得不轻。陈光文看在眼里,痛在心里。

心动不如行动,陈光文开始寻找能为远安的河流清澈做些什么。2016年,远安生态治理工程首推"河长制"。作为本地最有影响力的自媒体"远安论坛"(以下简称论坛)负责人,陈光文身边有一批热心网友,于是,他主动请缨担任民间总河长,获准后,他又公开招聘了11位民间河长,与官方河长一起负责巡查境内33条大小河流。

河有多长,牵挂就有多长。自从肩负这份特殊的责任,陈光文就把心交给了群众的眼睛。"汗流浃背"是他们的常态,"风雨无阻"是他们的坚持,"认真严谨"是他们的态度。他们是水澈山明的卫士,他们是河流健康的守护神!

7个乡镇、102个建制村、33条大小河沟、5000公里的山沟沟,每年,陈光文都要用脚丈量。

河道有没有漂浮物,有没有非法排污口,有没有破坏河堤的现象,水质是否变差,有没有乱砍滥伐、非法采砂的活动等,这些都是巡查重点。一旦有情况,就立刻拍照取证,迅速向相关部门反映。

每次巡河,他都记下详细的数据:时间、次数、乡镇村组、河流河段、存在的问题、整改的情况等。

每周巡河一次,每月上交台账,每月一次民间河长和官方河长联合行动,定期邀请民众参与,既有制度保障,又营造声势。哪里有垃圾污染,哪里有污水排入,都有联络员的及时监控反馈。

"像小时候温习功课一样,每天睡觉前,我都会在脑海里过一过:哪块儿水质没达标,哪里沉淀过滤池停摆,大雨后哪段河堤塌方……"说陈光文废寝忘食,一点也不为过。

监督员 吸引10万环保粉丝

"小小的河长,大大的使命。那道河,流过你的眼睛,河水就变清澈了;那道河,流过你的心里,水色就变明净了。没有报酬,责任却顶天立地;没有怨言,只为碧水蓝天。"2020年,陈光文获得"民间河湖卫士"荣誉称号,颁奖词这样写。

作为论坛创始人,在民间宣传河道保护,陈光文具有天然的优势;作为长期从事公益活动的"网红",陈光文有近10万粉丝。

"2021年人口普查,远安常住人口只有十几万,论坛注册会员曾有7万余,帖文总数已有近120万条。每次在论坛上发帖,浏览人数几个小时就过万,超过10万也不稀奇。"提及论坛的号召力,陈光文谦逊地说,老百姓不是关注他,是关注他们最想关注的事。

2012年,论坛组织开展寻访古树活动,陈光文访遍全县数百棵古树,唤醒保护古树意识。活动结束后,他自费出版《寻访古树》画册。

2013年,论坛开展探访沮河活动,从母亲河源头开始,沿途考察风土人情、自然风貌、历史故事,拉开保护水资源的序幕。

2014年,论坛发起寻访远安长寿老人活动,发现了百岁抗战老兵陈相富,在县委、县政府大力协助下,找到了老人失散80年的重庆家人。陈相富与亲人相聚的照片发到论坛,网友哭声一片。

论坛铁杆粉丝周明说,陈光文做公益,在远安有"活雷锋"的称号,他做了远安民间总河长,每次振臂一呼,都是应者云集!

"论坛不仅仅是我们团结粉丝、招募志愿者的得力助手,更是我们曝光生态环境破坏者最好的平台。"每次巡河发现问题,陈光文就把帖子发在论坛上。

民间河长携手11家责任单位联合巡河护水,论坛"生态远安"板块开设"巡河曝光台账"栏目,进行系列报道。

据不完全统计,几年来,他们共发现43个建制村70处河道存在问题,整理汇总民间河长巡河记录资料近1300页,发帖近万条。

王先银、曹敦新都是陈光文的同学,也是论坛的核心干将,他们三人被网友称为"论坛三铁"。王先银善于与网友互动,只要是他发布的主题帖,浏览量没有不过万的。曹敦新善于出谋划策,好点子经过他完善落实,总有非常好的效果。

曾经,在远安矿老板中间流行这样一句话:不怕查,不怕罚,就怕论坛上叽叽喳喳!

除了在论坛发帖曝光,作为宜昌市人民监督员,陈光文充分发挥人民监督员的作用,在巡河护水活动中发现不法行为时,积极与远安县人民检察院沟通,总能得到检察院的及时支持。

2019年4月,巡河中,他发现鸣凤河道存在非法采砂问题,检察院干部付家新获悉后随即带领干警前去查验,查看完非法采砂现场后,不拖不等,及时处理问题。

同年5月,陈光文巡查时发现洋坪镇老君村河道有人非法砍伐树木,他及时联系检察院跟踪调查,检察机关迅速跟进,很快立案调查。

"县委、县政府大力支持,各个职能部门全力配合,检察院等强力部门提供有力保障,让民间河长如虎添翼!"陈光文经常鼓励伙伴们:我们不是一个人在战斗!

"磨盘心" 凝聚30多位民间河长

作为远安民间总河长,陈光文是大家的主心骨,也是"磨盘心"。他说,远安有大大小小33条河,总长度超过5000公里,很多支流分布在崇山峻岭、悬崖峭壁之间,单凭个人的力量,即使有三头六臂,也顾不过来。

上任之初,陈光文就招兵买马。"当河长就是巡河,很好玩,刚开始,应者云集。可是,知道每周都要巡河时,很多人就打了退堂鼓。"俗话说,兔子不吃窝边草。陈光文反其道而行之,"兔子先吃窝边草"。

他发动亲戚朋友参加。老婆得知他放弃做生意,一心一意做没有收益的民间河长,还要自己开车贴油费时,很不理解。不过,不到一年,她也加入了巡河队伍。

后来,在陈光文事迹的感召下,加入巡河队伍的人越来越多。

杨洪望,居住在离县城最远的嫘祖镇,家里靠开小卖部为生,尽管很忙,他巡河护河却从不懈怠。他是农民工摄影家,曾担任过全国农民摄影大赛的评委。作为一名摄影人,他充分发挥摄影特长,巡河时任何问题都逃不过他的镜头,即使犯错的是熟人,他也毫不为其遮掩……

向德茂,湖北山泉生物科技有限公司董事长,十分支持民间河长工作。他不仅坚持参与巡河,每年还拿出价值近万元的有机肥,对民间河长评选出的优秀村级管护员进行奖励……

为了让更多人理解并且参与河流生态保护,陈光文进农村,进社区,进校园,进企业,自费发放保护河库水源、禁止电鱼毒鱼宣传单50000余份。携手中小学校,共同推进远安生态建设,他通过承办全县中小学"助力乡村振兴 保护河库生态 建设美丽远安"社会实践活动,让9000余名学生参与生态环保。

2018年,远安民间河长工作稳步开展后,陈光文联络远安环保局、水利局、畜牧兽医中心等部门开展专业巡河,让民间巡河更加专业化。

2019年,陈光文主动承担村级巡河工作落实任务。经过两年的巡河护水,他发现光靠民间河长四处"突击巡查"远远不够,必须调动村组这一级人员的积极性,发挥他们的主动性,只有村级河长和管护员行动起来了,河库才能真正干净。

经过努力,陈光文的建议得到远安县水利和湖泊局的支持。雷厉风行,他立即在论坛上开辟"村级巡河"专栏,用于村级巡河人员发帖、宣传,建立村级巡河台账。

为了弥补村级巡河人员短板,陈光文马不停蹄地带领工作人员跑遍了远安7个乡镇102个建制村,对村级河长及管护员进行专业培训,教他们怎样巡河,怎样拍照,怎样传图,怎样在论坛发帖。

陈光文建立村级巡河微信群,将全县村级巡河人员邀请进群,不会发帖的巡河人员可将巡河情况实时发布到群里,由专人整理汇总后代为发帖。虽然工作量巨大,陈光文总是笑着说,万事开头难,等大家熟悉了,一切都好了!

目前,远安村级巡河已经走入正轨,微信群每天都有新内容,每月会有一次汇总公布。

"大家都在群里,群众的眼睛是雪亮的,谁巡河了,谁发现了问题,都一清二楚,有力带动了村级巡河。"陈光文说。

在陈光文的不懈努力下,远安民间河长经验成了全省推广的经验,湖北河湖长微信公众号多次全文转发远安民间河长工作帖文,远安民间河长全部被聘为宜昌市民间河长。

一回回朝奔夕归,一声声焦急呼唤,无不凝聚着民间河长的心血和斗志。为了守好河长这份"责任田",他们磨难不倒,情志不移。是他们用执着和坚守换回了水清岸绿,是他们用大爱延续着浓浓乡愁。

宜昌大地上有无数如陈光文一样的普通劳动者,他们用久久为功的坚守,用默默无闻的付出,汇聚了众人参与的磅礴力量。万里长江及无数支流,在这种守护的力量中,定会"绿意"奔涌,永世不竭!

(撰稿:王茂盛)

第五篇

宜昌典范

宜昌用清澈的GDP向长江作答

2022年1月，喜讯从湖北"两会"传来：宜昌2021年经济总量达到5022.69亿元，同比增长16.8%，经济增长实现历史性回归，时隔7年重回全省第一。

根据"中国2021年经济百强城市"排名，宜昌以5022.69亿元经济总量，居第54位。百强之中，增速在10%以上的城市，仅有10个。宜昌凭借16.8%的增速居首。

大美宜昌(张彬 摄)

岁月可期，宜昌纪录不断被刷新。2022年上半年，宜昌地区生产总值2361.87亿元，同期增长5.7%，高于全省1.2个百分点，居全省第一。

宜昌追求的，不仅是体量与速度，更是"清澈的GDP"。编织未来之梦，宜昌朝着8000亿冲锋，筑牢万亿级城市根基，努力成为中部非省会城市龙头、长江中上游区域性中心城市，把宜昌打造成产业兴旺、功能强大、文化厚重、人气鼎盛的现代化梦想之城。

化解"化工围江"危机
经济指标重回全省第一方阵

宜昌磷矿资源占全国15%、全省50%以上，居全国八大主矿区第二，石墨资源查明储量约占全国的10%。

面对"化工围江"难题，宜昌担起时代重任，顶住"断腕"阵痛，2017年全面打响化工产业转型升级攻坚战，展开"三年行动"，沿江一公里"红线"全面形成，

134家沿江化工企业"关改搬转"。

因"化工围江"启动"休克式"转型的宜昌，2017年经济增速陡降至2.4%，在湖北省内排名垫底，经济总量排名掉落到"老三"的位置。

宜昌人痛定思痛，重新出发。坚定不移走生态优先、绿色发展之路，努力化解"化工围江"危机，推进一江碧水系统治理，积蓄高质量发展动能，经济社会发展实现转折性变化、深层次变革。

2019年，宜昌经济增速达到8.1%，基本回到了原来的水平。2021年，宜昌地区生产总值、规模以上工业增加值、固定资产投资、社会消费品零售总额等多项主要经济指标，位列全省第一方阵。

过去五年，宜昌主动承担重任，努力追赶先进地区标杆城市。以下一组数据，或可为宜昌经济指标重回全省第一方阵写下注脚。

2020年，宜昌新签约亿元以上项目516个，同比增长58.8%，全口径招商引资到位资金突破2000亿元，797个亿元以上项目开工，创历史新高。2021年12月，总投资320亿元的宁德时代邦普一体化新能源产业项目投建，从签约到开工建设，仅用了52天。

2021年，宜昌市委、市政府主要负责人先后9次带着招商团奔赴京津冀、长三角、粤港澳等地，市县党政负责人外出招商达139次，平均每三天就要往外跑一趟。

2021年，宜昌市场主体总数超53万户，同比增长20.6%，增幅全省第一。

"今天再晚也是早，明天再早也是晚"，"穿上雨衣就是晴天，打开电灯就是白天"，已成宜昌拼搏赶超新常态。

2021年，三峡水电站发电1036.49亿千瓦时，再破千亿千瓦时大关，相当于节约了3175.8万吨标准煤，减排二氧化碳8685.8万吨。

绿色低碳，成为宜昌年度经济的底色。

这一年，三峡集团总部回迁湖北，宜昌与三峡集团签署"十四五"战略合作项目，投资达1138亿元。依托三峡坝区水电清洁能源优势建设的三峡东岳庙数据中心，首批机柜已投入运营，全部建成后可提供2.64万个机柜，成为华中地区规模最大的数据中心集群之一。

千钧上肩须蓄势，交出优卷凭跨越。宜昌，走过了艰难困苦的五年。

目前，全国GDP在5000亿到6000亿之间的城市，共有12个。2021年的宜昌GDP达到5000亿，意味着"峡江之王"破茧归来，城市能级达成了关键一跃。

化工转型升级
加快建设精细磷化中心

作为宜昌首个过千亿的产业，化工曾是宜昌的当家产业。关改搬转后，宜昌的化工产业，还能继续担当重任，成为支撑宜昌经济发展的擎天一柱吗？

宜昌谋定而后动，推动企业转型升级，利用旧动能腾出的新空间培育精细化工产能，引导化工向高精尖、绿色循环化的方向发展。

思接千载，视通万里。2017年初，宜昌成立推动化工产业转型升级课题组，探访上海、江苏、河北、云南、贵州等地，为化工企业转型升级寻找良方。

宜昌出台20多个规范性文件，引领化工产业向高端化、精细化、绿色化、循环化、智能化、国际化发展。在空间布局上，对全市化工园区分类施策：2个园区优化提升，5个园区控制发展，5个园区整治关停，其他园区禁止发展化工。在产业定位上，坚持"一园一业一特"，进行"错位"优化：姚家港化工园、宜都化工园、猇亭化工园、当阳坝陵工业园等化工园区各领风骚，走差异化发展道路。

宜昌设立1亿元专项资金、30亿元股权基金，支持企业加大技术改造投入，从低端向高端跨越，促进绿色发展、转型发展。宜昌南玻硅材料有限公司技术改造后生产的0.2毫米玻璃，打破国外技术垄断，刷新国内玻璃最薄纪录。

善谋者谋其势，势成则事成。

兴发集团相关负责人介绍了产业链向高端转型带来的显著效益：从20世纪80年代开始，兴发集团走过了生产磷肥、农药为主的"1.0时代"，生产食品级磷酸盐为主的"2.0时代"，进入生产有机硅、微电子新材料为主的"3.0时代"。1吨普通的磷酸卖8000元，升级成电子级磷酸就能卖到24000元。兴发集团拆除了邻近长江的22套生产装置，投入20亿元培育有机硅和微电子新材料产业，自主研发的电子级磷酸、硫酸、蚀刻液系列产品，一举打破国外的技术封锁。

转身又是另一番风景，宜昌传统化工企业凤凰涅槃，实现新的跨越。目前精细化工占全市化工产业的比重达40%以上。实施化工产业转型升级三年行动前，这个数字仅为18.6%。

宜昌市委六届十五次全会明确提出,要立足资源优势,推动传统化工加快向精细化工革命性裂变,催生新的产业增长点,打造"精细磷化中心"。

站上新的起点,宜昌矢志不渝,朝着既往的目标奋进,着力构建全国磷精细化工示范基地、国家磷复肥保供基地、国家工业资源(磷石膏)综合利用基地、电子化学品专区、全国精细磷化创新中心、全国磷化产品检验检测中心、全国磷化产品交易中心。2021年4月,全国第二个、中部地区第一个电子化学品专区项目开工建设,建成后将成为国内一流的电子化学品研发生产基地。

对磷化产业来说,无论如何转型、怎样升级,都面临着一个绕不开的"世界性难题"——磷石膏治理。宜昌不破不立,迎难而上,2021年12月,宜昌整合省部级以上科研平台42个,建设湖北三峡实验室,目前有首席科学家11名,其中院士4名,围绕磷石膏综合利用及微电子、磷基、硅系高端化学品等方向开展技术攻关,促进化工高端化、精细化、循环化、绿色化。

未来属于新时代,破茧重生的新化工将扛起"精细磷化中心"的重担,根据市委、市政府部署,5年内,全市精细磷化产业总产值将达到1800亿元,带动绿色化工规模突破3000亿元,把宜昌真正打造成具有全球影响力的精细磷化中心、全国磷化产业第一城。

构建电池产业生态圈
新能源新材料产业崛起

2021年12月4日,宁德时代邦普一体化新能源产业项目仅用52天就完成从签约到开工建设。邦普循环一期项目2022年9月30日投产,邦普宜化项目预计2023年年底投产。

宁德时代为何重仓宜昌? 邦普项目生产的磷酸铁锂,需要丰富的磷矿资源作支撑。

宜昌是长江流域最大的磷矿基地,磷矿资源储量27亿吨,占全国15%、全省50%以上,在全国八大主矿区中位列第二。丰富的磷矿资源是宜昌与锂电龙头企业握手言"合"的关键。除此之外,宜昌拥有兴发、宜化、三宁等重点化工企业,而且在不断延长磷化工产业链。

以磷为原材料向磷酸铁、磷酸铁锂,进而向新能源电池、新能源汽车转型,有

宁德时代邦普一体化新能源产业项目开工活动(黄翔 摄)

利于打造全电池产业链循环体系。

邦普的"强磁场",吸引山东海科、广州天赐、华友钴业、洋丰楚元等一批行业巨头重仓宜昌,一条涵盖正极材料、电解液、隔膜的产业链闭环正在加速形成。

2021年,广州天赐年产30万吨磷酸铁项目开工。华友钴业牵手兴发集团,计划建设年产50万吨磷酸铁、50万吨磷酸铁锂及相关配套项目。

2022年4月27日,投资105亿元的山东海科电解液溶剂及添加液项目正式开工,全部建成后预计可实现年产值120亿元。5月10日,总投资约600亿元的楚能新能源(宜昌)锂电池产业园项目正式签约,该产业园主要生产动力电池、储能电池等产品,全部建成投产后预计年产值1000亿元以上。

"引强"的同时,宜昌更加注重"培强",本地龙头企业与锂电领军企业的合作日益深化。

湖北宜化集团与宁德时代子公司宁波邦普合资建设邦普宜化项目,运营磷酸铁、硫酸镍及其前端磷矿、磷酸、硫酸等化工原料。湖北三宁化工与广州天赐材料合作的配套项目已经启动。湖北江升新材料引进先进生产线建设锂电池隔膜生产项目,与国内锂电池隔膜生产龙头企业深圳星源材质有深度合作。此外,湖北江为新能源、湖北睿赛新能源、湖北宇隆新能源等企业具备锂电池生产能力,宜昌新成石墨等企业具备建设石墨负极项目的基础条件。

补齐每个环节"拼图"的同时,宜昌积极接洽电池生产和新能源整车企业,下游终端应用项目落地或许又将带来惊喜。不远的将来,动力电池、储能电池、新能源整车、船舶都有望实现"宜昌造"。另外,宜昌还聚焦钠离子电池材料、钙钛矿光伏电池及材料等领域,探索新的发展路径。

据《宜昌市新能源电池材料"十四五"发展规划》,到2025年,新能源电池产业链上下游规模预计突破2000亿元,构建矿产资源,化工原料,新能源材料、电池、装备全产业链,形成全国新能源电池材料产业集聚区、绿色发展示范区、融通发展先行区和新能源电池材料技术创新高地。

发挥清洁能源优势
加快建设"清洁能源之都"

2022年3月29日上午9时58分,随着一声船笛,载电量全球最大、充电技术属世界首创的纯电动游轮——"长江三峡1"号缓缓驶离三峡库区秭归新港,经三峡大坝升船机,于12时许抵达三斗坪港,成功完成首航。

绿色引擎启动,青山绿水铺展。清洁能源与长江大保护"两翼"齐飞,"长江三峡1"号纯电动游轮成功首航,是中国三峡集团和宜昌市委、市政府主动扛起生态保护责任,促进经济社会发展绿色转型和宜昌建设世界旅游名城、清洁能源之都的硬核担当。

从三峡工程所在地到世界水电之都,再到清洁能源之都,宜昌大步前行。天赋宜昌好山好水好"风""光",水电、风电、光伏……宜昌清洁能源的受益人群超过全国人口的一半。宜昌能源资源禀赋高。全市水电站468座(含长江三峡、葛洲坝2座水利枢纽工程),以全国0.2%的土地装备了全国7%的水电装机容量。我们脚下的大地也蕴藏着巨大的能量——页岩气能源,储量超过了5000亿立方米,潜在经济价值极为可观;抽水储能正在布局,资源量超过2000万千瓦,相当于再建一个三峡工程。太阳能、风能资源、光伏发电具有较高的开发利用价值。宜昌矿产资源种类繁多,石墨矿储量居全国第三位。全市化工产业基础好,工业副产氢资源丰富,现拥有制氢企业6家,为多能互补、各类能源融合发展奠定了基础。

在"双碳"背景下,宜昌清洁能源富集优势更加突出。宜昌发挥清洁能源富集优势,持续推进新能源和绿色产业发展,为全省乃至全国高质量发展提供清洁能源。

为加快建设能源之都,宜昌奋勇前行,升级改造配电网,大力推进电力与现代信息通信技术和控制技术深度融合,打造具有高度可控性、灵活性的智慧电网系统。

与此同时,宜昌正发力建设抽水蓄能电站。抽水蓄能电站调节功能强大,将极大提高区域电网的灵活性和稳定性。目前,宜昌已规划15个抽水蓄能电站,总装机将超过2000万千瓦,相当于再建一个三峡工程。

大力实施电能替代,优化能源消费结构,推进节能减排,形成清洁、安全、智能的新型能源消费模式。截至2020年底,全市所有县市区主城区均开通天然气。大力实施"岸电工程"和"气化长江""气化乡镇"工程,全市40个乡镇用上天然气。

长江水运繁忙。宜昌拥有长江流域首家岸电运营服务公司——宜昌三峡岸电运营服务有限公司。公司对三峡库区所有码头、锚地提供清洁岸电服务,船舶停靠期间从使用柴油发电改为使用岸电,实现了零排放、零油耗、零噪声,用能成本下降三分之一,在全国具有示范意义。

涅槃的故事还发生在宜昌另一优势资源产业——石墨行业上。

"从传统保暖用的石墨纸,到锂电池负极材料主材,石墨产品的使用面更广、科技含量更高。"宜昌新成石墨有限责任公司总经理岳兵说。新成石墨是国内最大可膨胀石墨和柔性石墨板材制造企业。产业链延伸、补强,宜昌正在成为全国高端石墨和石墨烯产业化应用基地。

光伏发电的跨越式发展带动了光伏材料制造业的崛起。宜昌拥有宜昌南玻硅材料、九州方园、宜都市鑫鸿华等多家光伏材料制造企业,正在打造国家级"光伏产业园"。

以绿色电能为支撑,数据产业起步发展。2022年3月29日,国内首个大型

从技术追赶到行业领头的宜昌南玻硅材料有限公司的产品(黄翔 摄)

绿色数据中心集群——三峡东岳庙数据中心建设项目一期全面竣工投产,该项目是三峡集团回迁湖北后首个交付的重大新基建项目,全部投产后将成为华中地区最大的绿色数据中心集群。

市委六届十五次全会明确提出,要加快建设"一江两岸、主城引领、产业兴旺、功能强大、人气鼎盛"的滨江宜业宜居宜游之城,奋力实现六大目标定位。其中,建设清洁能源之都成为宜昌第二大目标。

为宜昌追梦清洁能源之都,宜昌在加快"两山"转换、发展绿色产业的同时,以新发展理念为指导,开启了产业结构调整,着力加快新旧动能转换,培育发展新动能,不断推进高质量发展。

(撰稿:刘年)

求进求好底盘稳

——2022年宜昌经济运行观察

2022年收官在即，全年经济社会发展即将"交卷"。

回首一年征程，百年变局和重大旱情叠加，需求收缩、供给冲击和预期转弱三重压力交织，宜昌市认真落实"疫情要防住、经济要稳住、发展要安全"重要要求，稳中求进、进中求好，经受了大考验，稳住了经济大盘，推动了转型发展，守住了红线底线。

一组数据支撑着这些判断。2022年前三季度地区生产总值增长5.4%，增幅高于全省平均水平0.7个百分点。1—11月，规模以上工业、固定资产投资、社会商品零售总额分别增长9.2%、19.6%、4%，增幅分别高于全省2.2个、4.5个、1个百分点。

成绩得来不易，生动诠释着峡江大地的精彩实践。

高效统筹保障好

"全方位合作，为宜昌经济发展提供坚实电力保障！"

2022年新年伊始，市委、市政府主要领导专赴武汉，与国网湖北省电力有限公司负责同志座谈，为宜昌经济社会发展争取电力支持。

经沟通，国网湖北省电力有限公司在城市片区开发、重大项目建设、农村电网改造以及风光水储一体化发展等方面给予宜昌支持。

除此之外，市委、市政府聚焦企业生产经营的各环节，相继就做好土地、资金、人员、物流等要素保障进行部署，全力稳住经济大盘。

2022年4月，省委、省政府作出安排，在全省范围内开展"解难题、稳增长、

宜昌滨江夜色(张彬 摄)

促发展"企业帮扶活动,帮助企业渡过难关。

于是,"深入宜化集团走访、前往安琪集团办公……"市委、市政府主要领导带头行动,分别前往联系企业,了解企业发展面临的困难。

一批问题被摸排上来。其中,中小微企业和个体工商户反映,受外部环境等因素影响,经营困难,需要针对性的帮扶措施。

围绕落实国家和省系列助企惠企政策,2022年6月,宜昌市出台了《宜昌市加大纾困帮扶力度促进市场主体恢复发展若干措施》,累计共为市场主体减免退缓税近20亿元,惠及纳税人10余万户。

然而,未及市场主体全面恢复,7月以来,长江流域降雨量较常年同期偏少四成半,为1961年以来历史同期最少。

不少农业企业遭受重创,如何应对?

走进田间地头、企业车间,各级领导干部围绕如何有效"保供水、保秋收、保民生",与广大群众共商应对措施,干在一起。

与此同时,推动消费恢复提振、房地产市场平稳健康发展、金融支持实体经济、稳岗就业等系列政策出台,以有效对冲经济下行压力。

"讨论通过《开展2023年元旦春节期间"三稳"专项行动工作方案》。"12月26日,市委常委会再部署,让"稳"的基础更加稳固。

项目为王支撑强

2022年12月26日,楚能新能源(宜昌)锂电池智能制造项目现场一片忙碌,4座长523米、宽123米的电芯车间拔地而起,一座"电池城"加速形成。

时间切换至10个多月前的除夕当天,宁德时代邦普一体化新能源产业项目工地上一片火热。建设单位树起"春节不停工,拼命往前冲"标语,全力冲刺。

沿着2022年的时间刻度回溯,宜昌的项目建设,步履清晰。

2月,总投资105亿元的东阳光低碳高端电池铝箔项目正式开工,拉开了全年抓项目、稳增长的序幕;

3月,总投资135亿元的巴山金谷文化旅游度假区项目启动;

4月,投资105亿元的山东海科电解液溶剂及添加液项目、投资112亿元的宜昌兴发集团硅基新材料项目开工;

6月,人福大健康产业园项目落地实施,生物医药领域再添新动能;

8月,楚能新能源(宜昌)锂电池智能制造项目开工,总投资600亿元,规划建设150千兆瓦时锂电池产能,掀起我市项目建设的热潮;

10月,总投资120亿元的欣旺达东风宜昌动力电池生产基地项目开工,刷新了从签约到开工仅42天的项目建设"宜昌速度";

11月,宋城·三峡千古情项目在宜都启动建设,将采用"主题公园+文化演艺"的经营模式,填补了目前湖北省大型旅游演出项目的空白;

12月,总投资30亿元的湖北丰山新材料项目拉开建设序幕……

市发改委统计数据显示,2022年宜昌市新开工50亿元以上项目29个,其中百亿级17个,创历史新高。全市新开工(入库)亿元以上项目768个,数量居全省第一。

为确保项目进度,宜昌市创新实施"强产业"重大项目全生命周期管理,建立服务保障机制,将2400多个项目纳入挂图作战系统进行管理。

强力的措施,驱动2021年12月4日开工的邦普循环项目于2022年9月启动

正在加紧建设中的楚能新能源(宜昌)锂电池智能制造项目,2000多名建设者奋战在施工一线,用辛勤的汗水赶工期、追进度,为加快项目建设贡献力量(黄翔 胡中雪 岳黎 摄)

试产,实现从签约到开工仅用52天、开工到试产不到300天。

根据市自然资源和规划局、市经信局统计数据,2022年,宜昌市新增建设用地增长87.4%,其中工业仓储、交通设施用地分别增长32%、386%。全行业报装新增用电容量增长44%,其中工业增长73%。

资智汇聚动力足

"拟投资186.84亿元!主要聚焦磷酸铁锂领域!"

近日,民营炼化龙头企业东方盛虹发布公告,其二级控股子公司——湖北海格斯新能源股份有限公司在宜都化工园建设新能源材料项目。

根据可行性研究报告估算,该项目可实现年销售收入561.46亿元,年均利润总额33.75亿元,对宜昌市新能源材料产业发展意义重大。

重大项目的落地绝非偶然,其背后是大抓招商带来的市场必然。

2022年以来,宜昌市委、市政府主要负责同志先后10次带队赴北京、上海、深圳等14个城市招商,与多家知名企业达成合作意向。

比学赶超的气氛，在宜昌日益浓烈。

12月中旬，西陵区抢抓经济回稳向好的趋势，赴北京招商，变"冬藏"为"冬忙"，让严寒的冬季成为争取项目、谋划项目的"春天"。

猇亭区38名区级领导带头、217名科级干部上阵，全力跑市场、争订单、延链条、强保障，把损失弥补回来。

高新区派出高规格招商团队，分别赴上海、山东等地招商，与相关企业在工业新材料、先进科研试剂、高端化工装备、关键催化剂等产业和领域达成深度合作5项，投资金额超过50亿元……

据市招商局统计，今年各县市区党政主职外出招商209批次，全市新签约50亿元以上招商项目50个，其中百亿级项目21个。

好项目、大项目在持续落地，"资"与"智"怎么办？

2022年3月30日，宜昌市在兑现70亿元人才大礼包的同时，先后举办了"330"三峡国际人才日大型主题活动、第二十二届华侨华人创业发展洽谈会日本—宜昌合作专场活动，吸引天下英才做城市追梦合伙人。

据市地方金融工作局介绍，今年新投放贷款470亿元，存贷款双双突破5000亿元。新增直接融资256亿元，增长28.9%。

"资"与"智"的不断汇聚，促进了市场加速活跃。2022年宜昌市净增市场主体7万户，规模以上工业企业141家、限额以上商贸企业320家。

在"稳"的基础上进一步夯实，已踏上中国式现代化新征程的宜昌，正以更加坚定的步伐，向着建成长江大保护典范城市加速迈进。

（原载2022年12月29日《三峡日报》，记者 雷鹏程 通讯员 张信）

积厚成势强支撑

——2022年宜昌产业发展观察

2022年，是充满艰辛而又硕果累累的一年。

在党的二十大精神指引下，按照市第七次党代会和市委七届三次全会部署，全市上下稳中求进、向难求成，加快强产兴城，推动能级跨越，全市经济企稳向好、量增质优。

成绩得来不易，产业发挥了中流砥柱的关键作用。这一年，宜昌抢抓风口、转换赛道，厚植优势、锻造长板，产业裂变加速演进、积厚成势，向着推动长江大保护典范城市建设和高质量发展迈出了新步伐。

向"高"而攀 用"加速度"抢占新赛道

若把2021年视作宜昌传统化工向绿色化工、精细化工，向新能源、新材料领域迭代升级的"开局之年"，那么，2022年就是"抢滩之年""攻坚之年"。

一年来，宜昌外引内育、精准落子，在激烈的区域竞争中抢先身位、占得先机。

传统化工再"上新"，精细磷化中心建设跑出"加速度"。

总投资145亿元的三宁化工酰胺及尼龙新材料项目加速建设，计划2023年10月竣工投产，建成后可实现年产值187亿元。

作为宜昌化工转型的先锋军，宜化集团投资7亿元建设华中地区首个生物可降解新材料项目，全力冲刺项目一期投产，预计产能可达6万吨，实现销售收入15亿元。

兴发集团投资建设全国第二个、中部地区第一个电子化学品专区，已形成14.5万吨年产能规模，目前正在加快推进电子级双氧水、磷酸、硫酸、氢氟酸等项目建设,预计2023年全部投产,进一步提升我国电子化学品产业自给率,助力中国"芯"湖北"造"。2022年4月,兴发集团再度投资112亿元建设硅基新材料项目,预计2025年全部建成。

还有长青生物、顺毅化工、华昊新材料、星兴蓝天、东阳光、冠毓新材料、中清智慧等企业的一批重大项目,以更快速度、更高质量切入新赛道。

新能源电池产业再"发力",不仅聚点成链,形成涵盖正负极材料、电解液、隔膜的新能源电池产业闭环,更在电池组装、市场应用终端更具话语权。

2022年9月27日,在宜昌高新区白洋园区田家河片区,宁德时代邦普一体化新能源产业园邦普循环项目启动试产,邦普时代项目正式开工。邦普循环项目从签约到开工仅用52天、从开工到试产不到300天,刷新了重大项目建设的"宜昌速度",也意味着宜昌新能源电池产业发展迎来重要里程碑。

突破接踵而至。2022年10月30日,总投资120亿元的欣旺达东风宜昌动力电池生产基地项目开工,规划建设30千兆瓦时动力电池产能,以及集动力电池电芯、模组、PACK和电池系统的研发、生产及销售于一体的新能源动力电池生产基地,预计年产值超过240亿元。

据最新统计,全市在建、拟建亿元以上新能源、新材料类项目53个,总投资超过2500亿元。其中山东海科、楚能新能源的项目正加速建设,天赐新材料、容汇锂电的项目即将投产。到2025年,宜昌电池产能有望占全国25%以上。

宜昌还抢先布局"电化长江",计划建设中国新能源船舶制造之都。2022年3月29日,全球载电量最大、充电技术属世界首创的纯电动游轮——"长江三峡1"号在宜首航,船上搭载的正是宁德时代磷酸铁锂动力电池包。

向"质"而行　用"优结构"赢得主动权

传统产业"脱胎换骨",新兴产业"强筋壮骨",宜昌坚持"双轮驱动",产业结构趋优,发展韧性渐强,经济底盘不断夯实。

宜昌生物医药总产值在全省仅次于武汉,从药包材、辅料到原料药、制剂全领域的产业链更加完整,"永不落幕的产业地标"越擦越亮。2022年1至9月,宜昌拥有生物医药产业规模以上企业111家,完成工业总产值527.33亿元,同比增长37.2%。

人福药业投资60亿元的总部基地和原料药生产基地项目进展顺利，全部建成可年产小容量注射剂6亿支、冻干粉针剂1亿瓶、麻精原料药10吨。其中，人福药业对标国际标准的小容量注射制剂生产基地项目，亩均产值达4亿元，亩均税收达3889万元。

宜都东阳光投资的甘精、门冬胰岛素原料药项目已投产，意味着企业能够生产包括长效、中效、短效、速效在内的全系列胰岛素产品，这样的企业在全球不超过10家。未来，企业还将具备1.6亿支制剂的年产能力，年产值有望达到100亿元。

2020年以来，宜昌共获批一类创新药3个，填补全省空白；仿制药一致性评价品种34个，全省领先。2022年6月，人福药业1类新药RFUS－144获批药物临床试验。2023年、2024年，宜都东阳光预计可获批2个1类新药注册批件。

数字经济愈加成为宜昌建设典范城市和未来发展的重要引擎。

宜昌紧随国家"东数西算"工程战略步伐，联合三峡集团全力争取全国算力枢纽节点落户宜昌，着力培育数字经济发展新动能，打造绿色数据中心集群示范工程。

总投资300亿元的三峡大数据中心加快建设，已建成标准机架1.3万个，上架率超过40%。计划三峡东岳庙数据中心二期项目2023年开工，建设标准机架1.9万个。目前，三峡东岳庙数据中心获得国家最新、最高标准的数据中心认证，阿里云、奇安信等头部大数据企业已落户宜昌。

另外，宜昌抓紧布局，规划抽水蓄能电站15个，总装机容量超2000万千瓦，资源总量相当于再造一个三峡工程。2022年11月10日，长阳清江抽水蓄能项目、湖北远安抽水蓄能项目同时开工。同时，围绕电站建设、设备生产等，宜昌深度谋划清洁能源装备产业园建设，计划培育辐射长江流域乃至全国的水电抽蓄装备制造产业。

向"新"而进　用"高精尖"激活原动力

创新能力居国家创新型城市第四十五位，连续十一届获得全省科技创新综合考评优秀等次，且连续三届位列优秀等次第一名，科技创新综合实力、区域科技创新生态指数位列全省同类市州第一名。

面对新形势、新任务，宜昌始终把科技创新摆在发展全局的核心位置，积极构建多层次创新体系,加速建设区域科技创新中心,有力支撑产业高质量发展。

绿色化工领域,三峡实验室预算投资8.7亿元,实施重点科研项目145项,深入开展磷石膏无害化处置关键核心技术和磷酸铁锂、磷酸锰铁锂等制备改性技术研究等。

生物医药领域,全市建成研发平台37个,组建研发团队44个,开展研发项目352个,生物医药产业研发人员突破5000人。

清洁能源领域,加快筹建清洁能源研究院,建成研发平台25个,在研及筹建项目达到20个,总投入超过7亿元。

宜昌还在装备制造领域建设高端分析仪器综合性技术创新平台、环保装备企校联合创新中心;在新一代信息技术领域,引进"高精专"技术人员,推动企校共建新型软件学院。

科技创新平台的不断完善,带来了科技支撑发展能力的持续增强。

兴发集团年内累计完成研发投入5.95亿元,开展技术创新项目67项,部分攻关项目具备冲刺国家、省科技创新奖励的竞争力;

人福药业全年开展科研项目282个,总投入4.43亿元,去年9月获批上市氯巴占片填补了国内空白,为癫痫病患者带来福音;

三宁化工投入3.22亿元开展科研项目29个,全面完成工业级乙二醇加氢关键技术等15个项目,申报专利88项。

2021年,全市新增国家级"小巨人"企业24家,单项冠军2家。全社会R＆D经费投入占GDP比重稳居全省第二。国家高新技术企业突破1000家,高新技术产业增加值占GDP比重提高1个百分点。

（原载2023年1月3日《三峡日报》,记者 高炜）

为民筑城　赋能美好城市生活
——宜昌2022年城市建设观察

滨江公园完成改造提升,实现了显山露水、以文营城;云集路街区更新,找回了可阅读、可感知的历史记忆,增添了烟火气。

2022年,宜昌坚持产城人融合,持续提升城市功能品质,中心城区实施优功能项目292个,竣工115个,年度完成投资556.8亿元,超过前5年的总和。

在街角巷弄,在滨水湖畔,宜昌城市面貌的点滴变化,正如涓涓细流,改变着城市的气质,给市民带来更加美好的生活。

功能更优

2021年12月27日,宜昌大剧院、档案馆、美术馆、科技馆、会展中心五大公建项目集中开工,为极不平凡、极不容易的一年画上了漂亮的句号。

2022年,市委、市政府坚持"人民城市人民建,人民城市为人民"重要理念,加快推进城市建设,城市品质持续精进、提质增能。

畅通城市"动脉",提升路网品质。峡州大道、三峡大道、点军大道迎来华丽"重生",云集路完成综合提升改造,江城大道、合益路、东山大道全线贯通;实施滨江公共空间回归计划,建成50里城市滨江绿廊。对滨江公园进行颠覆性改造,精心打造"城市家具"和全年龄段多功能业态;持续扮靓宜昌夜景,奥体中心灯光项目45天点亮"宜昌百合","长江游"夜景灯光项目以光为笔、以影为墨,勾勒出宜昌"千里江山图";实施增花添彩行动,13条花街、多个口袋公园建成完工,中心城市14条森林步道、城市绿道项目加快推进,打造宜昌版"富春山居图"。

这一切的实现,都源于市第七次党代会向全市人民作出的一份庄严承诺:

"江豚跃龙门"塑像(吴延陵 摄)

"要以永不止步的雄心、止于至善的追求,以大地为基,为人民筑城。"

在市委、市政府和市"优功能"攻坚行动领导小组的坚强领导和统筹部署下,由市直相关成员单位组成的市"优功能"工作推进指挥部,以"舍得一身剐、横下一条心"的决心,一头扎进"优功能"战场上,绘就一幅城与山水和谐相融的全新画卷。

城市更清

2022年11月3日,全市"清违行动"总结表彰视频会议召开,标志着宜昌市"清违行动"取得阶段性成效。

历时200余天,累计清除违法建设400万平方米,中心城区积存违法建设实现"动态清零",为过去五年总量的5倍,影响城市安全的肉眼可见的最大"灰犀牛"逐渐走入历史。

市委、市政府以铁的决心,高度重视"清违"工作,一体推进"拆、清、修、改、

361

建"清除违法建设行动,市清违行动领导小组多次召开全市清违专题会议,市清违办每周召开清违调度会;市纪委监委、市委组织部安排专人参与清违督导工作;市委督查室、市政府督查室实行清违全过程跟踪督办,各县市区以"起跑就是冲刺,开局就是决战"的姿态,全力投身"清违行动"攻坚战。

在枝江市,时隔30年,清滩堰社区计委小区6号楼第一次展露了"新颜"。在西陵区,刘家大堰社区60栋楼、80户楼顶除违法建设全部拆除,成为宜昌又一个楼顶"违建"清零的大型小区。在猇亭区,虎牙街道六泉湖社区,干净的小区道路蜿蜒向前,遮阳棚等不见踪影。

市民纷纷感慨,"违建"拆除了,环境更美了,绿地更多了,出行更畅了。2022年,宜昌市坚持以人民为中心,深入践行党的群众路线,着力运用"共同缔造"理念和方法,举全市之力纵深推进"清违行动",人民群众的获得感、幸福感、安全感显著增加。

生活更美

2022年12月,《2022美好城市指数白皮书》发布,宜昌首次入围全国前百,排第81位。过去一年,宜昌为民筑城所带来的美好变化,正被宜昌人切身感受着。

设在东湖广场的"社区盒子"葛洲坝发热指导站让市民李俊生感受到了生活便利,这样的多功能"社区盒子"全市共有160个,覆盖了118个社区。

桃花岭社区"城食记·幸福食堂"的开张,让居民浦恩海老人感到了"舌尖上的幸福",这样的"幸福食堂",全市已经有多家。

"全市一个停车场"基本形成,让司机刘永浩感受到了出行的便捷,到2021年底,全市2412个停车场37.63万个泊位,多数实现了不扫码自动扣费。

点滴变化,如涓涓细流,浸润着这座城市,不断满足着人民日益增长的对美好生活的需求。

"坚定不移做优主城、做美滨江、做绿产业,努力建设'山水辉映、蓝绿交织、人城相融'的长江大保护典范城市。"伴随着市委七届三次全会吹响的奋进号角,宜昌这座滨江之城必将焕发出新的活力与生机。

(原载2023年1月12日《三峡日报》,记者 谭强明)

打造万里长江最美滨江

2022年9月17日,宜昌市猇亭区滨江灯塔广场。

沈彦冰一会儿打电话催材料,一会儿又去盯布展现场的施工细节,此外,还要和主创团队对接。

10多天后,这里将举行长江大保护可持续实践艺术展。作为策展人之一和现场负责人,各项布展工作推着他往前奔跑。

9月16日,市委七届三次全会召开,发出建设长江大保护典范城市的动员令。这是一个永载宜昌高质量发展史册的日子,也是一场具有重要战略意义的会议。

这个以"长江大保护可持续实践"之名、由宜昌官方主办的艺术展,既是实施长江大保护以来,宜昌取得的阶段性成果展示,又是窥见建设长江大保护典范城市未来场景的窗口,还表明了宜昌更加笃定建设长江大保护典范城市的信心和决心。

"做美滨江"的原始蓝本

宜昌市委七届三次全会文件中,宜昌"一半山水一半城"的独特风貌屡被提及,宜昌的自然基底与山形水势是建设长江大保护典范城市的基础。

宜昌处在中国地形第二阶梯和第三阶梯分界线上。摊开中国地形图看得更直观,图色从左往右由黄渐绿,表明是由山地向平原过渡。一路高山夹峙的长江三峡,在城区上游的南津关摆脱束缚,一泻千里,无拘无束地逶迤在平原上。所以,宜昌被称为"三峡门户",也有"上控巴蜀,下引荆襄"之说。

约1300年前,大诗人李白第一次仗剑辞亲远游。船出三峡,峡口喷薄的江水中的几个漩涡就把他的船冲到如今灯塔广场这里的江面。

滨江公园新颜(吴延陵 摄)

灯塔广场所在的江北叫虎牙山，对岸则是颇有盛名的荆门山。两山相对，形成的阔大山水意象，就是古人诗文中多有吟咏的荆门山。如今这里的灯塔广场，文化意蕴无穷。

当年的李白也被这阔大山水意象所震撼，诗情就像出峡的江水一样恣肆。于是，流传千古的《渡荆门送别》诞生了：渡远荆门外，来从楚国游。山随平野尽，江入大荒流。月下飞天镜，云生结海楼。仍怜故乡水，万里送行舟。

长江宜昌段长232公里，宜昌肩负着三峡坝区生态屏障和长江流域生态保护的职责。湖北省委赋予了宜昌建设长江大保护典范城市的新使命，体现了对天人合一、人与自然和谐相处等中华优秀传统文化的传承赓续。

当年，大诗人李白的目光仔细打量过这五百里滨江，他与宜昌的第一次照面，就为如今宜昌"做美滨江"勾勒出一幅全景式长卷，这也是"做美滨江"的原始蓝本。

构筑浪漫宜昌的"天花板"

他山之石，可以攻玉。建设浪漫宜昌，不妨把目光转向杭州。西湖的温情，是从湖畔的一张张长椅开始的，恋人相依而坐，面前湖水荡漾、清风徐徐，这大概就是浪漫界的"天花板"了吧。

当前的宜昌正处于朝气蓬勃的青年时期，乐于拥抱一切为梦想而奋斗的青春力量，城市需要与青年"双向奔赴"。市委旗帜鲜明地提出"为青年人筑城"。

2021年12月，宜昌市第七次党代会擘画了城市"焕新"的顶层设计，提出建设具有"国际范、山水韵、三峡情"的滨江公园城市。作为"破题之作"的主城区滨江段绿道全线贯通改造项目，主动对年轻人"示好"。

和杭州西湖的用心一样，座椅也是滨江公园改造项目中精心雕琢的"城市细节"，给年轻人打造"浪漫宜昌"的天花板。公园上新的一批颜值高又与文化氛围契合的座椅，既适合一个人发呆，也适合和"对的人"一起吹风。

把"人"作为出发点和落脚点，使"让人民群众活得更有尊严、更加幸福"的承诺体现到人生命周期的整个过程，这是市委、市政府对宜昌400万人民的绵绵情意的最好印证。

"山随平野尽，江入大荒流。"市委七届三次全会勾勒出宜昌五百里滨江的次第风情画卷：上游"青峰峡江隐小镇"，城区"一面云山一面城"，下游"江阔绿野田园城"。

山川、峡谷、河流、平原、城镇、村舍，饱满的色彩，丰富的层次，打造"万里长江最美滨江"。

五百里山水风月

城市公共空间，既要"悦目"，更应"赏心"。千百年来，峡江为何让无数人魂牵梦萦？宜昌的游人为何始终络绎不绝？

"屈原昭君故里，三峡生态名城"，"做美滨江"不只是种花植树，保护好生态，文化板块是建设长江大保护典范城市一个不可缺的支撑。2021年，市委就架构了"六城五中心"目标定位，提出打造屈原文化的"一标三地"。

五百里滨江风情画卷，也应该是一轴文化的长卷。"大美三峡"在宜昌，"大

滨江公园舒适的座椅(黄翔 摄)

美"的不应当只是山水。"大美"的风骨,应是深厚的屈原文化、昭君文化内涵。被更多人念念不忘的应该是文化。

很多人对宜昌城区天然塔的故事津津乐道。

宜昌城区江北的地势相对较低,"江南十二峰"直插长江,气势压了城区一头。晋代郭璞来到宜昌,看不过去。手一比画,以江北的天然塔制江南之势。正如天然塔门前那副对联:"玉柱耸江干巍镇荆门十二,文峰凌汉表雄当蜀道三千。"

市委给滨江建设立了几条"铁律":北岸控密度、南岸控高度、滨江控宽度。市委主要领导在讲话中说:要以立规定向,以立法生威,以立碑醒世。今后凡是没想清楚的坚决留白留绿,保护好"一半山水一半城"。

万里长江上奇秀无数,并不缺山水。宜昌风景独好,不只在于山形水势,还在于风光明秀的山水之间那一丝丝沁人心腑的诗意。

　　五百里的山水风月,是屈原文化的载体和突出范例,也总能唤起人们对历史和故乡的遐想。蓝图已经绘就,号角激情吹响。一个"山水辉映、蓝绿交织、人城相融"的长江大保护典范城市正款款走来。

(原载2022年9月21日《三峡日报》,记者 方龄皖)

长江大保护可持续实践艺术展在宜昌开幕

用艺术彰显典范城市气质
引导更多力量投身长江大保护

2022年9月29日，长江大保护可持续实践艺术展开幕活动在宜昌城区滨江公园灯塔广场举行。宜昌市委书记王立出席活动。

宜昌市委副书记、市长马泽江主持活动并宣布开幕。市委副书记、市委政法委书记张桂华，市人大常委会主任王国斌，市政协主席王均成，市领导周正英、张立新、谭建国出席活动。市委常委、副市长刘丰雷介绍艺术展情况。

新落成的滨江公园灯塔广场，几年前还是磨盘港砂石码头，随着宜昌市持续推进生态修复，如今已蝶变成艺术殿堂，展示着艺术家们利用宜昌的在地废弃物创作的艺术作品。王立不时驻足，向策展单位详细了解本次展览的有关情况。见磷石膏工艺品是本次展览的"主角"，他指出，宜昌要端稳化工碗、吃好化工饭，建设长江大保护典范城市，就必须抓好磷石膏等工业废弃物的艺术化、生活化应用。全市上下要积极行动起来，全产业链、全生命周期推进，切实把产业做得更绿。

王立指出，在人类命运共同体理念的指引下，绿色、低碳、可持续发展成为全球面临的共同课题。本次长江大保护可持续实践艺术展策展角度好、方式好、立意好，为世界文化艺术交流对话搭建了平台，对于全市上下深入践行习近平生态文明思想，准确理解人与自然的关系，系统回答好我们从哪里来、未来要到哪儿去等问题意义重大。真诚欢迎广大艺术家在宜昌开展艺术创作，用艺术彰显典范城市气质，引导更多力量投身长江大保护。宜昌将为大家提供良好的创作环境，支持大家多出精品。相关部门要加大宣传力度，扩大展览的影响力。

王立强调，希望广大建设者找准城市发展规律和路径，将物质财富的创造、

夜幕下的长江大保护可持续实践艺术展现场(王恒 摄)

精神文化的输出、生态环境的保护统一起来,在加速新型工业化进程的同时,更好地满足人民日益增长的美好生活需要。各行各业都要行动起来,动员全社会主动参与到宜昌"山水辉映、蓝绿交织、人城相融"的现代化梦想之城建设之中,为长江大保护贡献更多力量。

马泽江说,宜昌是习近平总书记为长江经济带"立规矩"之地。举办长江大保护可持续实践艺术展,是对近年来宜昌推进长江生态环境保护修复阶段性成果的集中展示,更是对建设长江大保护典范城市未来场景的艺术表达。我们将坚定不移做优主城、做美滨江、做绿产业,厚植优势、锻造长板,为实现中国式现代化作出宜昌贡献。

据了解,本次展览重点聚焦"废物循环、生物制造、文化传承"三大内容,具有在地化、国际范、互动性三大特点。在地化,是指展览的内容与宜昌的在地物和产业发展高度关联,即通过宜昌的在地废弃物,来呈现这座城市的可持续发展构想。国际范,主要体现在参展的艺术家和艺术作品上。本次展览邀请了全球范围内的知名艺术家,吸引了来自英国、德国、意大利、波兰、印度等10余个国家和地区的作品参展。互动性,是指展览通过大量的艺术装置和大地艺术创作,与

市民形成良好互动,激发了大家共同创造美好环境和幸福生活的热情。

本次展览由中国生态文明研究与促进会、中国城市经济学会、宜昌市人民政府、湖北美术学院共同主办,宜昌市"优功能"工作推进指挥部、湖北兴发集团、可持续设计(材料)博物馆、湖北朝饮文化发展有限公司承办。展览免费向公众开放,开放时间为9月29日—10月28日的每天10:00至17:00,逢周一闭馆。

(原载2022年9月30日《三峡日报》,记者 雷鹏程)

央地合作新典范　共建长江大保护典范城市

巍巍大坝,横江而起,奏响激越奋进的凯歌。

因三峡工程,三峡集团与宜昌结下不解之缘。在2022年9月26日上午举行的中国长江三峡集团总部搬迁武汉大会上,三峡集团与宜昌市签署《"十四五"时期战略合作协议》,开启了双方全方位合作新篇章。

一年多来,宜昌市委、市政府主要领导多次与三峡集团主要领导座谈,共商合作,携手推动总投资达1138亿元的合作项目落地。在宜昌加快建设长江大保护典范城市的关键时期,双方推动合作向清洁能源、生态环保、绿色交通、绿色金融、数字经济、文化旅游、科技创新、人才交流等方面全方位拓展,共同编制携手共建长江大保护典范城市的实施方案和项目库。

2023年2月27日,宜昌市委书记熊征宇,市委副书记、市长马泽江率队赴三峡集团对接合作事宜,熊征宇说,我们将借好三峡之力、三峡之智,与三峡集团共担使命、共抓机遇、共谋发展,合力打造央地合作新典范。

滚滚江水铭记宜昌人民与三峡的深厚情谊,宜昌一如既往为三峡集团在宜发展排忧解难、保驾护航,与三峡集团合力为湖北建设全国构建新发展格局先行区作出更大贡献。

三峡集团回迁湖北
开启央地合作新篇章

2022年3月29日,历时一年的三峡东岳庙数据中心一期工程正式竣工投产。作为国内首个大型绿色数据中心集群,三峡东岳庙数据中心是三峡集团总部回迁湖北后交付的首个重大新基建项目。至2022年底,已有近20家知名企业入驻。

1993年三峡集团成立,30年以来,三峡集团主动履行社会责任,积极支持宜昌发展,开启了央地合作时代。2021年三峡集团回迁湖北,宜昌抢抓机遇,与三峡集团签署《"十四五"时期战略合作协议》,共谋划合作项目54个,总投资1138亿元,开启了双方全方位合作新篇章。

装备制造方面,三峡集团在宜昌合作共建水电抽蓄装备产业园、绿色交通装备产业园、三峡生态环保产业园三大园区。数字经济方面,宜昌支持三峡集团加快推进三峡东岳庙数据中心、紫阳数据中心、田秋渔数据中心、鸡公岭数据中心四大数据中心。三峡旅游方面,宜昌以三峡大坝旅游区为核心,打造"两坝一峡"世界旅游目的地。绿电利用方面,三峡集团在抽水蓄能电站建设、"风光水储"一体化、氢能和页岩气开发利用等领域与宜昌全方位合作。科技创新方面,双方推动共建"双碳"研究院、清洁能源研究院、工程博士院等一批科技合作平台。生态环保方面,宜昌与三峡集团共同探索"流域综合治理+生态产品价值实现"新模式,在"两坝一峡"生态屏障区域实施"碳汇林"试点项目,在畜禽养殖大县实施畜禽粪污无害化处理试点项目。

据市发改委相关负责人介绍,当前,宜昌市与三峡集团合作项目共68个(总投资1548.8亿元),宜昌市进一步加强项目服务工作,千方百计为项目建设保驾护航,确保尽可能多地完成投资实物量,2022年完成投资75.91亿元。紧贴三峡集团投资意向,共同谋划一批前景好、质量优、带动性强的新合作项目,与三峡集团共绘合作共赢发展新画卷。

叶茂不忘根,"后三峡时代"早已开启,宜昌与三峡集团之间更大的合作正在展开。

高位推进战略合作
企地双向奔赴促发展

2023年2月27日,市委书记熊征宇,市委副书记、市长马泽江率队赴三峡集团对接合作事宜。三峡集团董事长、党组书记雷鸣山与熊征宇一行座谈。

时间记录开拓者前进的脚步。自宜昌与三峡集团签署"十四五"战略合作协议以来,宜昌主要领导与三峡集团高层多次举行会谈,议定重要事项,推进务实高效合作,建立起"单月调度、双月推进"的常态化项目推进机制,形成了"在建一批、投产一批、储备一批、谋划一批"的良性工作格局。

2022年3月29日,由我国自主研制的新能源纯电动游轮"长江三峡1"号,在宜昌市秭归新港首航。"长江三峡1"号是目前世界上载电量最大、智能化程度最高的新能源纯电动游轮,是一艘真正意义上的"零污染、零排放"绿色船舶,有效提高了我国大型纯电动船舶设计、制造水平,在推动电化长江进程、加快内河航运绿色低碳发展方面,具有积极的示范意义。

以新能源纯电动游轮下水运行为代表的一批在建项目提速提效,以五峰太平抽水蓄能电站为代表的一批新建项目即将动工,以秭归罗家抽水蓄能电站为代表的一批拟建项目有序推进。截至2022年12月,累计开工建设合作项目23个,累计完成投资110亿元。计划2023年新开工合作项目30个,计划当年完成投资200亿元。双方聚焦在建项目、2023年计划新开工项目,加大项目调度力度,力争形成更多的投资实物量,顺利完成全年200亿元投资目标。同时,围绕清洁能源、流域治理模式、绿色交通、装备制造、数字经济、科技创新等领域,更多地谋划"投资类、产业类"的新合作项目,充实完善项目库。

2023年1月7日,在浙江省杭州市桐庐县,宜昌市政府、三峡集团、浙富控股签署战略合作框架协议,拟共同建设宜昌水电高端制造产业园项目。

这是宜昌市与三峡集团互动互访、深度合作的标志性事件之一。据三峡工委相关负责人介绍,去年以来,双方议定合作事项37项,目前已完成20项,正在加快推进的17项,在一次次深化合作中,三峡集团与宜昌双向奔赴共促发展。

打造合作标杆
共建长江大保护典范城市

2022年7月20日,宜昌被湖北省委点名作答时代考题,努力建设长江大保护典范城市,这是契合宜昌发展实际、助推宜昌发展的第三次跃升的重大机遇。

站在新起点上,宜昌蓄积力量,满弓待发,在长江大保护典范城市建设上继续前行,书写万里长江经济带上的宜昌担当。在宜昌启动建设长江大保护典范城市的关键节点,宜昌市与三峡集团携手共建,打造"十四五"战略协议"升级版",双方同频共振、同向同行,为共建长江大保护典范城市营造了良好的氛围。

据了解,三峡集团成立了集团公司与宜昌市合作领导小组,由党组书记、董事长雷鸣山和党组副书记、总经理韩君担任组长,党组成员、副总经理张定明任副组长,推动解决集团公司推进与宜昌市共建长江大保护典范城市过程中的重要事项和重大问题,统筹规划三峡集团公司在宜业务布局。宜昌市也将对应组建宜昌市与三峡集团合作领导小组,共同研究谋划,为携手共建提供支撑保障。

2022年10月17日,宜昌市委副书记、市长马泽江与三峡集团董事、党组副书记李富民,三峡集团党组成员、副总经理张定明座谈,并一同见证三峡集团与宜昌市签署干部人才交流合作协议。

至此,三峡集团与宜昌的合作,更深、更广。双方将在交流任职、互派挂职、跟班学习、选派项目长和联络员等方面开展干部交流合作,在干部互训、师资共享、打造教学联盟、做精现场教学点等方面开展干部教育合作,在共建人才平台、举办交流活动、搭建合作桥梁、开放人才政策等方面开展人才交流合作。以协议签署为契机,宜昌将与三峡集团推动优势互补、共同发展,携手打造央地合作新标杆。

据三峡集团工委相关负责人介绍,宜昌市与三峡集团聚焦长江大保护、清洁能源等重点领域,突出清洁能源、绿色交通、生态环保、产业园区、大数据、绿色金融、文化旅游、科技创新八个方面,谋划项目,建立《宜昌市与三峡集团共建典范城市项目库》,经过双方筛选、对接,项目投入将超过1000亿元,助力宜昌建成清洁能源的高地、"两山"转化的标杆、绿色发展的示范、美丽中国的样板。

随着三峡集团与宜昌合作领域不断拓宽,合作内容不断丰富,双方将携手打造央地全方位合作的新标杆。宜昌市委副书记、市长马泽江与三峡集团董事、党组副书记李富民,三峡集团党组成员、副总经理张定明座谈时提出,宜昌市委、市政府将一如既往、毫无保留为三峡集团在宜发展排忧解难、保驾护航,为促进双方合作行稳致远创造更加优良的环境。

(撰稿:刘年)

宜昌聚焦"电化长江"
培强绿色智能船舶产业

2022年11月24日,宜昌市委副书记、市长马泽江主持召开市政府常务会议,研究推进宜昌市绿色智能船舶产业发展,讨论《宜昌市乡村建设三年行动方案》《宜昌市支持餐饮行业加快发展的若干措施》,安排部署相关工作。

会议强调,聚焦"电化长江"培强绿色智能船舶产业,是贯彻习近平生态文明思想和党的二十大精神的具体举措,也是宜昌化工产业向新能源材料和高端装备制造迭代升级的重要承载。要把握机遇、谋定快动,抢占新赛道、跑出"加速度",力争五年内建成全国内河绿色智能船舶产业示范区、长江中上游最大绿色智能船舶制造基地,为建设长江大保护典范城市提供有力支撑。要严格按绿色化、智能化要求,高标准打造船舶工业园枝江园区、宜都园区,新能源船舶产业创新示范基地、维保基地。要聚焦关键核心技术研发、船用电池及船型设计标准输出等领域,借智借力、攻坚破题,努力在科技攻关上实现突破。要紧紧依靠三峡集团和重点船舶企业,坚持升级改造和招大引强并举,推动产业延链补链强链和配套产业集聚发展。要抓紧拓展应用场景,加快公务船舶、游船和运矿车船电动化替代改造,形成示范引领效应。要积极对上争取,出台扶持政策,吸引更多船舶制造、运输及其他关联企业落户,全力构建绿色智能船舶千亿级产业链。

会议要求,要以普惠性、基础性、兜底性民生建设为重点,项目化落实乡村建设三年行动,全面提升乡村宜居宜业水平。要坚持科学规划,统筹生产、生活、生态三大空间,让乡村留得住青山绿水、记得住乡韵乡愁;坚持问题导向,下大力气解决好"急难愁盼"事,不断增强人民群众获得感、幸福感;坚持共同缔造,变政府"端菜"为群众"点菜",共建共享美好家园。要加快培育农村实用人才和管理

人员,推进市民下乡、能人回乡、企业兴乡,让更多懂农业、爱农村的人才扎根基层、建设农村、服务农民。

会议要求,要打出支持餐饮企业加快发展"组合拳",推动更多企业成长为限额以上企业,着力提振社会消费,唤回城市"烟火气息"。

（原载2022年11月25日《三峡日报》,记者 高炜）

宜昌市出台建设长江大保护典范城市
三年行动方案

2023年4月7日,宜昌市发改委发布通知,《宜昌市建设长江大保护典范城市三年行动方案(2023—2025年)》(以下简称《方案》)正式印发出台。

《方案》围绕"强产兴城创典范"阶段任务,坚定不移做优主城、做美滨江、做绿产业,加快建设"山水辉映、蓝绿交织、人城相融"的长江大保护典范城市。到2025年,国家生态名城初步建成;"一主一新三副"城市骨架初步形成;高效、清洁、低碳、循环的绿色制造体系基本形成;在生态修复、环境治理、城市建设、产业转型、"两山"转化、共同缔造等方面形成一批标志性成果。

美丽的宜昌滨江(赵明 摄)

重点任务包括高水平推进长江生态环境保护与修复、高品质建设美丽滨江山水城市、高质量构建绿色低碳产业体系、高标准推进美好环境与幸福生活共同缔造。

率先完成长江、清江入河排污口整治任务

高水平推进长江生态环境保护与修复方面，将全面推进流域综合治理，率先完成长江、清江1973个入河排污口整治任务，打造"西水东引、南北共济、河库联调、水润宜昌"的现代水网。

深入打好蓝天净土保卫战，推动国家地下水污染防治试验区建设，探索"水系搭桥"治理新模式；深入推进国家"无废城市"建设。

持续开展山水林田湖草系统修复治理，谋划实施宜昌建设长江大保护典范城市——城区入江河流环境综合整治及产业开发EOD等一批重点项目，建设三峡地区"种子库""基因库"。拓展"两山"转化新路径，争创全国绿色金融改革发展试验区。

加快夷陵区全面深度融入主城区

高品质建设美丽滨江山水城市方面，加快城市"东进、北拓、中优"，高标准规划建设"三城两岛一湾区"，构建"1+1+3"的空间格局。加快夷陵区全面深度融入主城区，推动主城形态由"半月形"向"满月形"蝶变。

将完善城市基础设施，加强城区双水源、多气源保障，推进厂网互联互通和城市老旧管道设施更新改造，逐步实现"一城一网"。与三峡集团合力推进管网攻坚战，探索"按效付费"新机制。系统化全域推进海绵城市建设。

将全面提升城市功能品质，加快市级核心商圈建设，构建30个"城市一刻钟便民生活圈"；实施学前教育发展、县域普通高中发展、特殊教育发展提升行动；实施街区"添光溢彩"行动，打造"城市客厅"示范区50个。

将实施全域生态复绿工程，推进环城森林圈、"一廊两环十带"绿道系统建设。争创国家生态园林城市。

将打造五百里滨江画廊，细化"北岸控密度、南岸控高度、滨江控宽度"管控标准，推动北岸建设显城透绿的繁荣都市，南岸建设显山隐城的山水画卷，滨江

建设高品质亲水绿岸。

全力打造世界级动力电池产业集群

高质量构建绿色低碳产业体系方面,将加快建设全国精细磷化中心,建成投产一批重点项目,全力打造世界级动力电池产业集群和核心基地。设立专项资金实施科技项目"揭榜制",依托湖北三峡实验室,突破磷基、硅基、氟基等一批"卡脖子"技术难题,建强全国第二个电子化学品专区。

将加快建设大健康产业基地。坚持本土企业培育和头部医药企业引进相结合,建设全国一流仿制药生产基地。打造全省政府数字化治理样板区,高标准建设数字底座、城市信息模型(CIM)平台和城市运行管理服务平台,高质量推进城市数字公共基础设施建设试点。加快建设清洁能源之都和世界级旅游目的地。

打造屈原文化"一标三地"

高标准推进美好环境与幸福生活共同缔造方面,争创全国文明典范城市,擦亮信仰之城、文化之城、志愿之城、好人之城特色品牌。加强城市品牌宣传,推动宜昌"屈原昭君故里、三峡生态名城"城市形象出圈出彩。大力弘扬以屈原文化为代表的长江文化,打造屈原文化"一标三地"。

将实施乡村建设三年行动和农村人居环境整治提升五年行动,建成一批省级乡村建设示范乡镇、示范村、美丽庭院示范户。

将打造全省共同缔造标杆,持续推动资源、服务、平台下沉,有序推进老旧小区改造、背街小巷整治、电梯加装和场景盒子安装。

（原载2023年4月8日《三峡日报》,记者 何冠英　通讯员 罗翀）

做优主城　做美滨江　做绿产业
宜昌加快建设长江大保护典范城市

以长江为轴,江北高楼大厦鳞次栉比,江南清幽远山棱角分明。车辆驶过至喜长江大桥,炫彩灯光点亮黄金岸线,数字光影勾勒城市轮廓。

"美得像幅画,宜昌真是一座来了就不想走的城市!"2023年4月12日,宜昌滨江公园,来自黄石的游客刘佳举着手机拍个不停。

宜昌地处长江中上游起点,长江岸线达232公里,占湖北省近四分之一。同时,宜昌是长江黄金水道的核心枢纽,"八纵八横"通道的重要节点。宜昌通则三峡通,三峡通则长江通。

"保护长江母亲河,不是选择题,是必答题。"作为长江大保护的立规之地,宜昌编制《宜昌市流域综合治理和统筹发展规划》,制定《建设长江大保护典范城市三年行动方案(2023—2025)》,共谋划100个重点项目,总投资5408亿元。

眼下,宜昌依托自然基底和山形水势,保存"一半山水一半城"的城市风貌,做优主城、做美滨江、做绿产业,加快建设长江大保护典范城市。

为人筑城

4月13日,西陵区平湖半岛长江溪桥右侧,建设中的宜昌大剧院在一天天"长高"。

1600座的大剧场、400座的综合剧场、400座的小剧场、1200座的音乐厅……2024年底建成后,这个"巨无霸"将为宜昌市民带来高雅的艺术享受。

去年,宜昌实施总投资3856亿元的城市建设五年攻坚行动相关工程,推进宜昌大剧院、档案馆、美术馆、科技馆、会展中心等大型项目建设,完善城市功能,提升城市内涵。

为人筑城，让城市更宜居，生活更便捷。眼下，宜昌正参照区域中心城市标准，建设区域性医疗中心，推进中部地区唯一的全国基础教育综合改革实验区建设。

该市还推进"串园连山、增花添彩、水系连通"，高标准建设屈原文化公园、三峡中央公园；加快城市更新，开展老旧小区改造，探索动员群众主动参与、引导市场主体主动投资、争取金融机构主动支持的危旧小区改造商业模式、融资模式。

山水安城

上至葛洲坝，下至猇亭古战场风景区，绵延25公里、占地180万平方米的滨江绿色廊道，游人如织。这是宜昌建设"国际范、山水韵、三峡情"滨江公园城市的"破题之作"。

江北山在城中，江南城在山中。宜昌城区地理资源稀缺而珍贵。"凡是与建设长江大保护典范城市相违背的一概不做，凡是没想清楚的坚决留绿留白，防止对城市风貌造成不可逆的损伤。"宜昌市委相关负责人说。

宜昌提出"北岸控密度、南岸控高度、滨江控宽度"的建设标准，制定滨江地区风貌管控规划，形成"城建铁律"，并上升为地方性法规，争当城与山水和谐相融的典范。

在北岸，减少人口密度，减少建筑密度，增加公共设施，增加城市绿地，创造疏密有致、宜人宜居的城市空间。在南岸，让"山前建筑隐于绿，山后建筑藏于谷"，打造"只见云山不见城"的城市意象。在滨江，第一层复绿沿江岸线，第二层建设活力阳台，第三层开放临江街区，将城市轻轻地安放在山水间。

做绿产业

宜昌是长江流域最大的磷矿基地，探明储量占全国近1/6、湖北省一半以上。

化工是宜昌的支柱产业、吃饭产业。要什么化工？在哪里搞化工？怎么搞化工？近年来，宜昌抢占新赛道，推动化工产业向新能源电池、动力总成和高端装备制造迭代升级，打造世界级动力电池产业集群和核心基地。宁德时代、山东海科、深圳欣旺达、湖北楚能等头部企业纷纷重仓宜昌。

4月4日，宜昌高新区，欣旺达东风宜昌动力电池生产基地项目一期提前完成主体结构全面封顶,正冲刺5月底竣工,下半年投产。全面达产后,预计年产能30千兆瓦时,年产值超240亿元。

此前,宁德时代邦普一体化新能源产业项目一期,以及天赐高新材料、山东海科化工等企业的多个新能源项目已建成投产。2年后,宜昌绿色化工产业规模将突破2500亿元,新能源电池年产能达200千兆瓦时,正极材料年产能达90万吨,电解液年产能达45万吨,隔膜年产能达45亿立方米,带动新能源电池产业链上下游产值规模突破2000亿元。

同时,宜昌将依托绿电资源,突破性发展数字经济;依托生物医药,大力发展大健康产业;依托"两坝一峡",加快建设世界旅游目的地。

（原载2023年4月14日《湖北日报》,记者 雷巍巍）

后　记

　　《护江答卷——长江大保护的"宜昌范式"》的编纂出版,是为习近平总书记考察长江、视察湖北、首站到宜昌五周年献上的一份珍贵记录。

　　五年来,宜昌始终沿着习近平总书记指引的方向,坚决贯彻落实"共抓大保护、不搞大开发"要求,铁腕治污、源头治水,标本兼治治理环境污染,壮士断腕解决"化工围江"难题……把长江保护措施落实、落细、落到位,奋力推动长江经济带高质量发展走在前列,书写新时代长江大保护的"宜昌范式"。

　　文史资料是特殊的历史资料,真实客观、真情讲述是编者最看重的。本书用五个篇章三十余万字的纪实报道,生动而细致地阐述了宜昌长江大保护的具体做法和实际成效。在采访中,采编人员冒着高温酷暑深入一线,实地踏勘走访每一条河流、每一个村庄、每一位市民,拍摄下一个个真实的画面。透过文字和图片,我们看到了以习近平同志为核心的党中央站在中华民族永续发展高度的顶层设计,正一项项落地落实;我们看到了宜昌各级党委、政府对长江大保护的创新举措和刚性执法;我们看到了以责任央企三峡集团、地方国企兴发集团等为代表的"企业担当";我们也看到了一批充满发展潜力的新项目拔地而起,展现新发展理念的践行成果;我们更看到了民间公益组织,以及千千万万个普通民众的护江善举……"长江从我家门前流过,保护长江,责无旁贷!"

　　在本书付梓之际,再回首这一篇篇报道,我们内心充满了激动和感怀,这是一次沉甸甸的关于新时代考题的生动记录,这是一幅宜昌践行"长江大保护"的光辉史篇!

本书能够编纂出版，特别要向各级决策者深表谢忱。2022年3月，宜昌市政协副主席冉锦成，市政协文化文史和学习委员会主任孟美蓉、副主任陈华洲召集三峡日报社、三峡电子音像出版社相关负责人协商，讨论有关长江大保护的出版选题。出版计划和方案拟定后，送宜昌市政协主席王均成审阅，后经市政协党组会议讨论通过。本书由宜昌市政协文化文史和学习委员会、宜昌市发展和改革委员会、宜昌市生态环境局三家单位共同编纂，宜昌市长江大保护办公室负责具体采编协调事宜。

本书的编纂出版，得到了诸多单位和人士的热心支持。市人大常委会办公室、市政协办公室、市委政研室、市政府研究室、市经信局、市教育局、市城管委、市自然资源和规划局、市水利和湖泊局、市农业农村局、市林业和园林局、市公安局、市住建局、市交通运输局、市文化和旅游局、宜昌海事局、三峡通航管理局、三峡集团、国家电网、兴发集团、三宁化工、三峡实验室等机关、企事业单位以及各县市区相关部门给予大力支持，一并表示衷心感谢。市委政研室主任郑励，宜昌三峡融媒体中心临时党委成员、总编辑刘紫荣，宜昌市流域水生态保护综合执法支队副支队长柳耘，宜昌市发改委副主任黄毅，宜昌市发改委长江经济带发展科科长罗翀等审读专家，对本书内容提出了宝贵的修改意见。还有多位媒体记者、摄影师以及被采访单位和个人奉献了精彩绝伦的文稿和照片，光影笔墨之中尽显宜昌之美、长江之美。本书选用的个别文章和照片，无法联系作者，请您在看到本书后与我们联系，我们将根据有关法律法规向您支付报酬。

由于时间仓促，加之长江大保护本身是一项涉及面极广的系统工程，本书选取的亮点、典型主要反映的是2018年至2023年5月的工作，可能失之片面。长江大保护工作是"进行时"，相关数据和评估在不断刷新，难免有疏漏和错误之处，恳请各位读者批评指正。

"孤帆远影碧空尽，唯见长江天际流。"长江，是流动的文明；保护长江，就是赓续中华民族文明血脉。让我们在长江大保护的宏伟工程中，以只争朝夕的劲头、久久为功的韧劲，一年接着一年干，奋力谱写新时代"长江之歌"的宜昌乐章！

编　者

2023年6月